天缘政治学

徐能武 著

Astropolitics

中国社会科学出版社

图书在版编目（CIP）数据

天缘政治学／徐能武著 . —北京：中国社会科学出版社，2020.6
ISBN 978 - 7 - 5203 - 4531 - 6

Ⅰ.①天…　Ⅱ.①徐…　Ⅲ.①航天安全—研究—中国
②国家安全—研究—中国　Ⅳ.①V528②D631

中国版本图书馆 CIP 数据核字（2019）第 104978 号

出 版 人	赵剑英	
责任编辑	周晓慧	
责任校对	无 介	
责任印制	戴 宽	

出　　　版	中国社会科学出版社	
社　　　址	北京鼓楼西大街甲 158 号	
邮　　　编	100720	
网　　　址	http://www.csspw.cn	
发 行 部	010 - 84083685	
门 市 部	010 - 84029450	
经　　　销	新华书店及其他书店	

印　　　刷	北京明恒达印务有限公司
装　　　订	廊坊市广阳区广增装订厂
版　　　次	2020 年 6 月第 1 版
印　　　次	2020 年 6 月第 1 次印刷

开　　　本	710 × 1000	1/16
印　　　张	22.5	
插　　　页	2	
字　　　数	314 千字	
定　　　价	108.00 元	

因为所有的国际关系理论都描述或规定了相互之间的作用和关系，太空作为一个新的竞技场，同样需要人们对世界政治单元在这个竞技场上的行为进行理论描述。

　　　　　　　　　　　　——罗伯特·L. 普法尔茨格拉夫二世

目　录

前　言[*]

作为当代社会科学研究的一个主题领域，政治学是一门相对古老和基础的学科。自从古希腊亚里士多德对于研究人和人组成的社会方面的知识进行学科分类以来，政治学就是社会科学最重要的学科之一。亚里士多德指出，各科技艺都追求某种目的，而在这些技艺中，追求目的最高的应属政治学。它包容和规定所有其他实践科学的目的。"实践科学"包括三个分支：伦理学、家政学和政治学。伦理学研究的是一个人如何通过自我修养的社会化过程，成长为一个符合社会要求的"正常的人"的学问，研究的是"个人之善"。家政学研究的是当时社会自然形成的最基本的社会单位——家庭的组织和管理问题，研究的是"家庭之善"。作为奴隶社会细胞的家庭，因奴隶在当时只是会说话的工具，并不被当作正常人来看待，所以家庭的组织和管理主要是指奴隶主怎样役使奴隶和牲口进行生产的问题，由此，这一"家政学"后来逐渐演变为关注社会生产和分配的经济学。而政治学则是研究当时人们在社会活动中所组成的最大的社会共同体——城邦的组织和管理问题，是有关城邦的学问的政治学，研究的是当时最大最高的学问，主要研究"城邦之善"①。政治学是研究人类社会活动"至善"的科学，即如何组织和安排人类社会生活的问题。政

---

* 部分内容以"天缘政治学研究：内涵、范式和价值——马克思主义国际关系理论的视角"为题发表于《社会科学》2016年第1期。

① 亚里士多德：《政治学》，中国人民大学出版社2003年版，第95—101页；《尼各马科伦理学》，《亚里士多德全集》（第8卷），中国人民大学出版社1990年版，第4页。

治学所关注的政治是人类社会生活的核心组成部分，是人类社会现象不可或缺的一部分，也是人类本质属性的一种体现。

广义上的政治"是人类集体生活的一种组织和安排，在这种组织和安排之下，各种组织、团体和个人通过一定的程序，实施对集体决策的影响"①。因此，广义上的政治学关注的是人和人组成的社会怎样过上有组织的集体生活的问题。人类社会活动扩展到哪里，政治学研究就会跟踪到哪里，以一种全景的视野思考如何在一定的利益基础上，通过内在化的强制性的社会关系——权力来构建最大社会共同体的政治秩序问题。当人类征服自然、改造自然的能力达到传统意义上的天际——地球大气层外的太空时，政治学必然会从关注国内政治到关注国际政治，再渗透到关注涵盖太空权力互动的"天缘政治"。天缘政治学是对现代国际体系内生的天缘政治活动进行综合、分析和批判性的考察而形成的理论体系，既是人类政治活动拓展到太空领域的现实要求，也是政治学自主成长的必然产物。因此，国内外学术界正在出现越来越多有关天缘政治学的研究成果②，其中尤以国际期刊《天缘政治学》（*Astropolitics*）登载的文章为代表。国内对这一问题进行系统研究的专著尚未出现，涉及此问题的相关研究成果主要有探讨航天技术发展与太空安全的互动影响③、相关国家的太空政策、太空攻防的军事航天准备④、外层空间法

---

①　燕继荣：《政治学十五讲》，北京大学出版社 2004 年版，第 5 页。

②　如 Anti - Astropolitik Outer Space and the Orbit of Geography; Beyond the Sovereign Realm; The Geopolitics and Power Relations in and of Outer Space; Beyond World Risk Society; From Geopolitics to Astropolitics; Space Exploration in a Changing International Environment; The Making of New "Space" Cases of Transatlantic Astropolitics; The Politics of Space Geostrategy in the Space Age; Governing the Final Frontier; A Polycentric Approach to Managing Space Weaponization and Debris; Reflections on Politics, Strategy and Norms in Outer Space; Space Control and Global Hegemony; Taking Sovereignty out of This World Space Weapons and Empire of the Future; The (Power) Politics of Space; The Humanization of the Cosmos; Toward a Theory of Spacepower.

③　吴勤、高雁翎：《美国的空间对抗装备技术》（上），《中国航天》2007 年第 7 期；杨乐平：《国际外层空间安全与外空武器化评述》，《国际军备控制与裁军报告》，世界知识出版社 2006 年版；徐海玉、卢亮、陈小前：《美国空天对抗政策评述》，《外国军事学术》2005 年第 3 期；陶平、王振国、陈小前：《论空间安全》，国防科技大学出版社 2007 年版。

④　常显奇等：《军事航天学》，国防工业出版社 2005 年版，第 287—291 页；李大光、万水献：《争夺制天权的基本特征》，《装备指挥技术学院学报》2003 年第 6 期。

与太空安全建构①、国际军控与太空安全②等方面。国外对这一问题的研究主要有詹姆斯·奥伯格的《太空力量论》、埃弗雷德·多尔曼的《天缘政治论》（*Astropolitik*）和约翰·克莱因的《太空的航天战》等专著，以及美国国防大学主编的《太空力量理论》等论文集。国外其他相关论文或研究报告则大多从太空力量建设角度谈太空安全③、太空国际军控④、国内政治与太空政策问题。另外，还有关于太空政策资料信息方面的智库、网络杂志和年鉴⑤等。从国内外研究现状来看，有关天缘政治学各主要领域的研究成果呈现出与日俱增的态势，但是在厘清其内涵、范式和价值基础上对天缘政治学进行系统科学研究的成果尚未出现。

　　恢弘的视野和前瞻的使命感驱动笔者和零星出现的学界同行，抱着"吾侪所学关天意，潜心苦思求道真"的探索勇气，从航天技术的现实应用和影响出发，就天缘政治学方面做些基础理论性的探讨工作。

----

　　① 高国柱：《欧盟"外空活动行为准则"草案评析》，《北京航空航天大学学报》（社会科学版）2010年第4期；李滨、赵海峰：《论外层空间活动争端的解决机制》，《北京航空航天大学学报》（社会科学版）2006年第3期；贺其治：《外层空间法》，法律出版社1991年版。

　　② 聂资鲁：《外层空间军备控制与国际法》，《甘肃政法学院学报》2007年第4期；中国军备控制与裁军协会主编：《国际军备控制与裁军报告》（2004—2014），世界知识出版社相应各年版。

　　③ Erik Seedhouse, *The New Space Race*：*China vs. USA*, Praxis Press, 2010, p. 15; Ray Williamson and Rebecca Jimerson, *Space and Military Power in East Asia*：*The Challenge and Opportunity of Dual-Purpose Space Technologies*, Space Policy Institute, Washington D. C., 2001. 12; Ray Williamson, *Dual-Purpose Space Technologies*：*Opportunities and Challenges for U. S. Policymaking*, Space Policy Institute, Washington D. C., 2001. 07, http：//www. gwu. edu/~ spi/assets/docs/ Collective% 20Security% 20in% 20Space% 20 –% 20European% 20Perspectives. pdf.; David W. Ziegler, *War Peace and International Politics*, Little, Brown and Company, 1998. 3.

　　④ John M. Logsdon, James Clay Moltz, Emma S. Hinds, *Collective Security in Space*：*European Perspectives*, January 2007, p. 82, http：//www. gwu. edu/~ spi/assets/docs/Collective% 20Security% 20in% 20Space% 20 –% 20European% 20Perspectives. pdf.; Detlev Wolter, "Common Security in Outer Space and International Law：A European Perspective," *Space Policy*, 2006, 22（4）：291; Bhupendra Jasani ed., *Peaceful and Non-peaceful Uses of Space*：*Problems of Definition for the Prevention of An Arms Race*, New York：Taylor & Francis, 1991.

　　⑤ 如荷兰的《空间政策》（*Space Policy*）杂志、美国的《今日军控》（*Today Arms Control*）杂志和网站、瑞典的《*SIPRI*年鉴：军备·裁军和国际安全》。

本著名为《天缘政治学》，旨在立足于现有航天技术实际水平和前人已有的探索成果，从马克思主义宽广视野来思考如何充分发挥太空力量的潜力，达到维护或创新政治秩序，如何充分利用国际政治权力，维护太空战略安全与合法权益等问题。本著论述的太空力量与安全理论是关于太空力量理论和太空安全理论的系统思考和概括。具体来说，其涵括的学理意义和创新努力主要体现在以下几个方面。

一　天缘政治学的研究对象、主题和范围

马克思主义国际关系理论的逻辑起点是社会实践，即国际行为体之间的交往互动实践。在太空探索与利用实践中，征服太空、利用太空的能力决定着太空主体之间的交往关系，而太空主体的互动关系对太空"生产力"——航天技术的发展具有反作用。"一切历史冲突都根源于生产力和交往形式之间的矛盾。"① 马克思主义国际关系理论认为，国际政治是生产力和世界交往发展的产物，当不同国家进入太空展开探索与利用的社会实践活动时，各自利用航天技术为自身的安全和发展服务，在国家间的互动交往中形成特定的天缘政治关系，从而构成了现代国际体系中新生的天缘政治成分。

（一）天缘政治学的研究对象

由于不同情况下人类对政治本身的理解并不完全一致，政治学在不同的时空背景下所提供的政治知识和研究方法也就随着政治内涵本身的变化而不断发生着变化。天缘政治学研究的天缘政治作为人类社会实践活动的一部分，是人类进入太空展开探索、利用实践活动以来逐步出现和成长起来的。从某种意义上说，太空因其自然环境特征和人类航天技术的特点，是唯一真真切切、完完全全的全球公域。为什么这样说呢？其一，并不是整个海洋都是公海，各国领海基线 12 海

---

① 《马克思恩格斯选集》（第 1 卷），人民出版社 1995 年版，第 115 页。

里内是领海，此外，200 海里内是专属经济区。其二，空中公域也只是大气层内空间的一部分，因为各国领土、领海之上是其领空。其三，网络空间严格地说，只是虚拟空间，是与实体空间迥然有别的，从物理学的角度来说，它是不是与海洋、太空并列的空间，是高度存疑的。各太空主体在最纯粹的全球公域——太空展开的社会实践活动中，凡是围绕主体间的权力而展开的社会活动、形式和关系就是这里所说的"天缘政治"。

太空作为人类政治文明延伸的新高地，天缘政治既是人类征服自然、改造自然能力发展的必然结果，也是人类太空活动中不可或缺、不可替代的一种社会活动、形式及其关系。在世界各国探索、利用太空的社会实践中，各太空主体都有其不同的利益，而且利益是多方面、多元化的。各太空主体的利益是在社会关系中实现的，因此，结成特定的社会关系就成为必然。利益是社会关系生成的出发点，也是社会关系维系和发展的归宿。马克思主义认为，经济决定政治（关系），政治是经济的集中表现。以马克思主义宽广视野思考天缘政治问题，不难发现，各太空主体由其经济社会基础和航天技术能力的不同，反映在太空社会关系上，出现了不同太空主体之间既有对立与斗争的关系，又有协作与联合的关系。各国在太空活动中既有重合的共同利益，又由于主体间的差异而难以避免出现利益矛盾。这些不同利益关系中的矛盾如何解决？在太空社会实践中，不同性质的利益矛盾有不同的解决方法和不同的解决主体。一般来说，解决矛盾的方式有两种：一种是矛盾双方自行解决问题，另一种则是需要通过内在化的强制力，即主体间认同的权力特别是政治权力的介入来解决，或者以权力为中介，或者由权力支持其中的一方压倒另一方而使矛盾得到解决。天缘政治学研究的是后一种情况，即一方面通过利用太空力量作为一种新的权力来调节、解决现有国际体系中的利益矛盾，另一方面，各国充分利用国家间的政治权力来介入太空领域，调节、解决太空互动中利益矛盾的社会活动、形式及其关系。没有权力的作用，国际体系和太空活动就会处于关系的混乱状态，从而影响太空开发、利用活动的正常进行。

　　天缘政治衍生于现代国际体系中，渗透于国际政治的诸多领域，作为新生成分，发挥着日益重要而深远的影响。从现实来看，随着各国航天技术的快速发展，如何科学地构建一个作为太空力量与安全理论的天缘政治学的研究体系是学术界面临的重大而紧迫的问题。当人类政治发展随着太空探索、利用的步伐而延伸到太空这一新的高地之时，应运而生的天缘政治说到底，就是太空领域通过权力特别是政治权力的介入来解决利益矛盾，维持一定秩序而展开的社会活动、形式及其关系。它包括各国将太空力量作为现代国际体系的一种新的权力，如何有意识地选择、利用太空力量，以及如何充分利用现有国家间的权力来解决太空领域的利益矛盾，维护太空安全是两个相互影响的问题。由此可见，这里所说的天缘政治学既指涉太空力量理论，即主要研究一个国家如何利用太空力量，包括如何发展、使用太空力量以及如何利用太空力量所产生的影响力；又指涉太空安全理论，即由各国组成的国际社会如何运用国家间的权力，实现太空军控、维护太空战略安全和合法权益的问题。笼统地说，本书所论及的天缘政治学，其主体内容是一种太空力量与安全理论（见图1）。

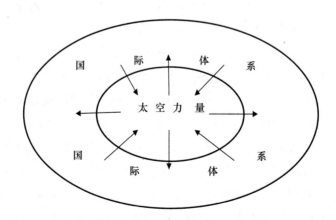

图1　国际体系与太空力量互动中的天缘政治示意图

说明：此图主要显示在国际体系与太空力量互动中，渗透、弥漫于太空活动领域以及整个国际体系中的天缘政治。

资料来源：作者自制。

天缘政治形成和发展是地缘政治扩展与太空战略竞争态势演变的必然产物。按照现有太空国际法的有关规定，各国太空开发、利用活动都是在其中央政府的有效管辖之下的，也就是说，各国需要对自身国内不同太空主体的太空活动在国际层面承担统一的主体责任。由于国际社会至今仍然缺乏类似国内政治中的中央政府权威体系，而各国在太空活动领域的互动所形成的利益关系难免会出现矛盾和冲突，由此引起的战略安全和合法权益维护问题同样需要权力的强行介入来解决，这类围绕权力特别是国家间权力而展开的与太空相关的社会活动、形式及其关系，就是人类太空社会活动的核心组成部分，即作为天缘政治学研究对象的天缘政治。天缘政治作为一定经济基础之上的上层建筑，对特定社会主体而言，是在特定社会经济关系及其所表现的利益关系基础上，社会主体通过社会公共权力来确认和保障其权利并实现其利益的一种社会活动、形式及其关系；对于国际社会这一"共同体"而言，天缘政治是利用权力特别是政治权力在国家间通过抗衡、谈判、说服、规范等方法来调节各太空主体间的利益矛盾，以保持与太空相关领域的稳定和秩序的社会活动、形式及其关系。天缘政治是人类社会秩序的新增成分，也是维护现代国际体系稳定性和持久性的新的关注点，对其进行科学研究既关乎各国的国家安全，又关乎世界和平，更关乎人类的前途命运。

（二）天缘政治学的研究主题

如果从广义上把天缘政治学的研究对象界定为各太空主体如何在太空与国际体系互动的社会活动、形式和关系中，通过利用权力这样一种建立在一定利益关系基础之上的内在化的强制性社会关系来构建有组织的集体生活。无疑，思考主体间围绕冲突与合作、战争与和平这一主题展开的太空战略利益博弈，是天缘政治学要研究的主要命题。"实际上，马克思主义已经提供了战争、冲突和人类解放的处方，只不过这种处方更为宏大、所需的历史时

段更长而已。"① 马克思主义国际关系理论强调，世界交往是国际
社会形成的基础，国际政治中的矛盾无时无处不在，矛盾的解决
过程也是国际政治发展的过程。天缘政治的成长是太空主体互动
中实践建构的结果，太空战略利益博弈的实质是国家间利益博弈
在太空的延伸，而这一过程取决于以航天技术为支撑的太空实力。
航天技术作为各国征服太空、改造太空能力的标志，是太空探索、
利用中最活跃、最革命的因素，它的发展进步从根本上制约着天
缘政治中的权力关系。

　　各国利用太空系统所展开的战略利益博弈包括两个方面的内容。
一方面，由于太空系统具有非同寻常的物理和社会功效，除了物理性
地改变太空系统的用途外，人们还通过政治手段来选择太空系统的用
途。一个国家对太空系统用途进行有意识的选择就是它的太空力量战
略（Space power doctrine）。或者说，一个国家的太空力量战略就是它
如何利用太空力量，包括如何（物理地）使用太空力量以及如何利
用太空力量所产生的影响力。另一方面，由于太空系统具有高度的军
民两用特性，各国在太空领域展开交往互动中，应千方百计地防止太
空武器化和军备竞赛，形成维护太空环境安全，创设太空特定资源自
由、和平开发、利用机制等。一个国家综合利用各种类型的国际政治
权力来维护太空战略安全与合法权益的选择就是它的太空安全战略
（Space security doctrine）。在此，作为太空力量与安全理论的天缘政
治学，其研究的主体内容是太空力量战略与太空安全战略两者的统
一。在马克思主义国际关系理论视野下的太空力量与安全理论，既强
调太空力量的发展应主要运用于非对称和平反制、太空信息支援、管
控危机、预防战争、维护国际安全与和平，又要关注各国及国际社会
如何通过太空外交和安全合作，抑制太空武器化和军备竞赛，治理太
空碎片的产生和核动力污染，协调解决卫星频轨资源稀缺问题，构建

---

① 胡宗山：《主题·动力·范式·本质——马克思主义与西方主流国际关系理论比较
研究》，《教学与研究》2005 年第 2 期。

包容、普惠、和谐的天缘政治文明，从而满足维护全球战略稳定和促进未来融合的需要。

马克思主义国际关系理论认为，国际关系由"地域性的存在"逐步向"世界历史性"的存在发展，最终走向"自由人的联合体"，是人类社会演进的必然历史逻辑，这种演进是"生产力的普遍发展和与此联系的世界交往为前提的"①。认识到作为人类征服太空的"生产力"——航天技术对各太空主体交往方式的决定性作用，以及航天技术的全球化本质，既可洞悉天缘政治演化中的客观规律，又能切实理解太空冲突、太空战争没有真正的胜利者，而只能是同归于尽的严重后果。因此，合作是太空安全与世界和平的唯一坦途。航天技术及其应用在愈来愈大的程度上将成千上万的个人纳入地球村相互依存的生活中，与此同时，也改变和塑造着个人观察分析国际政治，尤其是天缘政治问题的眼界和方式。在信息时代，各种"信息高速公路"若没有"太空段"的衔接，信息的流动将不可能畅通，也就无法构成真正意义上的数字化太空和数字化生活。"生产力决定生产关系，科技的逻辑决定国际政治的逻辑，航天科技国际合作的内在要求必将克服国界的限制，从而为太空合作提供现在看来仍感遥远，但最终可期的美好前景。"②

航天技术"天使""魔鬼"兼具的特征，使得太空战略筹划尤显重要。对由航天技术决定的太空能力增长的理性分析，引出权力相互依存的客观现实性，要求太空战略谋划，既要考虑自身利益，又要着眼于全人类的共同利益。如何构建一个从航天技术高度相互依存的特性出发，确保太空的战略稳定性、拓展性和可持续性的分析模型，既是对太空战略制定者智慧的考量，又是天缘政治学进行理论创新的关键和重点。美国在航天技术和航天管理上是一流的，但在太空战略推进上却出现了短板："阿波罗"项目结束以来在载人航天方面缺乏明

---

① 《马克思恩格斯文集》（第 1 卷），人民出版社 2009 年版，第 539 页。

② 徐能武、彭舒帅：《混沌理论视野下外层空间安全利益博弈与汇聚研究》，《求索》2013 年第 8 期。

确一贯的目标和坚定的政治支持，直接后果就是载人航天工程的大起大落和一系列项目的半途而废。这种政治支持的动摇本身又是美国向信息化、多元化的技术—社会转型的历史过程的反映。美国航天飞机项目的终结和载人航天工程的未来发展问题，既集中反映了美国太空战略的动向，又对天缘政治学研究具有重要的现实启示作用。

天缘政治学对太空战略利益博弈这一主要命题的研究，需要从航天技术的现实效应和效能出发，在战略层面研究其相关政策、法律、外交、文化、哲学问题。① 如何将技术动力与政治—社会目标结合起来，实现航天事业的可持续发展，既是上述提到的美国问题，又是世界其他国家面临的同样问题。譬如，2010 年 6 月 28 日，奥巴马总统公布了新的国家太空政策。该政策与布什政府的政策相比，更加强调通过国际合作来维护太空安全，倡导负责任的太空行为，在太空军控与裁军的立场上明显松动，单边主义倾向明显减弱；在军事上更加注重太空态势感知、定位与侦察等太空力量的非作战应用，注重通过对先进发射技术等方面的研究，加强快速反应能力建设；强调商业航天力量的建设，载人航天运输也实现商业化，通过政府采购等措施，培育商业发射市场，以强大的航天工业基础支撑航天事业的发展。再如，美俄太空合作，尤其是在载人航天领域的合作（国际空间站），其很多方面可能会给未来的中美太空合作提供范例。

（三）天缘政治学的研究范围

澄清了天缘政治学的研究对象、主要命题之后，就应在把握其硬核的基础上，明确天缘政治学的研究边界。"天缘政治学作为一门政治学的分支科学，它应该符合政治学的学术发展方向（或该领域）的要求。"② 一般来说，政治学主要研究一定经济基础之上围绕公共

---

① 黄嘉：《外空伦理研究》，硕士学位论文，国防科技大学，2006 年。

② E. N. 茹克：《21 世纪的天缘政治学和航天发展预测》，[俄] E. 切尔托克：《21 世纪航天——2101 年的发展预测》，张玉梅、杨敬荣译，国防工业出版社 2014 年版，第 21—22 页。

权力而展开的社会活动、形式和关系及其发展规律。由此可知，天缘政治学就应该研究太空开发、利用过程中围绕公共权力而展开的社会活动、形式和关系及其发展规律。具体来说，这种含义上的天缘政治学主要研究"航天在国际社会发展历史中的作用和地位，组织开展航天活动及将航天活动用于国际关系的方式方法，各国为了达到政治、军事、经济、科技、信息、生态及其他目的而在国家内政外交中对航天活动的利用方法"①。诚然，这一定义大大拓宽了天缘政治学的内涵和外延，而不是狭义的通过利用太空力量作为一种新的权力来进行太空控制的"太空控制论"。天缘政治学所研究的现代国际体系内衍生的天缘政治这一新生成分，与其他跟太空相关的社会活动、形式和关系区分开来的，是天缘政治同任何层面的政治一样，这种社会活动、形式和关系是围绕通过利用太空力量作为一种新的权力，以及国家间的权力进行的。权力是决定天缘政治活动发展状况的根本因素。因此，与太空实践活动相关的权力是天缘政治学的硬核。围绕天缘政治中的权力展开研究，不难发现天缘政治中权力扩张的帝国逻辑与航天技术民主融合的实际功效之间的悖论，从而认识到天缘政治进化合作是构建包容、普惠、和谐天缘政治秩序的必经之途。

　　天缘政治学作为政治学延伸发展的前沿，其硬核定位了其研究边界的原点。也就是说，天缘政治学主要研究围绕权力特别是国家间权力而展开的太空社会活动、形式和关系。因此，不与权力直接相关的航天技术研发本身或太空开发、利用的技术方案，以及围绕市场展开的纯粹的太空经济活动等，都不属于天缘政治学所关注的范围。但如果是从权力的视角研究太空产业化、商业化对主体间社会活动、形式和关系的建构和影响，则又可包含到天缘政治学研究的范围里。天缘政治学研究的边界涵括关涉太空探索、利用中所有利用权力来强行调节、控制以建立一定政治秩序的社会活动、形式和关系。随着天缘政

---

　　① E. N. 茹克:《21 世纪的天缘政治学和航天发展预测》，[俄] E. 切尔托克:《21 世纪航天——2101 年的发展预测》，张玉梅、杨敬荣译，国防工业出版社 2014 年版，第 21—22 页。

治的形成和发展，天缘政治学的研究边界也必然是不断浮动、扩展的。从横向空间来看，人类在太空能走多远，边界就会延伸多远；从纵向深度来看，航天技术在人类社会实践中的应用和影响有多深入，边界就会拓展多深。这种人类社会实践有可能发生在太空，有可能发生在大气层空间，也有可能发生在地球表面或深层，甚至有可能发生在网络电磁等虚拟空间。当然，也有可能几者兼而有之。只要是围绕太空活动中通过利用权力而展开的行为，就处于天缘政治学研究的边界之内。

从根本上来说，围绕权力展开的天缘政治作为人类太空社会实践的核心组成部分，它的运作范围是由航天技术和太空能力所决定的，因此，它会随着航天技术及其应用的发展而发展。从 1957 年苏联发射第一颗人造卫星开始，早期的太空系统主要运用于侦察与核查，仅仅服务于核威慑战略，基于太空实力的权力主要在美苏核恐怖威慑中起着微妙的平衡作用，如曾被吵得沸沸扬扬的"导弹差距"威胁和"星球大战"计划等。天缘政治的主体主要限于美、苏两家。这是天缘政治形成的第一阶段，即起步阶段。1991 年爆发的海湾战争，太空系统被广泛运用于现代战争支援，意味着有限太空战的开始。其后，在伊拉克战争与阿富汗战争中，太空力量已被完全纳入联合作战中。从太空多个行为体、航天技术规模和太空博弈成为国际政治主要矛盾之一这三个标准来看，"世界政治（全面）进入天缘政治时代几乎与人类迈进新世纪是同步的。大致是在进入 21 世纪以后，基于先进航天技术的大国之间太空竞合构成了一种天缘政治的结构关系。……因此，21 世纪的门槛不仅表明一个新世纪的到来，更标志着世界政治迈入了天缘政治时代的门槛"①。

二　天缘政治学研究范式转换和实质探讨

航天技术及其应用已成为世界高新技术发展水平的集中展示，是

① 胡键：《天缘政治与北斗外交》，《社会科学》2015 年第 7 期。

衡量一个国家科技、经济和国防现代化水平乃至综合国力的重要标志，也是大国地位的重要支柱。太空力量成长于现代国际体系之内，两者之间是一种非线性的复杂的互动关系。围绕太空力量运用和太空安全维护而展开的天缘政治起源于国家对安全利益的关注，与此同时，由于太空力量的物质基础——太空系统所具有的特点使得进化合作远超进化冲突的特征，决定着天缘政治发展的进化取向。这就要求天缘政治学研究应摆脱西方国际关系理论诸范式的误导，把握天缘政治基于技术之上，由多样权力和共同观念实践建构的特征和规律，以马克思主义国际关系理论为指导，积极构建符合天缘政治和平融合发展本质特征的全新范式。

（一）摆脱西方诸范式的误导

社会存在决定社会意识，不同的政治实践需要不同的理论范式来指导。"范式也可以称为大理论，是一个理论群，是关于世界政治性质的一组假设。不同的范式关注不同的问题，运用差异的概念。"[①] 西方国际关系理论的主流范式包括新现实主义、新自由主义和建构主义等。当采用以新现实主义和新自由主义为代表的西方理性主义国际关系理论来探讨人类活动拓展到太空这一全球公域，不同太空主体（特别是国家）在国际互动中所产生的天缘政治问题时，不难发现其理论假定的局限性。新现实主义虽然丢掉了古典现实主义的人性论假说，但认为只要国际体系的无政府主义性质不变，国际体系中的行为体都会围绕权力这一轴心运转，这是不可更改的客观规律，所以被简称为"权力范式"。这种围绕权力争斗来思考相关问题的方法必然使人们陷入循环论的怪圈。如果以权力政治活动为目的的情况持续下去，人类是没有希望的。从本体论的角度看，新现实主义假定无政府状态先定存在和各国的自利性，具有客观唯心主义的特征，从方法论

---

① 王帆、曲博主编：《国际关系理论：思想、范式与命题》，世界知识出版社 2013 年版，第 6 页。

的角度看，则具有明显的循环论色彩，因此，新现实主义无法适用于天缘政治的分析。例如，作为当今太空唯一的超级大国——美国，其中情局前情报分析员和美国空军学院教授艾弗里特·多尔曼将天缘政治学界定为关于太空的地缘政治研究，赤裸裸地提出"太空控制论"①。这实际上仅是现实主义"制权理论"的一个机械翻版而已。

与之相对应，新自由主义是进化性理论，它认为制度是人为的社会事实，制度可以促成国家间的合作行为。若将人在建立制度方面的能动性考虑在内，就是人通过努力可以促成合作，国际政治的整体发展可以走出循环圈，不断向更趋合理的方向发展。但是，各种形式的新自由主义也是以先入为主的国际无政府状态作为第一重假定的，其哲学基础具有明显的客观唯心主义色彩。新自由主义认定国际政治中的各国为了追求自身利益的最大化，会围绕权力进行理性的博弈选择。诸如在相互依赖程度不断提高的国际关系中，不对称的相互依赖成为国家间权力的一个新的重要来源，或者由霸权建立的国际制度在霸权之后，仍应维持其为"隐形霸权"服务的功能，等等。显然，这一范式并没有摆脱"权力范式"的窠臼。尽管上述新现实主义与新自由主义两种理论都属于理性主义，但是，它们却给出了互相对立的结论。这种现象表明，现有的理性主义理论并不是完备的理论，也就是说，现有的理性主义理论的基本假定（无政府主义、国家行为体、国家利益最大化等）存在着自身难以克服的局限性，从而导致相关理论无法恰当描述或者有效预测天缘政治中的国家互动。

建构主义的兴起与发展无疑为西方国际政治的研究范式带来了深刻的影响。② 建构主义认为，由观念和话语构成的结构至少具有与物质结构同等重要的地位，而结构与行为之间并非理性主义所探寻的因果关系，而是一种相互构成的关系。如果说由新现实主义和新自由主

---

① Everett Dolman, *Astropolitik*: *Classical Geopolitics in the Space Age*, London: Frank Cass., 2002, p. 15.

② Jeffrey T. Checkel (1998), "The Constructivist Turn in International Relations Theory," *World Politics*, Vol. 50, No. 2, pp. 324 – 348.

义构成的理性主义容易陷入客观唯心主义，建构主义则具有明显的主观唯心主义色彩。因为建构主义中所谓"朋友"或"敌人"的共有观念，总体说来，都是一种主观判定。西方建构主义国际关系理论将观念作为国际政治的根本原因的论断导致严重的因果解释错位，与马克思主义所强调的社会存在决定社会意识的观点明显相悖。另外，建构主义否认世界的物质统一性，认为社会世界与自然世界判然有别，"社会世界中的一切皆因人们的施动性活动而建构，人们在建构世界的过程中同时也深刻理解了所生活之世界"①。建构主义强调社会实践是主体活动的建构过程，但否认它同时是一种物质运动的客观过程，并不承认人类的实践活动是主体与客体、主观与客观所构成的矛盾运动，看不到在实践中人与自然或物的关系。因此，建构主义作为一种分析框架，并不适合于用来探讨人类社会实践扩展所产生的天缘政治问题。

　　相比之下，马克思主义国际关系理论以实践作为国际政治分析的逻辑起点，重新界定了政治演变中物质与观念的辩证关系，"观念的东西不外是移入人的头脑中改造过的物质的东西而已"②。"感觉是客观世界，即世界自身的主观映像。"③ 马克思主义国际关系理论在实践过程中强调物质与观念的辩证关系，以二者的"决定"与"反作用"来解释体系冲突—合作的进程选择，进一步澄清了物质结构与观念结构的互动关系。从马克思主义国际关系理论的视角来看，天缘政治的实践建构与持续进化取决于对三个核心变量的考察，即航天技术发展程度、天缘政治权力结构与有关天缘政治的共同观念。

（二）坚持马克思主义的指导

　　马克思主义对国际社会的总体思考和人类历史的深层认知，即政

---

　　① 董青岭：《复合建构主义——进化冲突与进化合作》，时事出版社 2012 年版，第 26 页。

　　② 《马克思恩格斯选集》（第 2 卷），人民出版社 1995 年版，第 112 页。

　　③ 《列宁全集》（第 18 卷），人民出版社 2007 年版，第 118 页。

治关系在国际范围内的延伸与放大，本质上是由生产力与生产关系的辩证历史运动向全球范围扩展所必然带来的。"马克思主义毫无疑问属于进化理论，它认为历史进程是由生产力决定生产关系，经济基础决定上层建筑这一规律深刻制约的，相信人类社会是由低级形态向高级形态不断演进的……"① 政治文明的发展和人类的解放需要在生产力极大发展的基础上，准确地定位其历史使命，并根据人类社会发展的总体进程来制定战略目标和行动方案。天缘政治说到底，表现为基于航天技术的人类社会生产力发展的必然结果。太空作为当代最先进的生产力综合集成所作用的领域，航天技术被主要大国广泛用于国际安全互动领域，航天技术发展的程度决定着天缘政治的状态和方式。在国际体系与天缘政治的互动实践中，相关的太空主体要目光远大，善于从全人类解放的角度寻找价值坐标，为全人类共同利益的实现做出应有的贡献。

从太空国家利益与全人类共同利益这一基本矛盾推动的天缘政治发展的现状出发，切实维护太空战略安全和合法权益，并进一步利用太空力量来促进国家间的战略稳定和国际安全，既事关国家的发展大计，又是人类太空事业发展的必然要求。"经济基础决定上层建筑。这句话在国际关系领域意味着，谁能够创造财富，推动世界经济增长，谁就能拥有话语权，拥有制定规则的权力。"② 随着世界各国对太空开发、利用的不断深化，维护太空战略安全和国际体系的稳定日显重要。为此，在把握天缘政治实质的基础上，有关国家制定一个什么样的太空战略，既是一个重大的学术问题，又是一个非同小可的现实问题。与一般从战略或技术的角度探讨世界各国太空探索、利用的问题不同，天缘政治学的研究视野应更多地关注天缘政治作为人类在太空开发、利用中所形成的一个复合体系特有的内在结构和演变规

---

① 胡宗山：《主题·动力·范式·本质——马克思主义与西方主流国际关系理论比较研究》，《教学与研究》2005 年第 2 期。

② 玛雅编：《道路自信：中国为什么能——人类史上大国兴盛崭新模式》，北京联合出版公司 2013 年版，第 2 页。

律。从太空无疆域性和各国进入太空寻求的国家利益实质上是一种技术性级差空租的特征入手，通过全面分析天缘政治的起源、动力、本质、演进、问题、前景等主要内容，把太空作为由诸多要素构成的，按一定运行规律存在、发展的有机体，运用系统思维，极力寻找提高其整体效能和优化参与的方法。

人类探索、利用太空是前无史列的艰巨事业，仅依靠任何一国的单独力量是相对有限的，航天技术作为最前沿的科学技术的集大成者之一，其高度的社会化要求在全球范围内按照市场规律进行优化组合，这样才能最有效地配置资源，促进其发展。首先，世界各国对太空的开发、利用应坚持共同发展的大方向，坚持平等互利、合作共赢，结成利益共同体，把技术的互补性转化为发展的互助力，不断扩大利益交汇点，实现互惠共存、互利共赢。其次，人类太空探索、利用事业的进步依赖于太空的战略安全，太空战略安全是太空活动顺利开展的基础性保障。太空战略安全是指在太空探索、利用过程中相关国家安全互动的任何一方不会受到他方人为的系统性伤害，它并不包括航天技术限制或不足所造成的安全问题。维护太空战略安全，需要相关国家凝聚共识，积极作为，共同担当起应尽的责任。各国应维护太空战略安全，打造责任共同体，推动太空安全对话与磋商，积极推进太空国际军备控制，探讨建立和完善太空国际安全合作机制。最后，实现太空探索、利用中的共同发展，其根本出路在于航天技术的交流融合。创造天缘政治的美好未来，既要靠各国的自身发展，又要靠各国的共同进步。各国要在切实维护现有国际太空法框架下各自拥有的相关权益的基础上，深化太空领域务实合作，积极推进技术的深入交流，促进产业的深度合作、优势互补，在开放中融合，在融合中发展，构建太空融合发展的大格局，并带动国际社会其他领域的多样合作，形成命运共同体。

（三）把握实践建构的实质

马克思主义国际关系理论视野下的天缘政治学研究应从支撑航

天技术的社会经济因素入手，分析航天技术的安全功效，洞悉天缘政治关系的演变和天缘政治运作过程。在诸多影响因素之中，作为人类征服自然、改造自然能力集中表现的科学技术的变革与扩散，对于太空这样高度依赖科技发展的新兴战略空间而言，扮演着举足轻重的角色。马克思主义国际关系理论所强调的现代生产力最前沿的代表者——科学技术对太空主体互动关系具有决定作用，将科技本身的变革与发展纳入天缘政治演变的分析框架中，将有助于理解作为征服太空能力标志的航天技术如何对行为体和整个体系施加影响。航天技术实力是太空权力最直接最主要的来源，航天技术实力的差异决定着太空权力结构，物质权力决定共有观念，共有观念对物质权力的变化具有反作用。一般来说，具有战略意义的技术变革或扩散容易催生分离性政治认同，而当技术发展均衡稳定时，聚合性政治认同较易形成。

因此，天缘政治学研究着重关注天缘政治演化的特征和规律，显得尤为重要。尽管目前国际上有一系列条约和文件，禁止在太空部署和使用大规模杀伤性武器，然而，随着世界上少数国家致力于发展太空武器，太空军事化的势头不断扩大。美国制天权理论家詹姆斯·奥伯格就曾指出，几乎可以肯定，有人会在21世纪的某个时候部署天基武器，其理由将是为了防御的需要，其方式将与20世纪后半叶核武器的发展情况十分相似。与核武器不同的是，太空武器一旦部署就可能被使用。但是，也应该看到，太空开发、利用缘起于对国家安全和大国地位象征的追求，太空武器自杀伤效应所导致的军备逆序和太空系统越依赖就越脆弱的特点，决定着太空攻防对抗准备得不偿失。天缘政治中的多极化趋势和极易形成非对称和平反制的态势，决定着太空冲突和战争没有真正的胜利者，而航天技术发展中非对称抗衡的局面很容易出现，因此，聚合性政治认同较易形成，"合作共赢"必将成为主体间最理性的选择和共有观念。当然，其前提是各国航天技术不为强权所限制，得以自由发展，特别是那些作为非对称的和平反制手段的技术应获得宽松的发展环境。航天技术覆盖全球、跨越各域、联通民心的特征，使太空作为最典型的全球公域是人类新型政治文明孕育、发展的最佳场所。天缘政治和平融合发展的本质特征，决定了包容、普惠、和谐的天缘政治文明建设，是全球融合、世界大同的必经之途。

由此，在运用马克思主义国际关系理论研究天缘政治学时，应从天缘政治的技术缘起着手，探讨天缘政治中单一主体试图利用太空优势控制他国的帝国主义企图与航天技术客观上促进不同主体民主融合趋势之间的权力逻辑，强调指出帝国逻辑与民主融合的基本矛盾构成了推动天缘政治发展的内在动力。或者说，仅从航天技术的战略意义层面看，太空国家更易于围绕安全利益博弈进行攻防对抗准备。但是，当太空主体间出现势均力敌的状态时，由于太空极易进行非对称反制的特点和航天技术跨越沟通的强大功能，又使得暂时或长久的太空合作成为可能。这可从天缘政治的早期表现形态——美苏太空政策分析中研究各国在天缘政治中的进化冲突与进化合作的规律上看出来。在对各国太空政策的本质和内涵进行严谨的重新评估基础上，不难发现天缘政治多样权力和共同观念实践建构的特征和规律。因此，围绕天缘政治学研究的主要命题——太空战略博弈问题逐个展开，从不同的角度剖析天缘政治中的太空武器化与军备控制，太空行为准则与环境安全，太空资源利用与合作机制，太空产业化、商业化与复合依存，以及太空信息支援、太空战略威慑、太空攻防对抗准备等问题，就可构建起一个较为清晰明了的天缘政治学分析框架。

三　天缘政治学研究的现实意义和未来需要

"太空力量没有超越战略的逻辑，也不能超越。战略的本质与逻辑是永恒的，而战略的语言和措辞却在不断发展，因为很多维度在发生变化，如社会、政治和技术，但是战略的根本性质没有变化。太空力量以战略的本质为准，而且将永远如此。简单来说，太空力量的本质是为了政治目的而使用太空能力,这一点也不会改变。"① 太空力量发展及应用的最终政治目的是也只能是促进人类社会未来的全球融合,并向地球外拓展生存空间和追求更美好幸福的生活。太空探索、利用、开发的"高边疆"区域特征,对地球上的民族国家,乃至整个人类的发展都有着难以估量的影响。沿着马克思主义国际关系理论的思路,从航天技术的效应和效能分析入手,对航天技术鲜明的军民两用性、高方位所带来的全天候性等特征进行战略思考。从天缘政治围绕权力实践建构的实质出发,构建一个航天技术发展与战略稳定性关系的天缘政治学研究体系框架,既是寻求人类和平融合发展之道,又是探讨人类社会向何处拓展的宏大课题。

(一) 拓展政治文明的内涵和外延

如果说,航海技术使海上运输更为方便,从而带来全球商贸的兴起与繁荣,有关海上力量运用的制海权理论丰富了地缘政治学;航空技术所具有的高度机动的能力,使空中力量克服了地表地理障碍,有关空中力量运用的制海权理论进一步丰富了地缘政治学;那么,当下航天技术发展所具备的瞬间全球的功效,为人类提供了前所未有的全球视野、全球信息沟通、全球快速打击等能力。这时,任何妄图控制太空的行动很难实施,制天权便无从谈起。有关太空安全与太空力量运用的天缘政治学研究既成为时代赋予当代学者义不容辞的责任与重担,又是天缘政治文明建设的迫切需要。在把握天缘政治学中国际政治权力的主要功能和特征的基础上,可以看到大力推进天缘政治文明建设,既是全球融合的现实命题,又是人类社会空间拓展的未来需要。政治文明指人类社会政治生活的进步状态和政治发展所取得的成果。在天缘政治形成和发展的过程中,立足于权力基础上的合作,以一种地球上原有的国际政治很少见的方式出现,这正是天缘政治学不

---

① 《太空力量与国家安全》,聂春明、王志波、毛翔、吴志丹编译,航空工业出版社2016年版,第321页。

同于现有一般政治学理论的地方。当在太空活动中相关国家间各种权力类型相互作用、相互强化时，这使得天缘政治发展既呈现出惬意的合作，又难免平添不安的冲突。

从天缘政治的历史实践和基本类型来看，除共同利益、权力结构这些核心要素外，共同的基本理念和道义准则、外部强制力、认知要素、国内政治乃至制度惯性等，都对天缘政治文明建设产生着不可忽视的影响。如何理性地认识和利用其积极因素，防止消极因素的负面影响，趋利避害、蹄疾步稳地推进天缘政治文明进步，既是天缘政治学研究的旨趣所在，又是人类政治文明建设的必然要求。包容、普惠、和谐的天缘政治文明追求反映了人类社会政治空间拓展的趋向。政治文明所要解决的基本问题可以概括为：一是努力将人类对美好政治生活的构想付诸实践；二是通过科学合理的制度安排和技术设计，提高非暴力状态下解决政治矛盾和冲突的有效性；三是使所有社会成员在一种文明祥和的政治状态下各得其所，互爱互信，共存共荣。①当人类文明发展到能真正"上天"的高度时，理应从理论上充分把握天缘政治基于技术之上的多样权力和共同观念实践建构的本质，从而以理性而睿智的态度引导天缘政治朝着安全、美好、幸福的方向发展，并在渗透、扩展中推动整个人类政治文明的持续进步。

航天技术的跨域互联性和太空战导致同归于尽的必然结局，迫使理性的太空主体在天缘政治利益博弈中，采取越来越平和、越来越合理、越来越能够有效地解决主体间矛盾和冲突的方式和手段，从而也越来越有利于国际社会形成综合、共同、全面的安全观，互利、合作、共赢的发展观，开放、包容、互鉴的文明观，仁爱尚德、兼怀天下、同舟共济的道义观。立足现实、放眼未来的天缘政治学研究应在继承、发展已有的相关成果的基础上，从现有航天技术发展的实际能力和功效出发，以新的体系、新的方法丰富和发展天缘政治的学术研

---

① 桑玉成：《现代政治文明的源起及其演进——桑玉成教授在复旦大学的讲演（节选)》，《文汇报》2003 年 12 月 29 日。

究，构建恰当的天缘政治学理论分析框架，拓宽其理论研究的深度和广度，进一步理清太空开发、利用的理念追求与实践要求的互动关系，为探寻人类政治文明发展的科学坦途提供理论支撑。

（二）促进全球和平融合发展

科学技术研究对象的客观性、认知规律的共同性和科研成果的普适性，决定着现代科学技术的全球化本质。因此，具有全球化本质的航天技术的发展和扩散，有利于人类在地球村中的和谐相处与共同繁荣。随着航天技术的深入发展，对太空的探索、利用正由主要是一种国家行为向非国家行为扩散，各种开发主体间呈现出高密度利益博弈与汇聚的状态。天缘政治的实践建构与持续进化不仅有助于和谐世界的建构，而且有利于推动国际社会走向自由人联合体的美好未来。

太空高科技鲜明的全人类共通的逻辑从根本上决定着天缘政治中以合作为主的政治逻辑，诚然，这一切不会自动到来，它需要理性的人类在充分领悟科技的这一社会本质的基础上，利用一切政治智慧，包括均势政治所导致的秩序原理来寻求太空开发、利用中全人类共同利益的如期实现。[①] 当前，美国作为太空安全领域的唯一超级大国，加之社会制度、意识形态与中国迥异，在作为典型高阶政治的天缘政治领域，极力防范、限制乃至施压于俄罗斯、中国等其他国家。2011年，美国"奋进"号航天飞机携带着中国科学家付出心血的阿尔法磁谱仪在肯尼迪航天中心发射之际，中国记者竟被所谓的"沃尔夫条款"拒之门外。2013 年，美国 NASA 禁止中国人参加讨论开普勒（Kepler）太空望远镜探索太阳系外星体的研究计划的天文会议。美国以外的其他太空主体大力发展航天技术，就可以非对称和平反制手段威慑、遏制美国太空霸权企图，从而确保天缘政治的良性发展。

天缘政治学研究既是为了探讨各国人民为探索太空、利用太空、征服太空而奋斗的内在动力机制，也是为了寻找各国按照和平融合发

---

① 徐能武：《外层空间国际关系研究》，中国社会科学出版社 2010 年版，第 268 页。

展的天缘政治时代要求处理国与国之间矛盾和问题的基本准则。这既不是单纯的所谓鸽派观点，也不是所谓鹰派的谋略，而应该是直面现实的真心思考。在太空中，传统地理意义上的国界不复存在，有着理性智慧的人类不得不面对太空全新环境，甚至外星智慧物种的挑战。来自地球上的人类利用航天技术想从相互冲突中获利，这极易导致同归于尽的恶果而亟须协调，国际政治一体化既有明显的可能性，又具有紧迫的现实性。事实上，世界各国只有真正认识到航天技术发展的内在逻辑要求，并在太空探索、利用的实践活动中把它付诸实施，才能从社会的层面实现人类共同利益。由此，不难推导出天缘政治中合作共赢的实践必然会引领全球和平融合的深入发展。

（三）探讨人类社会空间拓展

　　人类冲出地球进入太空，标志着人类可以天的方式俯视大地。探讨人类向何处去，是趋向资本主义社会还是共产主义社会，或者被认为是自由民主社会，这更多的是从时间——人类社会发展历史的角度所做的思考。从太空来说，则应探讨人类在完全支配地球后，如何抓住机会进一步向太空拓展的空间问题。① "人类未来将在太空中生存，这是毫无疑问的。因为人类即将耗尽全部生存资源，所剩的时间已经不多了。在这方面，天才的预言家克·埃·齐奥尔科夫斯基有句名言，'地球是人类的摇篮，但人类不能永远生活在摇篮中'，这是绝对正确的。未来的人类是属于整个宇宙的。"②

　　天缘政治学研究必然要探讨人类社会向何处拓展的天缘政治演进的趋向和前途问题。经过较深入的探究，不难认识到当人类冲出地球进入浩渺沉寂的太空时，"现代国际社会的发展条件，保障国际和国家安全这一任务的特殊性，形成和保持一个国家必要的太空能力，制定和开展国际和国家航天计划的原则，为了政治、经济、军事及其他

---

① 王岳川：《空间文明时代的中国文化身份》，《学术月刊》2006 年第 7 期。
② ［俄］E. 切尔托克：《21 世纪航天——2101 年前的发展预测》，张玉梅、杨敬荣译，国防工业出版社 2014 年版，第 61 页。

目的而利用航天活动的成果，这一切都要求在新学科（学科方向）范围内进行专业的研究"①。天缘政治是典型的基于现实技术之上，由多样权力和共同观念实践建构的社会政治，它的出现有其历史必然性，而它的存在和发展更受其内在规律的支配和作用。天缘政治建构源于国家对航天技术性级差空租的追求，由各个国家航天技术发展所决定的国家间权力分配结构直接影响着天缘政治的内部组成，而围绕太空活动展开的国家间交往实践中所形成的共有观念，特别是作为"类"的人在太空面对严酷的自然环境和可能出现的其他挑战时，所必然出现的同类相助的合作观念要远强于在地球这一狭小的摇篮之内，人类在太空的共有观念对天缘政治活动中治理体系的进化有着不可避免的作用。

天缘政治实践探索和预示着人类社会光辉灿烂的文明前景。2015年7月24日，美国航天局宣布，由开普勒太空望远镜发现的，一颗1000多光年外的行星开普勒—452b可能是迄今为止最像地球的宜居行星，它被誉为地球2.0；虽然由于其遥远的距离，对地球上的人类而言它是遥不可及的，但航天技术的发展及其应用预示着人类社会空间拓展的方向。"人类始终是理智的，这一点是不容怀疑的。可能正是为了能使理智在宇宙得以孕育，每个人可以发挥各自的想象，大自然或超级力量在宇宙深处选定了一个被遗忘的角落——地球，创造了人类。……未来的人类将是整个宇宙中的人类。为了这一未来，现在就应着手准备。"② 由此不难理解，从终极意义上说，天缘政治学研究是探讨人类社会向何处拓展的未来需要。

通过对天缘政治学内涵、范式和价值的研究，不难得出以下结论：一是航天技术是天缘政治进化的根本动力，各国和平利用太空的技术应不受限制地得到最好最快的发展。从某种意义上说，天缘政治

---

① 《21世纪的天缘政治学和航天发展预测》，党政、宋尧译，《载人航天信息》2013年第4期。

② ［俄］E. 切尔托克：《21世纪航天——2101年前的发展预测》，张玉梅、杨敬荣译，国防工业出版社2014年版，第64、69页。

学就是各国太空活动中关于权力分配方式和权力运行机制的研究，更直白地说，天缘政治学就是有关各国太空活动中权力的学问。天缘政治中权力的基础是多元化的，但其最主要的来源则是航天技术所形成的实力。航天技术作为太空开发、利用中的第一生产力，推动着人类对太空探索和利用的不断深入。由此，各国在太空领域的互动实践必然会不断加深，太空国际关系逐渐成形，天缘政治应运而生。太空作为最真切的全球公域，各国和平探索、利用太空的活动不应受到限制，任何国家、任何势力都无权以所谓"敌国"的名义，不让他国自由和平地探索、利用太空。二是太空战略安全和国际安全稳定是天缘政治运作的核心目标，国际社会必须旗帜鲜明地反对太空武器化和军备竞赛。从天缘政治发展的现状来看，国际社会在太空非军事化上虽然达成了一定的共识，但对于如何推动太空军备控制以及推动何种类型的军备控制并未形成有效规范。现有太空国际安全机制仍然是以禁核（禁止部署天基核武器）不禁天（即各类对天武器和天基常规武器）为总体框架的。美国不顾国际社会的反对，大力发展天基和地基反卫星武器、反导系统和全球快速打击系统，推动了太空领域由攻防平衡向进攻占优转化，加深了太空战略安全的不稳定性，同时也使太空武器化和军备竞赛威胁日益加剧。因此，针对日益临近的现实威胁，国际社会必须旗帜鲜明、千方百计地反对太空武器化和军备竞赛，以维护太空战略安全和各国的合法权益。三是和平融合发展是天缘政治的本质特征，决定着包容、普惠、和谐的天缘政治文明建设是全球融合的现实需要。太空的探索、利用是国家的事业，也是人类的追求。进入 21 世纪以来，技术的发展降低了人类探索太空的门槛，拓展了开发、利用太空的规模、广度和深度，有利于全人类共同利益的增进和发展。然而，由于国家及其管辖下的企业探索、利用太空的基本动因是追求自身利益，往往以非合作甚至对抗的方式处理相关矛盾，这引发了许多国际社会所关注的问题。在当今各国讲求实力政策，争取太空优势，提升军事水平的时代背景下，太空军备逆序和极易形成非对称反制的特点，必然迫使各国认识到，积极参与推动太空国际安全合作是维护和拓展太空安全和发展利益的最理性选择。航天技术覆盖全球、跨越各域、联通民心的特征，使太空探索和利用不但有利于推动一国对内部各种资源的统筹利用和各产业的协调融合，而且有利于推动世界各国的和平、融合和可持续发展。

正是基于本书所具有的重要学术价值和现实指导意义，笔者试图在继承、发展已有学界相关成果的基础上，从现有航天技术发展的实际能力和功效出发，以新的体系、新的方法丰富和发展天缘政治学的学术研究，构建恰当的天缘政治学理论分析框架，拓宽其理论研究的深度和广度，从而加深人类对未来探索、利用太空走向的理论把握，进一步理清太空开发、利用的理念追求与实践要求的互动关系，为中国更好地把握太空探索、利用这一难得的历史新机遇，实现中华民族伟大复兴的中国梦，做出应有的贡献。三尺龙泉万卷书，学林跋涉意如何。作为国防科技大学文理学院的一名从事政治学教学和科研的教员，坚持以马克思主义为指导，谨遵"厚德博学、强军兴国"的校训，依托国防科技大学空天技术和信息技术的优势平台，矢志于天缘政治学领域的长期探索和研究。蓦然回首，从激情勃发的青葱岁月步入发际后收的天命之年，怀揣着"学术本是天下之公器"的精神，从对中国军事政治问题的思考起步，再到对国际安全问题的关注，后来逐步聚焦于天缘政治学研究，筚路蓝缕，辛苦耕耘二十余载，苦心孤诣，"为伊消得人憔悴"，作为勿须扬鞭自奋蹄的"孺子牛"的真心书写，既是对前辈老师和同行贤者的感恩之作，又是对这个时代和社会奉献的微薄之品。

第一章　天缘政治的实践缘起

天缘政治作为国际社会经济关系之上的"上层建筑",是在与太空相关领域围绕获得、保持和增加国家权力而展开的国际社会活动、形式及其关系。太空被誉为继陆地、海洋、大气层之后人类生存和发展的第四环境。伴随着人类对太空的探索、开发和利用,太空对主权国家的生存和发展具有多方面的意义。太空是一个主权原则无法延伸去划清国界的"无缝"世界,这决定了各国开发、利用太空的收益递增是一种典型的技术性级差空租。追求技术性级差空租是各国从事太空活动的根本动机,各国的太空探索、利用实践则是天缘政治成长的起点和发展的主体内容。在太空探索、利用中全人类共同利益和国家太空利益在总体上是一致的,但由于利益主体的不同,在实践中难免会出现矛盾,这一矛盾构成了天缘政治的基本矛盾。对于进入太空的主体而言,最终适用的根本性原则就是"人类共同利益"原则。依据这一根本原则可以引申出禁止据为己有原则、非军事化原则等。2015年5月,中国政府发布的军事战略白皮书指出:"太空是国际战略竞争制高点。有关国家发展太空力量和手段,太空武器化初显端倪。中国一贯主张和平利用太空,反对太空武器化和太空军备竞赛,积极参与国际太空合作。密切跟踪掌握太空态势,应对太空安全威胁与挑战,保卫太空资产安全,服务国家经济建设和社会发展,维护太空安全。"①

---

① 中华人民共和国国务院新闻办公室:《中国的军事战略》,新华网北京2015年5月26日电,http://news.xinhuanet.com/politics/2015 - 05/26/c_ 1115408217.htm。

由联合国主导的，各国自由、平等参与和倡导的国际合作的国际管理机制是天缘政治良性运行的保证。在从天缘政治成长中寻求解决矛盾的关系安排的历史实践中不难发现，基于航天技术及其应用的太空物质权力和共同观念的复合结构，以及"技术—权力—观念"三者的互动实践过程，决定着天缘政治成长的方向和路径。

一　科技发展中天缘政治的萌发[*]

太空作为完全意义上的全球公域，各国航天技术实力从根本上决定了该国在太空的获益能力；在太空活动领域连续追加技术性投资的多寡，决定着相关国家所获得的技术性级差空租的多少。由于太空无国界，主权原则无法延伸到太空，从理念上讲，人类太空探索活动适用的是人类共同利益原则。但由于各国追求技术性级差空租的动机，围绕太空所展开的国家间交往行动难免会产生利益矛盾，因此，依赖权力介入，控制和解决矛盾势所必然，天缘政治由此产生。一个国家开发、利用太空的能力，在某种程度上决定着它在太空国际斗争中的政治地位以及在国际事务中的发言权，因此，天缘政治在当今国际政治中具有越来越重要的战略意义。太空活动中人类共同利益的理念表明，只有联合国主导的天缘政治关系的制度化，才是最佳选择。

（一）天缘政治活动触发的根本动机

太空作为人类活动逐渐进入的前沿地带，由于其自身特点与人类利用方式所决定，太空开发、利用的价值具有跟地球表面乃至大气层完全不同的特性。众所周知，自从威斯特伐利亚体系确立了现代主权国家原则以来，人类在地表活动的空间，以划分"国界"的方式明晰了领土、领海、领空等概念。各类空间价值的产出，主要表现为地

＊　本节内容以"论军事技术与冷战后国际安全机制的成长"为题部分发表于《东南亚纵横》2009 年第 6 期。

租与空租（以土地的地租概念推论，在上空可称之为"空租"）。在传统经济学中，土地的地租以其物产的丰度来计算，而人文空间的空租，则以其容纳功能所获取的效益来计算。其价值的产出也就是人力、物力、信息力的投入，经过空间容纳力的转换，重新得到还原，并获得增值。

由于地表、领空等由"国界"明晰的国别所有权的存在，对其的任何开发、利用都必然会带来绝对地租与空租。绝对地租与空租是人们利用地表、大气层所获得的使用功能的价值。这与人们在社会生产中利用自然生产力所获得的材料和能源相类似。绝对地租与空租带有普遍性，只要利用地表、领空，就可以获得这份价值。同时，它也是后两种级差地租和空租的基础性价值。级差地租和空租是它的叠加价值。

天然性级差地租与空租是由于地表肥沃程度的不同和领空给航线带来的距离远近不同而形成的。地表级差地租与领空空租也是人们利用地表、领空而获得的价值。但是，其多寡取决于所处的位置。物质资源产出丰富的地区，多于贫瘠地区；人口稠密的地区，多于人烟稀少的地区；美妙景观、名胜古迹、奇特的游乐场所，多于平淡无奇的地区；生态环境良好的地区，多于环境恶劣的地区；交通枢纽的地区，多于交通阻塞的地区；市场多于其他地区。人们开发太空之所以要进行选择，并愿意投入选择费用，就是因为通过这种合理选择，能够充分利用空间的功能用途，取得较多的天然性级差地租和空租。由于主权原则对空间产权的清晰界定，由于经营权的垄断，这些地租和空租的归属在原则上也是明确的，甚至大气层也以"领空"的方式规定了由谁支配的问题。这种按主权原则划分的产权或延伸的经营权，事实上促进了各个国家对地表、大气层的合理、有效利用。与此同时，由主权原则所决定的国家间的无政府状态亦成为这些空间领域国际关系理性主义研究的逻辑起点。

技术性级差空租则是在同一地表或空间连续追加的技术性投资不同而形成的级差地租与空租。它是指人们通过物质设施和技术的投入来加深开发空间内涵的容纳功能，形成了良好的群落环境与优质的生态环境，使之同天然级差空间形成人文差异，以提高其空间的质量等级，从而获得更大的经济效益。前述"开发空间的价值投入"，就是增大人文空间利用效益的行为。

诚然，远离人类所居住的地球的太空是一个主权原则无法延伸去划清国界的"无缝"世界。正是太空对于人类活动所具有的这一根本特性，决定了各国开发、利用太空的收益递增是一种典型的技术性级差空租。各国竞相进入太空，追求技术性级差空租，导致天缘政治朝着具有有别于地表和近空特征的方面演化。

空间经济学的领军人物保罗·克鲁格曼强调了主流经济学研究的三大问题——生产什么？为谁生产？怎样生产？但他却忽略了"在哪里生产"即生产活动的空间定位问题，这一缺陷是应该加以弥补的。这或许在航天技术已今非昔比之际，显得尤为重要。太空无限广阔的空间和丰富的资源，不仅为新科技的发展提供了一个巨大的"科学实验室"，而且为解决人类日趋紧张的"资源危机"提供了新的途径。自1957年苏联发射第一颗人造卫星以来，航天科技不仅促进了天文、高能物理、材料、信息、制造工艺等新科技的发展，形成了大批高新科技工业群体，而且产生了巨大的社会和经济效益。据资料统计，与太空有关的产业每年以20%以上的速度增长，到2010年，该数字至少增加了两倍，达到1600亿美元以上。伴随着太空时代的到来，航天技术越来越广泛地深入现代人类生产和生活的各个领域，并在人类社会的可持续发展过程中发挥着重要的作用。

在民用产业方面如此，在军事方面也不例外。作为新军事思想中的战略制高点，太空对于一国的军事安全也有着极其重要的作用。有的军事专家甚至预言，哪个国家要是控制了太空这个制高点，哪个国家就能夺取制天权、制信息权、制空权和制海权，进而控制整个地球。在过去的几十年中，谋求研发和部署太空武器系统的努力在一些国家从未停止过，只是受特定的历史条件限制而未能成为现实。目前，世界上一些军事大国纷纷为组建天军，建立太空军事基地，争夺

"制天权"做着积极的准备。

人类开发、利用太空的递增收益既然是一种技术性级差空租，那么，从根本上说，各个国家对这种技术性级差空租的获得，取决于本国航天技术水平的高低。太空是广阔无垠的，利用它所获得的技术性级差空租会随着航天技术的进步而成正比例增加。与此相联系的是，太空对于某个特定国家而言，其开发、利用价值取决于它有多少高科技的投入。现代航天技术系统是航天技术、通信技术、信息技术和新材料技术的结合体，是世界高精尖技术之一，在信息时代它体现出一个国家在高新技术领域的综合实力。航天技术在促进经济发展，带动科技进步，增强国防实力，提高国家的国际地位等方面，正发挥着愈来愈大的作用。

（二）天缘政治理念成长的客观环境

太空无"国界"，对于各主权国家而言，也就无所谓绝对空租；太空广阔无垠，也就没有明显的天然性级差空租，各个国家竞相进入太空寻求的是技术性级差空租。随着现代科学技术特别是航空航天技术的发展，世界各主要国家努力进入太空以拓展自身的国家利益，由此引发了各国对天缘政治问题的积极关注。"太空安全与太空武器化发展是当前国际社会高度关注的重大战略问题，也是国际军控和裁军领域出现的新课题。"[①]确实，天缘政治能否顺利成长已成为一个日益凸显的复杂而敏感的国际社会问题。因为天缘政治的生成、演绎急需一套安全、有效的原则，以保证人类对太空的真正和平利用。"人类共同利益"只意味着对月球和其他天体的勘探与利用对全人类开放，是全人类开发的范围，除此之外，该概念不具有任何进一步的含义。

在太空时代初期，很多国家都希望太空应仅用于和平的目的和全

---

① 杨乐平：《国际外空安全与外空武器化评述》，《2006：国际军备控制与裁军报告》，世界知识出版社 2006 年版，第 189 页。

人类的利益，《月球协定》最重要的存在理由是该协定的第十一条第一款所宣告的内容："月球及其自然资源均为全体人类的共同财产，这将在本协定的有关条款，尤其是本条第五款中表现出来。"在人类开发、利用太空的实践活动中，正如苏联太空司原司长迈约斯基所指出的，人类共同遗产与人类开发范围是两个既相互联系又相互区别的概念，前者适用于物质对象，后者适用于人类的开发活动。由于人类开发太空的活动追求的是技术性级差空租，而处于人类开发范围的太空无疑是"人类共同利益"原则已确定的整个空间的一部分，因此，对于人类太空活动而言，"人类共同利益"是一个先验而永恒的原则。对太空和其他天体及其资源而言，"人类共同遗产"意味着太空资源属于全人类共同所有，各个国家均具有从开发太空的活动中取得利益的权利。

依据"人类共同利益"原则，为了规范人类在太空的活动，1966年联合国大会通过了《关于各国探索和利用包括月球和其他天体在内太空活动的原则条约》（简称《外层空间条约》）。该条约为规范人类在太空的活动，规定了各国在太空的活动应遵循的原则，主要体现在以下几个方面：（1）"不得据为己有"原则：任何国家都不能在太空划出一块作为私有领域，太空不是无主地，任何国家不得通过占领使用或任何其他方式提出主权要求。（2）"自然探索和利用"原则：不能把太空变成军事竞技场，探索、利用太空要坚持非军事化原则。（3）"共同利益"原则：太空对所有国家都是敞开的，到太空进行科研、旅行等活动的机会是均等的，但目的必须符合全人类福利和利益。①

---

①　1958年12月13日，联合国大会秉承"探索和利用外层空间应为所有民族谋福利"的崇高信念，在其第1384（XII）号关于外空问题的决议中提出了"人类共同利益"的概念；1963年12月13日通过的《关于各国探索和利用外层空间活动的法律原则宣言》第一条规定："探索和利用外层空间，必须为全人类谋福利和利益"；1967年生效的《外层空间条约》第一条第一款提出了"共同利益"原则。关于该原则的产生、法律效力、法律内容及补充和发展，详见黄解放《空间法的"共同利益"原则——〈外空条约〉第一条第一款再探讨》，《中国国际法年刊》1987年卷，第179—196页。

确实，仅从"人类共同遗产"原则的字面含义就可引申出"不得据为己有"原则。《月球协定》第十一条第二款重申了1967年《外层空间条约》第二条所规定的"国家不得将月球的任何部分据为己有"原则。《外层空间条约》不仅禁止延伸国家主权，而且禁止对太空或天体的任何区域主张财产权。同时，其第十一条第三款规定，月球的表面或表面下层或其任何部分或其中的自然资源均不应成为任何国家、政府间或非政府国际组织、国家组织或非政府实体或任何自然人的财产。在月球表面或表面下层包括与月球表面或表面下层相连接的构造物在内安置人员、太空运载器、装备设施、站所和装置，不应视为对月球或其任何领域的表面或表面下层取得所有权。

1967年《外层空间条约》第四条第二款规定，"月球应供全体缔约国专为和平目的而加以利用"，这意味着在外层空间应全面非军事化和禁止一切军事活动。1979年通过的《月球协定》第三条第二款重复了这一规定，"在月球上使用武力或以武力相威胁或从事任何其他敌对行为或以敌对行为相威胁，概在禁止之列"。由于人类的生存主要依赖于包括太空环境在内的自然环境，资源争夺已经成为国家间冲突的一个主要动因。因此，适用"人类共同遗产"原则，有必要对国家管辖范围以外的太空这一地区厉行禁止一切军事活动的做法：禁止试验军事武器和设立军事基地，禁止使用武力或以武力相威胁，借此对国家单方面的利益扩张加以限制，对各国开发资源的活动进行国际管制，公平分配各国权益，尽力避免和化解冲突，防止战争的发生并促进和平进程，为造福人类而开发太空各种资源。[①]

在开发太空资源活动中适用"人类共同利益"原则，要求一个国家或主体的自由不损害其他国家或主体的同等自由。因此，为了保证对于太空的开发遵循"共同性"的原则要求，必须强调太空活动是为了所有主体谋福利而进行的，需要一个对自由进行限制的机制。正

---

① 李燕妙：《试析人类共同继承财产的概念与基本内涵》，《中山大学学报论丛》2004年第2期。

如迪特迈林所认为的，根据该原则，包括商业利用在内的各种太空活动只能在被确认为是可能使全人类受益的情况下才被允许。在现实的天缘政治中，"人类共同利益"理念的核心在于，发达国家不能仅仅为了自身的利益而利用太空，它们还必须对国际社会承担某种负责任和义务。这些活动"应为所有国家谋利益和福利"，应"充分注意到这一代和后一代人类的利益"①。王铁崖先生指出，"人类共同遗产"原则是"以人类为主体，以财产为对象"的制度，其共同性就是所有权和利益的共同性。② 因此，将"人类共同利益"理念和"人类共同遗产"原则适用在开发太空资源的活动中，就要求将通过这些活动所带来的任何实惠和利益平等地由所有人类公平分享。

（三）天缘政治关系演化的内在矛盾*

太空探索是人类向自身经验和知识边缘以外不断拓展的航程，这是一个永恒的旅行。尽管人类在 60 多年前就已开始进行太空探索，但仍处于此航程的初级阶段。③ 随着在太空的人类活动不断增加，日益复杂的天缘政治越来越引起世人的瞩目。天缘政治是人类进入太空的各种主体之间由于交往实践所形成的社会关系；由于太空探索、利用实践活动到目前为止，均是在主权国家规范下进行的，人类在太空活动中所形成的复杂的社会关系主要表现为权力介入其中的太空国际关系。

1. 天缘政治的内在矛盾

太空作为人类活动逐渐进入的前沿地带，由于其自身特点与人类利用方式所决定，太空开发、利用的价值具有跟地球表面乃至大气层完全不同的特性。太空无疆域性是指太空无法像领土、领海和领空一

---

* 本节部分内容以"试论外层空间国际关系权力建构的实质"为题刊载于《哈尔滨工业大学学报》2010 年第 4 期。

① 秦晓程：《外层空间商业化活动的国际法问题》，《中国国际法年刊》1993 年。

② 王铁崖：《论人类共同继承遗产的概念》，《中国国际法年刊》1984 年。

③ 美国战略与国际问题研究中心（CSIS）：《沉寂的外空——21 世纪外空探索的全球准则》，《载人航天探索计划报告》，该报告于 2005 年 2 月 16 日于布鲁塞尔发布。

样划分疆域边界，太空广阔无垠，进入其间的物体遵循太空飞行动力学的相关规律运动。追求各种利益是以各种形式进入太空开发、利用的人类组织活动的根本动机，也是太空国际互动行为的逻辑起点。非有限的广阔太空及其各种天体资源是世界各国主权原则无法延伸，同时也无须延伸的地方，对于进入其间追求各种利益的人类力量而言，唯一适用的根本性理念就是"人类共同利益"理念。"人类共同利益"理念意味着对太空的勘探和利用对全人类开放，这是一个先验而永恒的理念。对太空和其他天体及其资源而言，"人类共同利益"意味着太空资源属于全人类共同所有，各个国家是均可从开发太空的活动中取得利益的物质对象。

在世界各国所进行的太空探索、利用中，各国追求的国家太空利益，从根本上来说，是与人类在太空的共同利益相一致的。只有当世界各国加大在太空开发、利用的投资力度，扩大相关项目的规模时，才能加速人类对太空探索、利用的实践进程，为人类太空共同利益的实现提供可能。由于主体的差异，人类共同利益的理念追求与国家太空利益实现之间的矛盾作为天缘政治中的内在矛盾是非对抗性的内部矛盾。

天缘政治的内在矛盾是推动其发展的内在根本动力。一个国家开发、利用太空的能力，从某种程度上决定着它在天缘政治中的权力大小。在太空开发、利用的大多数时候，国家所追求的太空利益与全人类的共同利益是根本一致的，国家间会沿着利益关系的引导形成合作共赢的天缘政治。在国家追求的太空利益与全人类的共同利益出现差异时，更需要各国通过交往实践，寻求解决矛盾的关系安排，天缘政治成长中的权力因素尤为关键。天缘政治的实质是太空多样权力的社会建构。分析太空权力类型及其互动，既可正确把握天缘政治的基本特征，又可现实地探讨培育天缘政治合理发展的路径。

2. 天缘政治的实践建构

人类在太空展开的探索、利用活动，由于太空的无疆域性和各国对技术性级差空租的不断追求，长期单靠一国的力量无法持续、深入发展，因此，必然进行国家间的交往实践。不同国家在太空开发、利用中结成了各种各样的社会关系。从马克思主义国际关系理论的视角探讨各国在太空各种复杂关系的权力和观念的实践建构，不难发现，当两个国家基于太空探索、利用的特定利益关系进行交往实践时，太空实力的差异极易导致内在化的强制性权力。由太空行为体进一步扩散的互动交往而形成的对其他行为体施加的间接控制形成了制度性权力。或者，太空行为体在相互制约的复杂权力关系基础上，由于权力的建构作用，形成了对太空行为体身份与利益界定和塑造的结构性权力。制度性权力扩散和结构性权力建构作用的汇合，就会对太空行为体形成具有一般、间接社会化影响的生产性权力。各种权力类型的交互作用和强化，事关各太空主体的身份如何被建构、规范如何被社会化，天缘政治最终朝着何种方向进行实践建构与演化。①

"权力作为一种社会关系，它总是权力关系双方互动作用的结果。"② 航天技术的诞生和发展，不仅为科学探索提供了有效的技术手段，而且使人类进入太空新环境，直接开发和利用其资源成为可能。世界各国凭借航天技术进入太空，追求技术性级差空租，一方面，探索、利用实践的深入必然驱使各国之间的交往，另一方面，航天技术实力的差异，使基于某种利益诉求而进行交往的双方关系在更多的时候是不对称的。在这种不对称的利益交换关系中，强制性权力应运而生。③ 这种强制性权力可理解为"一方支配他者的意志和行动的控制力"④。强制性权力是天缘政治实践建构的起点，是一种建立在一定利益基础之上的内在化的强制性的双边互动关系。

---

① 参见董青岭《现实建构主义与自由建构主义：一种研究纲领内部的分化》，《世界经济与政治》2008 年第 12 期。

② 孙关宏、胡雨春、任军锋主编：《政治学概论》，复旦大学出版社 2003 年版，第 46 页。

③ 徐治立、殷优优：《航天科技对人类社会的影响》，《科学学研究》2006 年第 24 卷增刊。

④ ［美］汉斯·摩根索著，［美］肯尼思·汤普森、戴维·克林顿修订：《国家间政治——权力斗争与和平》，徐昕、郝望、李保平译，王缉思校，北京大学出版社 2006 年版，第 56 页。

　　"什么因素构成一国相对于他国的权力？我们所称的国家权力组成部分是什么？如果我们想要确定一国的权力，我们要考虑哪些因素呢？"① 在太空探索、利用中，虽然各种力量依然是在主权国家管辖的名义下进入无疆域性的太空追求各种形式的利益，但是，这些实质意义不同的众多利益的获得构成了天缘政治中权力的来源。在太空探索、利用中所获得的每种利益是各种太空力量活动的直接动机，这种利益一旦获得，就会转化为相对于他者的权力。

　　研究天缘政治的实践建构，就需要探寻哪些因素会影响行为体，使其以更快的速度和更多的资源去共同建构天缘政治。了解这些因素，不仅有助于改进决策，以便更好地控制天缘政治建构的进程，而且便于从全人类共同利益的高度，推进天缘政治的实践建构，以追求人类社会在一个全新的太空领域尽可能地塑造一种更美好、更理想的人类政治活动模式。②

　　权力对天缘政治的影响，在很大程度上是指各个国家的权力差异性，即权力分配。在太空领域，行为体之间的权力分配极大地影响着天缘政治活动的开展，况且天缘政治的维持、发展及改变也受权力的影响。③ 权力分配中的强制力一方面会改变天缘政治行为体的行为，另一方面这种强制力本身并不能保证天缘政治的持续。正如奥兰·R. 扬所指出的："机制参与者之间的权力分配实质性地严重失衡限制了机制的社会建构。"④ 这就提出了一个十分重要的规范性问题：如何既发挥权力在建制中的作用，又摆脱天缘政治中权力的负面影响。

---

　　① ［美］汉斯·摩根索著，肯尼思·汤普森、戴维·克林顿修订：《国家间政治——权力斗争与和平》，徐昕、郝望、李保平译，王缉思校，北京大学出版社 2006 年版，第 122 页。

　　② Oran R. Young and Marc A. Levy, " The Effectiveness of International Environmental Regimes," in Oran Young （ed.）, *The Effectiveness of International Environmental Regimes*: *Causal Connections and Behavioral Mechanisms*, 1999, pp. 4 - 5.

　　③ 王明国：《经济自由主义、经济民族主义与外层空间国际关系论》，《世纪中国》2003 年 6 月 13 日，http: //www. cc. org. cn/zhoukan/guanchayusikao/0306/0306131008. htm。

　　④ ［美］奥兰·R. 扬：《国际制度的有效性：棘手案例与关键因素》，詹姆斯·N. 罗西瑙：《没有政府的治理》，江西人民出版社 2001 年版，第 208 页。

为此，根据约翰·伊肯伯里（G. John Ikenberry）提出的一种更加"胶黏性"的理论，可认为天缘政治是根植于更广泛的现代国际政治秩序中和限制行为者活动"场景"的正式和非正式的组织、规则、惯例和实践，在具体环境下可以把国家太空领域的活动"锁定"在稳定和持续的社会联系中，对国家的权力运用加以某种限制。用对权力的审慎态度换来他国对其权力的认同。① 国际政治权力对天缘政治的实践建构的影响，从天缘政治运行的背景看，是一种外生变量。但国际政治权力对天缘政治作用的发挥无疑具有决定性的意义，国际政治权力构成了天缘政治运行的结构框架，天缘政治的实践建构受到国际政治权力因素的根本性制约。②

（四）天缘政治秩序维护的制度需求

"人类共同利益"理念不仅是人类在月球和其他天体上活动的最重要原则之一，同时也是保护和开发其他诸如公海海底资源和人类文化遗产等有限资源的重要原则。它直接引导出"不得据为己有"原则，并意味着全面非军事化和禁止一切军事活动。为了保证开发的福利在所有国家之间公平分配，应该对所有使用太空资源的国际管理机制的创设活动进行规范，而创设活动必须以"人类共同利益"理念为指导方针。事实上，这些理念还远没有达成准确的程度，现实的做法是将其转化为包含以下主要内容的国际管理机制，只有这样，才能规范太空新型国际关系沿着对人类而言真正"正确"的方向发展。

第一，联合国主导太空和平开发、利用。尽管世界各国在太空和平开发与利用问题上存在着共同利益，但实际中的太空和平、合作和发展并不顺利。其原因就在于各国开发、利用太空的收益是一种技术性级差空租，谁的技术投入大、技术水平高，谁的实际收益就大。太

---

① 慕建峰：《新秩序，还是老制度——〈制度、战略约束和美国战后秩序的持续〉评介》，《美国研究》2002 年第 1 期。

② Andreas Hasenclever, Peter Mayer and Volker Rittberger, *Theories of International Regimes*, London：Cambridge University Press, 1997, p. 182.

空开发、利用是一项典型的大科学工程，它需要一个国家雄厚的综合国力作为后盾。冷战后，国际格局中大国权力结构发生了明显的变化。这个变化的一个突出表现，就是国际战略力量的严重失衡。各国综合实力对比的严重失衡，对太空开发、利用的直接影响就是造成天缘政治文明建设受挫，追求绝对霸权与和平开发、利用的矛盾与斗争更加错综复杂。

个别国家追求技术性级差空租的能力远远超过其他国家，这就更需要共同协商所产生的机制来确保太空开发、利用的合理和有效。如果任凭某些国家借其强大的综合国力，无与伦比的航天技术，去谋求本国太空的绝对安全和绝对霸权，那么，天缘政治成长中的"安全困境"就难以缓解和消除。世界各国日益认识到，太空开发、利用中技术性级差空租的特点和冷战后国际权力格局的"一超多强"，决定了由联合国这个唯一的全球性综合国际组织来主导太空和平开发、利用是维持太空长期稳定与和平的必由之路，只有通过联合国主导下的有效国际合作来寻求太空和平共处，才能确保太空真正成为人类发展的新太空。①

1963 年，联合国通过了《禁止在大气层、外层空间和水下进行核试验条约》，包括美、苏在内的 117 个国家签署了该条约。1966 年 12 月，联合国大会通过了促进太空和平利用，防止太空军事化的《外层空间条约》。《外层空间条约》于 1967 年 10 月 10 日起无限期有效，目前已有 96 个国家批准加入该条约。该条约规定了探索和利用太空的一些基本原则，其中有太空自由、太空不得占有、太空活动为全人类谋利以及太空不得用于军事目的等。1979 年第三十四届联大通过了《指导各国在月球和其他天体上活动的协定》，即《月球协定》，宣布月球是全人类的共同财产，各国不得以任何方式据为己有。

---

① 有关国际安全机制的意义，参见朱阳明主编《国际安全战略论》，军事科学出版社 2000 年版，第 134—135 页；任晓《从集体安全到国际安全机制》，任晓主编：《国际关系理论新视野》，长征出版社 2001 年版，第 182—193 页；陈峰君《两种不同的安全概念与安全战略》，《世界经济与政治》1997 年第 11 期。

这些外层空间条约和有关文件既是指导各国太空活动的依据，也是天缘政治框架的主要组成部分，天缘政治正依此框架而全面形成。

第二，各国自由、平等参与太空开发、利用。航天技术性级差空租的获得，要求各国以强大的综合国力为基础，它是不可能按主权原则硬性"分割"的。目前，越来越多的国家纷纷通过发展其航天事业，试图在太空中强化其优势地位，从而不断增强军事实力和经济实力，以便在国际政治斗争中争取更多的发言权。而部分发展中国家也积极努力，意欲或已经参与到太空领域的竞争之中，进而提升本国在国际政治方面的影响力。

在太空开发、利用方面，并不存在绝对的利益冲突，国家间的竞争也并不是完全的"零和博弈"。但天缘政治的和平形成，由于事涉国家核心利益而与权力的分配紧密相关。现实主义学者认为，在很多情况下，权力大的国家拥有更大的发言权，而"弱一些的国家可能就没有自主选择"[1]。对天缘政治形成的影响力，正是按一定比例在成员国中分配的权力结构的反映。"权力可改变由选择途径的不同而产生的结果（收益矩阵）。"[2] 从这个意义上说，天缘政治能否和平形成，取决于在太空开发领域彻底打破各国固有的权力结构，坚持各国自由、平等参与太空的开发、利用。

太空没有国家所有权的问题，太空开发、利用的收益也不是绝对空租。任何国家进入太空追求的都是技术性级差空租，为了防止技术先进国家凭捷足先登而擅自垄断航天技术性级差空租，就需要制衡任何称霸太空的企图。冷战结束后，苏联在太空的势力突然消失，俄罗斯又难以为继，美国趁势扩张，成为在太空占有压倒性优势的唯一超级大国。2006 年 10 月，美国公布的太空政策更为突出地强调美国享

---

① Stephen Krasner, "Structural Causes and Regime Consequences: Regimes as Intervening Variables," Stephen Krasner (ed.), *International Regimes*, Ithaca: Cornell University Press, 1983, p. 15.

② Sephen D. Krasner, "Global Communications and National Power: Life on the Pareto Frontier," *World Politics*, Vol. 43, 1991, p. 340.

有绝对自由行动权；拒绝就任何可能会限制其进入或使用太空的协议进行谈判，反对与这一原则相违背的任何形式的太空协议或规定；如有必要，美国有权不让任何"敌视美国利益"的国家或个人进入太空。这一政策体现了美国不容他人"染指"太空，追求太空霸主地位的意图，这是与天缘政治的内在本性相违背的。

第三，倡导国际合作的太空和平开发、利用。太空不同于领空，不存在天然性级差空租。因此，任何国家在开发、利用太空的过程中，都没有"经营权垄断"的问题，不能擅自独占技术性级差空租。目前，太空开发实践中有关各国对军备竞赛威胁的"共同厌恶"使各方在安全问题上拥有一系列的共同利益要求，大多数国家希望对太空武器化的趋势加以抑制，这就导致倡导国际合作的太空和平开发、利用的呼声日益高涨。但在过去的几十年中，谋求研发和部署太空武器系统的努力在一些国家从未停止过，只是受特定的历史条件限制而未能成为现实。目前，世界上一些军事大国纷纷为组建天军、建立太空军事基地、争夺"制天权"做着积极的准备。随着科技的不断成熟，太空面临着武器化的危险。这种趋势的发展不仅会阻碍太空的和平利用，还会引发太空的军备竞赛，进而对国际安全格局造成严重的消极影响。由此可见，防止各国在太空活动的武器化已是十分现实和紧迫的问题。

个别国家以强大的实力做后盾，调整太空政策，明目张胆地试图垄断航天技术性级差空租，既增加了太空开发、利用中的冲突与危险，又暴露出现有天缘政治生成中的缺陷。太空武器化的威胁应该引起国际社会的重视。太空武器化严重地影响对太空的和平利用，对之，国际社会应尽快采取有效措施。重视防止太空军备竞赛问题，主要基于太空是全人类的共同财富，支持和平利用太空的各种活动，积极探索和利用太空，有利于人类的和平与发展。

这个问题正引起国际社会的高度关注。2002年6月，中国、俄罗斯、白俄罗斯、印度尼西亚、叙利亚、越南、津巴布韦联合向裁谈会提交了关于"防止在太空部署武器、对太空物体使用或威胁使用武力

国际法律文书要点"的工作文件，得到了许多国家的支持。在 2005
年 10 月的联合国大会上，160 个国家投票赞成签订《防止太空军备
竞赛》（PAROS）条约之必要性的决议，只有美国一票反对。2007 年
3 月，联合国和平利用外层空间委员会第四十六届法律小组委员会会
议讨论如何利用和完善相关的国际法框架，促进国际和平利用太空事
业的发展。除美国以外的各国代表认为，早日制定禁止太空武器化的
国际条约是国际社会面临的共同任务，联合国和平利用外层空间委员
会及其法律小组委员会应发挥应有的作用。

　　随着航天技术的快速发展，世界各国竞相进入太空发展，纷纷
从经济、军事以及信息的角度出发，寻求自身国家利益的拓展。一
方面，应该肯定，人类对太空进行和平开发、利用具有巨大的进步
意义，也是历史发展的必然趋势。但另一方面也应考虑如何在合作
共赢的目标牵引下，探求人类通过开发和利用太空，维护世界和平，
促进世界发展。这就需要从航天技术性级差空租追求的特点出发，
加快促进天缘政治文明建设，以确保人类对太空的和平开发与
利用。

二　利益基础上的天缘政治界分

　　追求特定的国家太空利益是任何国家都具有的价值取向，无论是
大国还是小国，无论是发达国家还是发展中国家，都是如此。国家作
为一个政治主体有其特定的国家太空利益。任何一个国家在太空领域
的存在和发展，首要的追求目标必然是国家太空利益。国家太空利益
从内容上来说，是一个复杂的综合体。凡是能给国家主体带来需求满
足的事物都是国家太空利益。比如战略威慑，对国家而言，通过这种
威慑的存在使别的国际政治势力不敢轻易冒犯，这种安全预期就是一
种国家太空利益；对一个国家来说，在国际社会中这个国家地位的上
升有可能给其带来开展太空探索、利用的动力和信心，那么，在国际
社会中的地位，就是这个国家的太空利益问题。

（一）天缘政治利益源于主体需要

需要是国家本性的表现，是国家作为国际政治主体的本能。因此需要具有自我性的基本特征。所谓自我性，是说一国需要的产生与其他事物无关，不是其他事物引起的，而是自身存在的必然性。国家太空需要是在国家交往实践中得到满足的。这里的交往实践是指广义上的交往实践，包括物质方面的交往实践和精神方面的交往实践，马克思主义认为，没有国家间的交往实践，就无所谓国家利益问题。国家间在交往实践中形成的利益关系满足着国家的太空需要，同时又刺激着新的需要的产生，从而导致需要和交往实践成为一个永无止境的发展过程。

各国在太空的活动从 20 世纪 50 年代发轫，六七十年代得到迅速发展，到 70 年代末天缘政治基本形成，当然也涵盖了太空活动中所遇到的主要利益问题。从维护各国太空利益的基点出发，逐步出现了一个调节体系，这个体系是以联合国的太空法条约和有关的原则为基础的，通常称之为 5 个条约、5 个原则。其中，具有法律效力的就是 5 个条约，分别是《外层空间条约》（1967）、《责任公约》（1968）、《营救协定》（1972）、《登记公约》（1974）和《月球协定》（1979）。这些条约规定了从事太空活动的原则、规则和制度，涉及太空的法律地位，在从事太空活动出现问题的时候如何承担责任，太空物体如何登记，在营救宇航员方面应当如何做，在月球上的活动如何进行。

这些条约是各国从事太空活动的准则。从参加的基本情况看，这些条约在国际社会的影响力是很大的。截至 2007 年初，《外层空间条约》的缔约国达到 98 个，《营救协定》的缔约国为 89 个，《责任公约》的缔约国为 84 个，《登记公约》的缔约国为 49 个，换言之，基本上主要的太空活动国家都是这些条约的缔约国。《月球协定》的参加国家比较少，到目前为止仅有 13 个。根据条约法的规则，通常，条约仅对缔约国产生效力，对于非缔约国则无益无损，不产生效力，除非它同意受条约的约束。但是，根据国际法关于国际习惯的理论，对于已经形成的国际习惯，除非某国明确提出不受其约束，否则，习惯法对其是具有法律约束力的。公约的规定得到国际社会广泛接受的情况，也可以在一定程度上作为习惯法存在的证据，从而使公约所反映的构成国际习惯的法律原则产生超出缔约国的效力。

国家太空活动应当考虑国家利益、立足国家利益，根据需要采取行动，只要不违反国际太空法的法律义务，都是可以的。国家的政策取向不可能不考虑本国利益。根据国际太空法的规定，探索和利用太空应当本着为所有国家谋福利和利益的精神进行，这当然也包含从事太空活动的国家为自身谋福利和利益。换言之，从事太空活动的国家在活动中包含为自身利益的考虑，并不与太空法的精神相冲突。在国际法中，国家的实践是形成国际习惯的前提，而国际习惯是具有法律约束力的。国家实践和法律确信是国际习惯的两个构成因素。只有存在国家实践，才可能确认在实践中所反映的规则的法律效力（即法律确信）。

（二）天缘政治矛盾基于主体差异

一个国家在太空的生存、发展，已越来越离不开其他国家的分工合作。各国在太空的探索、利用必然在越来越大的程度上成为一种共同的社会行为，离开了世界范围内的开放交往，就谈不上真正为全人类的和平而探索、利用太空。太空的各种国际交往行为使国与国之间结成了各种各样的社会关系，其中包括政治关系、经济关系、法律关系、人与人之间的关系、组织与组织之间的关系、国家与国家之间的关系等。国家的利益需要也是在这样的关系中得以实现的。

各种各样的社会关系满足着国家在不同层面进行太空活动的需要，同时制约着其需要的取向，并且国家与国家之间必然依据一定的标准（大多数时候是权力）对需要进行分配、分割、配置。为什么要对满足国家需要的利益进行分配呢？这是因为在现有航天技术条件下，能满足需要的利益是相对有限的，具有稀缺性。由于航天技术的发展水平，国家能力的局限性，或者自然条件的限制等，可得到的太空利益总处在一种稀缺的状态下。这样，国家需要的满足实际上是在国家与国家之间的社会关系中实现的。这就是说，需要具有自我性的特点，但需要的实现却是社会性的。就是说，当国家的某种需要在国家间相关太空领域得到满足时，国家的太空需要就转化成国家太空利益，即自我太空需求被赋予社会特性就是太空利益。需要是自我性的，而需要的实现是社会性的，于是需要便转化为利益。一个国家为了生存和发展的需要，必然要追求各种各样的国家太空利益，在国际关系中体现为追求自身的国家太空利益。国家太空利益成为一种价值并具有了普遍性的意义。

从上述关于国家太空利益与需要的关系中可以看出，国家太空利益的本质就是主体的自我需要。在天缘政治中，这个主体就是主权国家。对一个国家而言，国家太空利益既是国家自身发展的需要，又是国家太空存在和发展的需要。但这个需要不能自行实现，而是要在国际关系中实现，这就决定了国家太空利益本身存在着矛盾，或叫作内在矛盾。表现之一是需要的自我性与实现的社会性。表现之二是国家太空利益形式的主观性与内容的客观性。所谓形式的主观性，是说国家太空利益是主体的自身需要；所谓内容的客观性，是说国家的太空需要反映了特定的物质和精神内容。表现之三是国家太空利益的目标性与手段性之间的矛盾。追求特定的国家太空利益，是一个国家的目标。但是从国家的生存和发展来说，国家太空利益追求又是手段，是为了生存和发展的目标服务的。表现之四是具体国家太空利益的有限性与国家太空利益发展的无限性之间的矛盾。所谓具体国家太空利益的有限性，是说对航天技术发展的特定阶段而言，它们的需要是有限的、特定的。国家太空需要不可能超出当时航天技术发展的水平。但对于整个国际社会的发展而言，这种需要又是无限的。太空利益问题的真正出现，是在 1957 年苏联人造地球卫星上天之后。

国家太空利益是国家普遍追求的价值，因此，对国家太空利益的追求推动着天缘政治的形成，推动着国家自身的发展。但是，国家与国家之间的太空利益是有差异的，国家太空利益也有重合的部分，正是这种差异和重合，形成了国际社会主体之间不同的太空利益关系。

（三）天缘政治界分基于权力介入

太空利益关系就是不同国家之间太空利益的相互关系，国家是这种太空利益的载体，所以，太空利益关系说到底是国家与国家之间的关系。国家各方面因素的不同，导致了太空利益关系的大相径庭。

国家主体的差异决定了国家太空利益的差异，这是由国家太空利益的内在矛盾所决定的。前面说到，国家太空利益具有自我特征，自我的差异性决定了国家太空利益的差异。正如国际社会有大国、有小国，有强国、有弱国一样，国家太空利益的差异是客观存在的，必须认识到这一事实。从太空活动领域来看，承认了国家太空利益的差异，才能形成太空权利意识，才能形成维护国家太空权利的天缘政治。不承认国家太空利益的差异，就不会很好地捍卫国家太空权利。总之，国家太空利益的差异是国家太空权利形成的依据，是天缘政治构建的前提和条件。

所谓共同太空利益是指不同国际社会主体——国家的太空利益中相同的部分，或相互重合的部分。共同太空利益来源于"国家太空利益的国际社会性"。前面说到，任何国际社会主体的太空利益都是在特定的国际关系中实现的。正是国家太空利益实现的这种国际社会性，使不同主体之间的国家太空利益具有了部分重合，即产生了共同的太空利益，称之为"第三种太空利益"。之所以叫第三种太空利益，是指它是在两种不同国家太空利益基础上形成的，又独立于这两种国家太空利益。比如，像避免太空碎片以安全出入太空的利益，那就很难说属于哪国的太空利益，也不能说完全是太空大国的太空利益，只要哪个国家进入太空，就会有这方面的安全利益问题。

国际太空利益矛盾是指国家间太空利益的差异与不同，也是指国家太空利益的对立。一是横向太空利益矛盾的产生，其产生原因是多方面的：太空国际纠纷造成了国家之间的差异；政治体制不同造成了国家之间的差异；意识形态不同造成了国家之间的差异等。

二是纵向太空利益矛盾，即处在不同层次的太空主体间的利益矛盾。纵向太空利益矛盾实际上是特殊太空利益与共同太空利益、局部利益与整体利益之间的矛盾。纵向太空利益矛盾一般是由太空国际政治权力结构的失衡所引起的。

横向太空利益矛盾、纵向太空利益矛盾是国家太空利益矛盾存在的两种基本形态。这些矛盾如何解决？在国际社会的发展进程中，不同性质的国家间太空利益矛盾有不同的解决方法。一般来说，解决矛盾的方式有两种：一种是矛盾双方通过协调、合作，形成一定的天缘政治来自行约束矛盾或和平解决问题；另一种则是需要通过政治权力的介入来解决，或者以政治权力为中介，或者由政治权力支持其中的一方压倒另一方而使矛盾得到解决，天缘政治学要研究的是后一种情况，即通过国家间的权力来调节、维护政治利益，及由政治利益所决定的政治关系、体制、文化和行为。那就是说，政治学不是研究一切利益关系，而只研究政治利益关系，或者说与政治权力发生联系的利益关系。那些不与政治权力发生联系的利益关系，由社会科学的其他学科来研究，比如外层空间国际法方面的学科等。

三　国际体系内天缘政治演化*

在某种程度上，自人类进入太空，开展探索、利用太空以来，围绕天缘政治出现的理论争鸣，其核心在于对国际体系和太空力量的互动关系的不同理解。由太空开发、利用所产生的天缘政治是否从属于既定的国际体系结构，并受到其进程、机制、规范等要素的影响？抑或天缘政治应被视为外生变量，其变化发展推动着国际体系的变革与转型，还是天缘政治内嵌于现有国际体系之中，随着整个国际体系演

---

*　参见刘杨钺、徐能武《新战略空间安全：一个初步分析框架》，《太平洋学报》2018年第2期。

变的社会过程而衍生发展？马克思主义要求从体系层面入手，以天缘政治为聚焦点，涵括环境特征、权力生成和实践逻辑等方面，科学地探讨全球化时代国际体系与天缘政治的互动关系及其特点规律。

（一）国际体系内天缘政治的互动

国际关系理论，特别是那些旨在揭示国际互动普遍规律的"宏理论"，往往以其对国际体系基本性质的判断作为逻辑起点。以华尔兹为代表的结构现实主义将系统层面的因素（"第三意象"）视为解释国际政治总体态势的核心变量，认为国际体系（结构）的根本特性在于无政府状态，即在互动单元之上缺乏共同的政治权威。在无政府状态下，国家的生存安全只能依靠自身的实力来维护，自助原则和权力政治是国家处理对外关系的基本法则。[1] 这就意味着国家间的关系本质上表现为霍布斯所谓的"一切人反对一切人的战争状态"。能够约束国家对外行为的也只有权力的因素，"强者能够做他们有权力做的一切，弱者只能接受他们必须接受的一切"[2]，而势力均衡则是国家间达成有限和平或合作的主要条件。因此，结构现实主义将国际体系简化为国家间的权力分配结构，后者的具体形态（单极、两极或多极格局）定义了国际体系的整体特征。

结构现实主义因其对国际体系静态的和机械式的理解而备受批评。在其他竞争性理论范式看来，无政府状态并不是国际体系的唯一特征，能够影响和塑造行为规律的系统性因素是多样的。即使物质性权力仍然是国际政治的核心要素，但国家间权力分配的差异也可能带来等级体系而不是均等的无政府体系。[3] 攻防平衡理论认为，主导性军事技术和地理环境的特性决定了在一定时期内国际体系的攻防平衡

---

[1] 华尔兹：《国际政治理论》，上海人民出版社 2008 年版。

[2] 修昔底德：《伯罗奔尼撒战争史》，商务印书馆 1985 年版，第 414 页。

[3] David Lake, "Anarchy, Hierarchy, and the Variety of International Relations," *International Organization*, Vol. 50, No. 1, 1996, pp. 1–33; David Kang, "Hierarchy and Legitimacy in International Systems: The Tribute System in Early Modern East Asia," *Security Studies*, Vol. 19, 2010, pp. 591–622.

态势，后者可能强化或者改善无政府状态的安全困境。① 鲁杰等人认为，华尔兹在借鉴涂尔干的社会理论时有所偏颇，由"行为体互动的数量、速度和多样性"所构成的"交往密度"是推动国际体系转型的重要力量。② 随着交往密度的提升，国际体系的排列原则发生着改变，"机械型社会"形态逐渐向"有机型社会"形态演化。③ 这一演化过程同时推动着权力意义的转变，机械型社会中的单元如同独立的原子，每个个体拥有的权力都是排他的和强制性的；而在有机型社会中，互动单元共同组成了相互依赖的关系网络，单元功能出现分化，权力具有高度相对性和构成性。④ 经济全球化及其带来的全球范围的分工合作，改变了资源获取和分配的主导方式，尽管这一进程既可能增加和平与合作的激励效应，⑤ 又可能在更宏观的层次上造成国际经济结构中心与边缘的分化与冲突。⑥

英国学派的重要贡献是指出了国际体系与国际社会的区别，前者肯定了国际无政府状态下的自然法则，而后者则体现为国际行为体深化互动过程中所形成的一系列共同观念、规则和制度。⑦ 也就是说，无政府状态并不意味着有秩序的社会过程无法实现，外交、国际法、

---

① Robert Jervis, "Cooperation under the Security Dilemma," *World Politics*, Vol. 30, No. 2, 1978, pp. 167 –214; Stephen Van Evera, "Offense, Defense, and the Causes of War," *International Security*, Vol. 22, No. 4, 1998, pp. 5 –43.

② John Ruggie, "Continuity and Transformation in the World Polity," *World Politics*, Vol. 35, No. 2, 1983, pp. 261 – 285. 另可参见布赞等人提出的"互动能力"概念：Barry Buzan, Charles Jones and Richard Little, *The Logic of Anarchy*：*Neorealism to Structural Realism*, Columbia University Press, 1993.

③ Quddus Snyder, "Taking the System Seriously：Another Liberal Theory of International Politics," *International Studies Review*, Vol. 15, No. 4, 2013, pp. 539 –561.

④ Helen Milner, "The Assumption of Anarchy in International Relations Theory：A Critique," *Review of International Studies*, Vol. 17, No. 1, 1991, pp. 67 – 85; Anne-Marie Slaughter, "America's Edge：Power in the Networked Century," *Foreign Affairs*, Vol. 88, No. 1, 2009, pp. 94 –113.

⑤ Erik Gartzke, "The Capitalist Peace," *American Journal of Political Science*, Vol. 51, No. 1, 2007, pp. 166 –191.

⑥ 沃勒斯坦：《现代世界体系》，社会科学文献出版社 2013 年版。

⑦ 赫德利·布尔：《无政府社会——世界政治秩序研究》，世界知识出版社 2003 年版。

均势等宏观机制都是在社会化交往中不断塑成的。除了权力结构和社会进程外，物理环境、共有观念结构、特定政治格局下的行为体属性等要素均影响着国际体系的基本特征①，因此，体系理论必须建立在对多元要素的全面把握和整合之上。

可以看出，国际关系理论流派虽然在国际体系的具体构成上存在着争论，但至少在以下两点上达成了一定的共识，并对于思考天缘政治与国际体系的关系提供了借鉴。第一，国际体系并不局限于无政府状态的单一特性，而是融合着多样化进程、机制和要素的互动体系。正如唐世平所言："社会体系展现出系统的（包括'新出现的'）特征，这些特征不能被简单还原为系统中行为体或其他要素的集合。"②即使结构应成为理解国际体系的出发点，排列原则、单元特性和能力分配（即华尔兹所解释的国际结构）也绝非国际体系结构的全部内容，社会分层、机制/规范和地理技术同样定义着结构的基本特征。而"系统效应则产生于这些相互依赖的变量（要素）之间的非线性互动"③。在这种多元化的国际体系视角下，天缘政治作为人类探索实践的能动性产物，理应被视为国际体系多维特征的重要组成部分。事实上，在这些新领域展开的政治、安全、经济、文化等方面的互动，不仅极大地提高了国际体系的交往密度（互动能力），改变了空间和时间维度的政治意义，也影响着行为主体的功能分化和能力分配。因此，天缘政治本身便内嵌于复杂的国际体系结构之中，并与其他体系要素形成持续发展的互动。有学者甚至认为，人类活动已然被置于三个相互高度关联的系统，即社会系统、自然系统和网络系统

---

① Tang Shiping, "International System, Not International Structure: Against the Agent-Structure Problématique in IR," *Chinese Journal of International Politics*, Vol. 7, No. 4, 2014, pp. 483 – 506. 关于大国政治格局引起行为体类型分布的改变，可参见：Patrick McDonald, "Great Powers, Hierarchy, and Endogenous Regimes: Rethinking the Domestic Causes of Peace," *International Organization*, Vol. 69, No. 3, 2015, pp. 557 – 588.

② Tang Shiping, "International System, Not International Structure: Against the Agent-Structure Problématique in IR," *Chinese Journal of International Politics*, Vol. 7, No. 4, 2014, p. 486.

③ Jack Donnelly, "The Elements of the Structures of International Systems," *International Organization*, Vol. 66, No. 4, 2012, pp. 609 – 643.

里，这些系统的相互影响为国际体系带来了多样化现象、问题和实践。①

第二，国际体系并非静态的存在物，而是在多要素互动下不断演化的社会过程。布赞等人认为，由于进程、结构、互动模式这些体系要素的形态都在历史长河中经历着不断的转变，对国际体系的理解便不能拘泥于特定的时空断面，而必须从世界历史的宏大叙事中把握体系变迁的规律和趋向。② 人类社会实践延伸到太空的时间并不长，但同样蕴含于体系变化发展的社会过程中。一方面，国际体系的诸多进程、规范和结构，使得新的战略领域从形成伊始便受到特定理念和实践的塑造，其战略意义的产生和发展离不开这些空间以外的政治活动。另一方面，这些本质上由技术变革推动的新空间也具有自身的独特属性，从而进一步为国际体系的演化提供了动力。③ 因此，天缘政治并非单向度地加入并影响国际体系，而是在与体系进程的持续互动中构建出各自的发展轨迹。

基于上述认识，本著构建了天缘政治与国际体系的互动模型。实践是"人以自身的活动来引起、调整和控制人与自然之间物质变换的过程"④。人类对任何新领域的实践探索都会受到所处时代和环境背景的影响⑤，尤其是太空本身存在着独特的"自然属性"，例如太空

---

① Nazli Choucri, "Co-Evolution of Cyberspace and International Relations: New Challenges for the Social Sciences," paper prepared for World Social Science Forum (WSSF), Montreal, Canada, October 13 – 15, 2013.

② Barry Buzan and Richard Little, *International Systems in World History: Remaking the Study of International Relations*, Oxford University Press, 2000.

③ 赫雷拉在分析铁路、核武器等复杂技术系统与国际体系的互动关系时，得出了类似的观点，参见：Geoffrey Herrera, *Technology and International Transformation: The Railroad, the Atom Bomb, and the Politics of Technological Change*, State University of New York Press, 2006.

④ 李秀林等主编：《辩证唯物主义和历史唯物主义原理》，中国人民大学出版社 2004 年版，第 65 页。

⑤ 对于外层空间和网络空间技术发展而言，冷战无疑是至关重要的宏观情境，分别参见：Matthew Brzezinski, *Red Moon Rising: Sputnik and the Hidden Rivalries That Ignited the Space Age*, New York: Henry Holt and Company, 2007; Madeline Carr, "The Political History of the Internet: A Theoretical Approach to the Implications for US Power," in Sean Costigan and Jake Perry (eds.). *Information Technology and International Affairs*, Surrey: Ashgate, 2012.

实践活动首先需要克服引力的作用，而传统陆地空间的安全互动则以地形为其首要制约因素。这些新的特性一方面为太空的实践活动提供了新的背景知识，但另一方面，对太空及其活动的政治意义的认识也受制于旧有的知识结构。[①] 正如辩证唯物主义所指出的那样，实践活动主体所掌握的知识和经验，是构成主体本身能力结构的基本要素。也就是说，围绕太空实践所产生的新知识，仍然有一部分被装在传统国际政治社会所建构的"旧瓶子"中。这种知识结构的继承和变化，直接影响着人类在新空间展开的政治、经济、社会、文化等各个领域的实践。

对于天缘政治而言，权力生成机制的变革（与不变）以及对权力获取方式的理解是安全互动的核心问题。太空的权力作用方式既体现为行为主体对于对象施加的直接压力，也表现为行为体互动过程中所形成的机制和规范的共同约束力，还根植于太空社会结构所塑造的身份和角色关系。因此，权力不仅被理解为狭义上的直接的社会关系，同时也包括宏观结构所蕴含的特定的社会安排和布置。[②] 在这个意义上，权力本身的内在机理（强制、制度或是结构）并没有发生变化，而其外在表现形式则随社会情境的不同而改变。毫无疑问，太空的拓展也与经济、文化等领域的实践活动密切相关，例如催生新的产业链，甚至带来生产方式的重要变革，这些互动同样构成了国际体系变化发展的动力。然而，这些互动之于国际体系的政治意义，在很大程度上仍然是通过权力这一核心要素来显现的，而本著使用的多重权力概念能够对更为广泛的结构化现象和进程加以解释。

上述环境特性、知识结构和权力机制互动发展所形成的动态过程，为国际体系行为主体在太空的天缘政治实践提供了内在逻辑。由于这些因素本身具有多元性，传统国际社会结构与新空间所形成的社

---

① 在某种程度上，这种逻辑关系受到布迪厄关于场域和习惯辩证关系阐述的启发，参见布迪厄《实践感》，译林出版社 2012 年版。

② Michael Barnett and Raymond Duvall, "Power in International Politics," *International Organization*, Vol. 59, No. 1, 2005, pp. 39 – 75.

会结构交互发展，行为体的天缘政治实践逻辑也呈现出多样化、复合化态势。不同的行为逻辑相互交织，构成了太空复杂多变的实践画面。与此同时，这些实践活动对国际体系反馈出能动作用，进一步促使物质和观念结构发生转变。在不断的互动过程中，天缘政治与国际体系相互建构并逐渐契合，前者成为后者诸多进程中的重要组成部分。

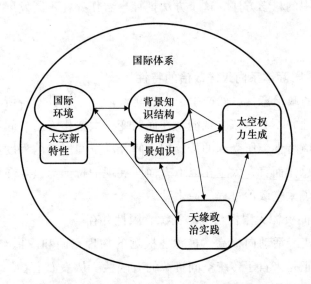

图 1-1 天缘政治与国际体系的互动进程

国际关系的体系理论被诟病为缺乏对时间维度和动态过程的足够关注。[①] 本著的理论框架认为，时间与空间同样是国际政治实践的场域，因而国际体系应被视为演化中的社会过程，即"产生社会意义的持续的实践互动关系"[②]。如亚当所言，"社会性存在于调整的过程之

---

① 秦亚青：《关系与过程：中国国际关系理论的文化建构》，上海人民出版社 2012 年版；Christopher McIntosh, "Theory across Time: The Privileging of Time-less Theory in International Relations," *International Theory*, Vol. 7, No. 3, 2015, pp. 464 – 500; Emanuel Adler and Vincent Pouliot, *International Practices*, Cambridge: Cambridge University Press, 2011.

② 秦亚青：《关系与过程：中国国际关系理论的文化建构》，上海人民出版社 2012 年版，第 48 页。

中而非结果之上，存在于同时蕴含旧的和新的（特征）。因而社会性可被描述为动态的社会，以及延续与变革、保留与革新的相互渗透"①。天缘政治孕育于、作用于并影响着国际体系的社会过程，它所产生的社会意义恰恰是"延续与变革"的有机统一。这一理论架构也符合辩证唯物主义关于社会本质的核心要义，因为"马克思和恩格斯称之为辩证方法（它与形而上学方法相反）的，不是别的，正是社会学中的科学方法，这个方法把社会看作处在不断发展中的活的机体"②。

（二）国际体系内天缘政治的特性

太空的政治意义虽然产生于人的实践活动，但其本身所具有的一些物理属性并不必然依主观能动性而改变。太空作为新空间显示出其独特的环境特性，所受到的传统国家间互动空间影响的程度和方式也有差异。总体而言，太空在以下方面所展现的特征与国际环境的交互影响构成了太空政治进程的原生动力。

1. 空间资源无限性与战略资源有限性并存

人类实践活动向极高、极深、极远的物理空间和虚拟空间拓展，部分原因正是来自于传统空间资源的有限性。从表面上看，太空似乎许诺了无限的资源回报。据说，2015 年与地球擦肩而过的一颗直径仅 500 米左右的小行星中，就可能蕴藏着至多 1 亿吨的贵重金属，最高价值超过 5 万亿美元③，而月球丰富的氦 - 3 储量则提供了解决人类能源危机的终极想象；网络空间的虚拟特征使其本质上更加带有扩张的无限可能，近年来，大数据及其市场规模的爆炸性增长反映了这一点。这些特征显示出高度的非竞争性和非排他性，太空也因而被描

---

① Barbara Adam, *Time and Social Theory*, Philadelphia: Temple University Press, 1990, p. 40.

② 《列宁全集》（第 1 卷），人民出版社 1984 年版，第 135 页。

③ Jack Millner, "Asteroid Worth £ 3 Trillion in Precious Metals Passed Earth on Sunday," *Daily Mail*, July 17, 2015, available at: http://www.dailymail.co.uk/sciencetech/article-3165222/Asteroid-worth-3-TRILLION-precious-metals-set-pass-Earth-Sunday-watch-live.html.

述为承载着公共产品的全球公域。①

　　然而，与公共资源的无限性同时存在的是部分战略资源的稀缺性。这一现象至少是由两方面因素所导致的：其一，对太空的探索是一个逐渐发展的过程，人的主观能动性及其所带来的技术变革始终存在局限性，不可能将太空的全部潜能转化为现实生产力。因此，对这些空间资源利用能力的限度决定了行为体在有限资源上存在着竞争关系。行为主体能力分配上的差异——发达国家和一些私营企业无疑在这些空间的探索和利用中占据着绝对优势——则进一步造成了对特定资源的现实利用与长远预期之间的矛盾。其二，这些空间存在的特殊架构使一些资源被赋予了难以替代的地位和战略意义。这些空间的环境特征并不是均匀分布的，资源分配中的结构化差异，以及技术发展作用于空间环境所产生的特定意义，使部分资源出现有限性和政治化。此外，正如海峡、山口、港口等特殊地形在地缘政治中的作用那样，太空中的一些特定节点也扮演着左右该领域战略博弈的关键角色。

　　在太空，卫星频率和轨道资源便属于稀缺的战略资源。一方面，卫星平台信息测控和传输依赖于电磁频谱，而不同频段所产生的信息传播损耗不同，因而可供卫星使用的频段仅占整个无线电频谱的小部分。另一方面，卫星及其他航天器在运行过程中占用的轨道位置同样是有限的。其中，距离地面35786千米的地球静止轨道由于覆盖面大、地面信号接收便利等特点，承载着大部分通信、广播和气象卫星的运行。但受到信号区分的限制，同一轨道对于同频段卫星的容纳数量极为有限，这也使得围绕卫星频轨资源所展开的国际博弈和争夺日趋激烈。此外，位于天体之间（如地日之间）引力平衡位置的拉格朗日点也是重要的战略据点。在这一平衡点上"漂浮"的航天器无须消耗过多燃料，并且有可能以此为平台作为航天器的中转和发射枢

---

① 韩雪晴、王义桅：《全球公域：思想渊源、概念谱系与学术反思》，《中国社会科学》2014年第6期。

纽。这些特定资源所具有的排他性意味着无法实现共享利用，由此带来的空间环境压力会随着行为体实践能力的提升而进一步加剧。

可以看出，太空的资源有限性既与技术发展规律息息相关，又是国际行为体互动实践的直接产物。马克思在探索自然资源与人类发展的关系时就已指出，资源的稀缺性虽然来自于自然，但同时更是社会性问题，即植根于资本主义的生产方式。① 在经济全球化与太空拓展同步发展的当下，上述判断仍然具有重要的启发意义。

2. 太空疆域无边界性与地缘边界延伸相互交织

疆界模糊或许是太空最为显著的新特征。浩瀚的宇宙（无论其最终有无界限）相对于人的活动范围而言，无疑是人类难以企及的。不同于传统地理空间，太空很难进行有效的划界，在这些空间从事的实践活动往往超越了国家的边界。正因如此，1967 年生效的《外层空间条约》规定，各国均享有"自由地探索和利用太空，自由进入天体的一切区域"的权利，同时各国也"不得通过提出主权要求，使用、占领或以其他任何方式把太空据为己有"。

但是，太空的社会属性使其始终受到传统政治边界的束缚。归根结底，政治意义在太空的生成必须通过人的实践互动，而后者本身具有固化的政治身份并从属于特定的权威等级结构。当行为体在太空的实践活动对其所处社会结构产生影响时，这一实践便与社会结构的权利义务关系产生了新的契约，从而将实践活动纳入权力边界的管辖之下。例如，各国在太空开展的探索活动极大地显示了本国的科技实力，能够有效提升民众的民族精神和自豪感，航天活动也常常成为彰显大国地位的重要手段。同时，一国的航天活动也可能被其竞争对手视为威胁和挑战。一些军事航天活动便带有战略威慑的意涵，而技术能力的提升则可能挑战其他竞争者未来开发、利用空间的能力。前一种情况在朝鲜发射卫星并导致邻国对抗态势升级的互动中得到了很好

① 迈克尔·佩罗曼：《马克思、自然及其对中国可能的启示》，《马克思主义与现实》2007 年第 6 期。

的例证。这意味着上述跨国的、边界模糊的互动行为，在本质上又无法脱离特定的政治与社会情境。换句话说，太空的政治意义依然源自于社会空间的基本性质。正因如此，天缘政治问题在很大程度上被置于民族国家的安全体系和政策架构中，这些空间的边界开放性与其政治意义的边界确定性并行发展。

进一步看，支撑太空实践活动的基础设施往往与传统空间设施重叠，这也为传统政治权威实施以边界为核心特征的管理提供了依据。《外层空间条约》虽然明确否定了任何国家对太空的占有和排他权，但实际使太空产生政治和社会意义的是存在于这一空间的各种实践活动，例如人造卫星的运转、"好奇号"对火星的探测，以及国际空间站的科学研究等。支撑这些实践活动的客体，不管是运行在太空的航天器、武器系统乃至宇航员，还是起沟通保障作用的地面机构、设施和人员，都有着明晰的政治归属，因而仍然从属于以领土为基本内涵的国家主权之下。

3. 信息流动成为太空重要的功能载体

航天技术自诞生伊始，就是产生、获取和传输信息的重要"高地"，因而也与信息技术的发展密切相连。进入 21 世纪以来，太空的信息功能更加显著。从军事角度看，无论是侦察监视、反导预警、环境感知，还是作战指挥、精确打击，都越来越离不开空间系统的信息获取和传递。从民用角度看，导航定位、卫星通信和媒体传播等各个领域也广泛利用太空作为信息平台。随着遥感、全球定位系统、地理信息系统等技术的不断发展和完善，太空与网络空间在信息维度上将会进一步融合。这一点使得太空与网络空间不仅具有一定的环境相似性，也具备高度的关联性。特别是当前网络攻防技术已能够入侵和干扰卫星通信和导航，[1] 基于网天一体的安全战略体系将成为重要的发展趋势。从这个意义上说，太空是集物理域和信息域于一身的新的互

_____

[1] 《卫星，黑客攻击的下一个前线》，新华网，2015 年 10 月 24 日，http://news.xinhuanet.com/world/2015－10/24/c_ 128353700.htm。

动空间，上述特性为理解天缘政治与国际体系的有机联系提供了指引。

（三）国际体系内天缘政治的创新

环境特性为天缘政治的形成提供了初始动力。但天缘政治的客体性与主体性并非单向度的决定关系，而是相互影响的辩证关系。马克思主义认为："在实践过程中，主体一方面受到客体的限定和制约，另一方面又不断地发展自己的能力，以自觉能动的活动不断打破客体的限定，超越现实客体。"① 连接客体环境与主体实践活动的关键要素是权力。权力是一切政治活动的核心。正如米尔斯海默所言："权力对于国际关系的意义正如货币之于经济学。"② 分析太空所产生的政治意义，其逻辑起点必然是这些空间实践活动中所蕴藏的权力关系。国际政治中的权力概念经历了深化拓展的过程。仅仅将权力等同于资源的占有或意志的强加，显然不能完全反映权力作为一种社会关系从具象到抽象、从直接到间接的全部维度。从根本上说，太空的权力关系决定了在这些空间"谁得到什么，如何得到"这一基本的政治分配问题。强制性权力、制度性权力、结构性权力和生产性权力③以不同的作用方式影响着这一分配过程。

1. 强制性权力

强制性权力表现为某一行为体对他者的存在状态或行动施加的直接控制④，即韦伯所指的将自己的意志强加于别人行为之上的能力。

---

① 李秀林等主编：《辩证唯物主义和历史唯物主义原理》，中国人民大学出版社 2004 年版，第 77 页。

② 米尔斯海默：《大国政治的悲剧》，上海人民出版社 2003 年版，第 11 页。

③ 这四种权力的划分借鉴了巴内特和杜瓦尔的论述。他们按照权力的作用方式和社会关系的远近，将权力分为强制型、制度型、结构型和生产型四种类型。然而，这种权力划分依据两个维度，即权力是通过互动还是社会建构起作用的，以及权力作用依赖的社会关系是直接的还是离散的。参见：Michael Barnett and Raymond Duvall，"Power in International Politics，"*International Organization*，Vol. 59，No. 1，2005，pp. 39 – 75.

④ Michael Barnett and Raymond Duvall，"Power in International Politics，"*International Organization*，Vol. 59，No. 1，2005，p. 48.

强制性权力产生于行为主体改变现状的能力，而这一现状的改变往往会对另一行为主体的现实（或潜在）利益和价值带来直接的、明确的、可获知的损害。在这一过程中，物质性资源扮演着十分重要的角色。正是资源分配的不平等——例如一方拥有毁伤性武器而另一方没有，或者一方掌控了对方的经济命脉而能够施以制裁——使得行为主体能够威胁或破坏他者的生存条件和利益，从而迫使其做出行为上的改变。从表现形式上看，强制性权力总是与一定程度的暴力联系在一起的，后者对行为对象的利益构成直接或潜在的伤害，是引发受迫性行为变化的必要条件。

天缘政治实践活动的拓展提供了强制性权力的新来源。1983年，里根在其著名的"星球大战"演讲中提出："如果人们自由平安的生活是因为他们的安全不是依赖美国用直接的报复来防止苏联的攻击，而是因为我们能够在战略弹道导弹到达我们或盟友的领土之前就对其进行拦截和摧毁，情况会怎么样呢？"[①] 这一计划的详细情况虽不甚清晰，但大体的构想是通过太空部署的定向能或动能武器拦截苏联的弹道导弹，达到削弱苏联战略核威慑能力的目的。无论该计划的真实性如何，其潜藏的对美苏战略博弈力量对比的影响是直接且明确的。在其形成的心理优势下，美国在其后历次美苏首脑会议与核谈判中均以此作为要求苏联削减战略武器的砝码，占据了谈判的有利地位。当然，从进攻性角度看，部署的天基武器系统可能具有突防性高、覆盖面广等特点，而地基武器系统也能针对空间系统和设施进行打击或干扰。国际行为体通过这些空间活动便能够损害或威胁他者的利益，并使其（不情愿地）改变行为方式。

天缘政治强制性权力的生成源自两个基本的环境特征：一是战略资源的不均等分配；二是太空与传统物理空间的连接，这使得强制性权力所依赖的利益损害能够找到现实标的。随着太空实践活动与社会

---

① Ronald Reagan, "Address to the Nation on Defense and National Security," March 23, 1983, available at: https: //reaganlibrary. archives. gov/archives/speeches/1983/32383d. htm.

经济生活的融合程度不断加深，以现实或潜在暴力威胁为基础的强制性社会关系还将趋于强化。需要指出的是，太空的开放性和去中心化也为强制性权力带来了不同的特点。一些在传统空间较为弱势的行为体也能够有效利用新领域中的战略工具，获得不对称的威慑力量。而技术先进的行为主体由于对太空依赖程度较高，可能同时具有资源优势和体系的脆弱性。因此，太空的强制性权力结构并不完全是传统国际体系权力结构的映射，前者在技术、资源、组织优势等方面受到后者的影响，但也表现出一些新的特点，从而推动国际体系权力内涵的变化发展。

2. 制度性权力

与强制性权力不同，制度性权力的产生是经由正式或非正式制度安排的约束。塑造行为体对外行为的不是直接的暴力惩罚或威胁，而是由"行为主体愿望汇集而成的一整套明示或暗示的原则、规范、规则和决策程序"①。这些制度安排虽然也承担着对特定行为的赏罚功能，但其有效性和持续性主要来自行为主体对规范和规则的内化。制度一旦形成，便具有一定的惯性，可能会随着行为主体的社会化过程而不断自我巩固。大国在推动国际制度形成中往往起着关键作用，因此在制度的运行中也发挥着更大的影响。但制度性权力的主体并不全然是在某一制度中占有优势地位的行为体，规则规范的社会化过程使得制度本身也具有一定的独立性。

天缘政治中的制度演进，为行为主体在这些新兴领域的权利和义务以及实践活动中的基本行为规范做出了不同程度的规定，因而构成对行为主体行动能力的赋权或限制。例如，在苏联与美国相继发射人造卫星后不久，联合国便于1959年成立了和平利用外层空间委员会，以研究各国在探索太空时所产生的科技和法律问题，促进航天技术的国际合作，并向联合国大会提出报告和建议。这一机构

---

① Stephen Krasner, "Structural Causes and Regime Consequences: Regimes as Intervening Variables," *International Organization*, Vol. 36, No. 2, 1982, pp. 185 – 205.

自成立以来已先后制定 5 个涉及空间活动的国际公约，为各国在空间的探索活动确立了基本的行为框架，并建立和完善了空间物体损害赔偿、物体登记以及探测和利用月球等重要的国际制度。这些规范和制度限制了行为主体在太空的行为方式，并构建出特定的身份和利益，使制度结构在社会化过程中得以巩固。[①] 能够制定、主导或影响这些规则规范的行为体，在太空的行为约束、资源分配和偏好塑造上拥有显著的话语权，而其他行为体在参与太空的实践活动中则受到不同程度的束缚。

由于制度创立时占据优势地位的行为体能够获得更大的制度影响力，并维护其既得利益，国际体系权力结构的总体变化可能会产生新的主导行为体，从而对既有制度架构提出挑战。天缘政治中制度体系的演变，既受到国际体系环境变化的影响，又与自身功能、组织文化和制度延续性等因素密切相关。从这个意义上说，天缘政治的制度性权力应被视为物质资源和社会建构的双重产物。[②]

3. 结构性权力

结构性权力来自行为主体所处的社会位置以及围绕这种位置关系所形成的共有观念。社会结构中的人们在施动于对象时，总是基于对象相对于自己所具有的社会意义。[③] 这种意义的产生一方面源于生产力发展和社会分工所带来的角色关系，另一方面则受到主流话语和知识霸权的不断再造和强化。在后一点上，考克斯论述了观念因素如何与物质和机制力量有机互动，共同形成了宏观的历史结构。观念因素包括主体间的意义，即对于社会关系本质以及由此产生的预期行为的共同理解，也包括不同群体所构建的社会秩序的集体意象，这种意象

① 徐能武、曾加、刘杨钺：《维护和促进外层空间安全的"向善"关系——外层空间安全合作机制的复合建构与持续进化》，《太平洋学报》2015 年第 4 期。

② 巴尼特、芬尼莫尔：《为世界定规则：全球政治中的国际组织》，上海人民出版社 2009 年版。

③ Alexander Wendt, "Anarchy is What States Make of It: The Social Construction of Power Politics," *International Organization*, Vol. 46, No. 2, 1992, pp. 391 – 425.

涉及对权力关系及其合法性的理解。① 因此，在社会关系中占主导地位的行为体往往会利用知识上的优势和对媒介的控制，塑造出最有利于维持其自身利益的价值体系和抽象理念，从而以一种更加间接且不易察觉的方式扩大了行为体之间的能力差异。

太空活动领域的生产关系和观念结构同样造成了行为体能力的差异，以及潜移默化地巩固了这种差异的隐性权力。对卫星轨道资源分配实行"先登先占"的原则，便是包装在市场经济效率优先的逻辑体系之下，实则是维持资源分配利益现状的重要工具。在当前太空活动行为规范仍不明确的情况下，欧盟、美国、俄罗斯和中国等主要太空行为体也基于各自立场提出了不同的规范框架，如欧盟的《太空活动行为准则（草案）》和中俄共同提出的《防止在外空放置武器、对外空物体使用或威胁使用武力条约（草案）》等。从对利益和价值的分配来看，这种结构性权力比强制力和制度约束更加隐蔽，它对行为体的束缚作用通过持续的社会互动而不断固化。

4. 生产性权力

生产性权力是扩散性社会关系对主体的改造。生产性权力关注意义（Meaning）得以生产、确定、存在、实践与转化的话语、社会进程与知识体系，话语是社会权力关系的场所，因为话语确定了日常生活实践的场所并界定了可以想象的、可能的社会行动领域。生产性权力关注扩散的、偶然的社会进程如何产生特定的主体，如何确定意义与类别以及如何创造一种被视为理所当然的、日常的国际政治。人类共同利益原则作为探索、利用外层空间实践活动所形成的普遍理念，对于参与外层空间开发、利用的各主体而言，这一原则的认知影响和指导作用是一种典型的生产性权力。

在这一生产性权力的作用下，虽然许多国家在天缘政治问题上做

---

① Robert Cox, "Social Forces, States and World Orders: Beyond International Relations Theory," *Millennium-Journal of International Studies*, Vol. 10, No. 2, 1981, pp. 126 – 155.

出了重要的决定，但联合国依然扮演着举足轻重的角色。联合国提供了一个核心论坛，各国可以在这个论坛上共商符合它们共同利益的准则。而联合国则在实现共同目标的过程中发挥分析、教育与宣传和平开发、利用太空好处的作用。如1967年10月生效的《关于各国探索和利用包括月球和其他天体在内太空活动的原则条约》（即《外层空间条约》）在军控方面，其第四条明确规定："各条约参与国不得在环地球轨道放置核武器或任何其他大规模杀伤性武器，也不得以任何方式在其他天体或外层空间放置类似的武器。"① 这种生产性权力的建构作用也鲜明地体现在1979年联合国大会通过的《指导各国在月球和其他天体上活动的协定》（即《月球协定》）的达成上。该协定在太空军备控制方面有"第三条第二款，在月球上禁止使用或威胁使用武力以及对抗行动威胁。同时，也禁止将月球用于从事对于地球、月球航天器、航天人员或人造航天器的任何类似的威胁行动。第三款，各条约参与国不得在环月球轨道或别的轨道或环月球飞行器上放置核武器或任何其他大规模杀伤性武器，也不得以在月球上或里面使用类似的武器。第四款，不允许在月球上建立军事基地、军事设施和防御工事，禁止任何武器试验和军事行动"② 。这些成功的太空军备控制历史实践是人类共同利益原则理念及联合国集体安全机制等生产性权力直接建构的结果。

　　总的来看，天缘政治的权力生成离不开国际体系基本权力结构的映射，但又受到其自身环境特性的重要影响。伴随着国际行为体围绕多维权力架构而展开的竞争，天缘政治互动实践呈现出若干并行的逻辑轨迹。

（四）国际体系内天缘政治的实践

　　国际社会中行为主体的实践活动总是与特定的社会意义联系在一

---

　　① 《空间武器——军备控制的两难困境》，斯德哥尔摩国际和平研究所，1984年，第29页。

　　② 同上。

起，"表达、演绎或具化着物质世界的背景知识和语境"①。也就是说，社会实践并不是偶发的随意之举，而是与物质和观念结构紧密相连的、有规律的行为模式。太空的环境特征本身存在着对立统一的复杂性，它与国际体系互动产生了多维度的权力结构，这些因素为行为体的实践活动带来了多样化的背景知识。因此，天缘政治实践呈现出多重逻辑交互发展的局面。

1. 暴力逻辑与制权之争

第一种实践逻辑以行为主体的自我中心作为权力本体，将太空视为充满竞争性压力的角斗场。在这一逻辑下，太空本质上仍受国际体系无政府状态的驱使，行为主体必须努力使实力最大化以维护自身安全。安全成为一种排他的、零和的私有产品，自身安全不可避免地导致对其他行为体安全利益的削弱，而后者的安全实践也必然被解读为对自我的挑战和威胁。对体系环境的威胁认知使得国家行为体将安全置于完全的"自我"身份之上，勾勒出自我与他者的想象界限，将太空建构成为具有领土性质的碎片化版图（尽管国家行为体并不总会详细说明这些"新"领土的具体边界，也不一定将之贴上"主权"的明确标签）。例如，奥巴马上台伊始公布的《国家太空政策》文件，就含蓄地指出太空的"持续性、稳定性和自由进入权"与美国国家利益息息相关。诸如此类的表述隐藏着一种意味，即有形的国家边界同样应当延伸至无形（无界）的太空。这一逻辑将太空的资源稀缺和边界特征加以放大，强调控制这些关键资源、技术和据点对实现安全的重要意义，促使行为主体将夺取太空的主导控制权作为对外行为的首要目标。

行为主体在此逻辑驱使下，容易过度解读太空的资源稀缺性和领土想象，导致"高边疆""超限战争""太空珍珠港"（Space Pearl Harbor）等主观情境不断得到塑造和强化，由此出现高安全化和军事

① Emanuel Adler and Vincent Pouliot, "International Practices," *International Theory*, Vol. 3, No. 1, 2011, pp. 1–36.

化的建构过程。在太空的争夺上,不仅美俄等航天大国早已建立了太空司令部,组建专门编制的武装力量,将太空作为重要军事前沿,日本、印度、韩国等中等强国也通过修订法案、研发进攻性武器技术等方式加快太空军事化步伐。随着各新兴领域融合程度的不断加深,这种制权之争也逐步从单一领域扩展到各领域的协同争夺。2015 年美军提出"全球公域介入与机动联合"概念,目的是维护美国在太空、网络、海洋等全球公共领域的行动自由,其实质就是要在这些领域均取得战略优势。

2. 机制逻辑与规范性矛盾

在使用单边手段增强自身强制性能力的同时,太空行为主体也意识到机制对行为的约束或激励作用。在这种逻辑下,安全的本体仍然是行为体自身,但实现安全的舞台则变为众多行为主体共同参与的一整套规则制度。这些规则制度虽然并不总是反映出公平和平等,但仍能在某种程度上被行为主体所接受和内化,并对其行为产生一定的影响。因此,安全的获得不仅要经由单方面威慑或抵御能力的提升,也可以通过主导和维持有利于自身安全利益的制度安排,通过机制框架来限制对手特定类型的行为。这并不是指所有行为体都必然服从于既有的制度体系,而是行为体在"行为需受制度约束"这一抽象原则上能够达成一致。在这个意义上,天缘政治实践便表现为行为主体在参与过程中塑造和改变国际规则的实践活动。机制的演化发展有其本身的逻辑和过程,由于具有一定的延续性和独立性,并不能及时反映国际体系物质权力结构的变化。特别是天缘政治受到技术变革的较大影响,新问题、新现象往往伴随着技术的发展而不断涌现,使得既有的制度框架在功能上受到更多的挑战。①

围绕天缘政治所形成的种种制度安排,几乎从一开始便处于争议和争夺之中。在天缘政治上,虽然国际社会已经形成了一系列关于和

---

① Anne-Marie Slaughter, "Liberal International Relations Theory and International Economic Law," *American University International Law Review*, Vol. 10, No. 2, 1995, pp. 717 - 743.

平利用太空的基本原则和法律文书，但并不能完全解决太空实践活动中所出现的种种新挑战和具体问题，而欧盟、美国、俄罗斯也分别推动建立各自主导的行为守则，显示出当前太空安全机制有效性仍存在着不足。总的来看，天缘政治机制逻辑是围绕合法性和话语权展开的竞争，而其核心目的则是要使于己有利的权利与义务分配规则合法化。机制逻辑中安全目标的实现并不完全依赖于排他性能力的积累，而是在互动过程中寻求其他行为主体对某种规则和规范的普遍认可。因此，暴力逻辑与机制逻辑虽然都表现出一定的竞争性，但二者在安全目标的实现途径和他者认知上有着本质的区别。

3. 治理逻辑与安全治理

相较于传统空间，太空的最显著特点是在一定程度上要具有公共空间这一基本特性。这一基本特性不可避免地对行为主体的实践与认知产生着影响。治理逻辑的安全本体是所有行为体皆处身其中的公共领域，该领域存在的安全威胁事关每个参与者，尽管其影响程度可能因人而异。因此，安全不再是个体的独特属性，而是整个领域所表现出的公共性。实现安全的根本途径是解决公共领域所出现的安全威胁，这往往需要行为主体之间的协调合作。由此，治理逻辑的安全实践便与前述两种逻辑明显不同。暴力逻辑和机制逻辑都旨在通过行为体本身的努力，以提升自身能力的方式，或以说服其他行为体接受某种规则的方式，达到相对于他者的安全状态。治理逻辑则以共同威胁为出发点，力图通过集体治理的方式达到整体的安全状态。

治理逻辑往往以具体的安全问题或事件为着眼点，寻求集体解决该类事件的有效途径。太空的许多安全问题都以公共事件的形式呈现，推动了治理逻辑在这些领域的发展。人类空间活动所残留的无功能的人造物件及其部件（即通常所说的"空间碎片"）对整个太空环境构成了全面破坏，也对部署在太空的各类设备形成了普遍威胁。空间碎片问题具有明显的公共性，单一行为体无法通过自身行为来实现绝对安全，而空间行为体的清除或减少空间碎片的实践活动会产生对其他行为体有利的外部性。[①] 2009 年，美国一颗通信卫星与俄罗斯一颗已报废的卫星在太空中相撞，产生的大量碎片对各国的在轨物体造成了潜在威胁，这引起了国际社会的广泛关注。在此类情况下，安全没有明确的"你的"与"我的"之界限，解决安全威胁需要某种程度上的集体行动。需要指出的是，天缘政治的治理逻辑并不完全体现为集体合作的实践，冲突性同样可能存在，尤其是行为主体在治理共同安全威胁的责任分配上可能会面临分歧。但这种冲突与分歧并不能掩盖天缘政治治理的公共性本体特征和价值取向。

4. 观念逻辑与理论指导

随着人类在太空的实践活动不断深入，国际关系研究面临着新的理论难题。一方面，围绕天缘政治所出现的种种现象和问题，例如军事化、制度演进或是多边合作，都能在国际关系某一理论范式中找到一定的解释。[②] 但另一方面，太空多重行为逻辑并行发展，似乎在单一范式下难以得到完整的说明，导致对天缘政治意义的学术争论日益激烈。特别是太空与科学技术发展的密切关联，使它们在遵循或受制于国际体系基本规律的同时，也产生出新的特性和规律，而现有理论框架对此仍缺乏有效解释。相应地，关于国际体系的理解也需要更新和完善，需要从理论上阐释天缘政治与国际体系的内在关系。

静态理论无法解释天缘政治的动态变化及其对国际体系的深层次影响。本著将国际体系视为在多要素互动中不断演化的社会过程，太空的实践活动既受到国际体系内在特征的影响，也推动着国际体系的变化发展。太空有着传统空间所不具备的一些特定环境属性，但同时也由于国际体系的社会性而承载着传统空间的部分特性。由此表现出的复杂环境特征塑造了太空的权力生成机制，以及行为体对这些新兴

---

① 程群：《太空安全的"公地悲剧"及其对策》，《社会科学》2009 年第 12 期。

② 例如，有学者分析了国际关系三大理论范式如何分别增进对网络安全的部分理解，参见：Johan Eriksson and Giampiero Giacomello, "The Information Revolution, Security, and International Relations: (IR) Relevant Theory?" *International Political Science Review*, Vol. 27, No. 3, 2006, pp. 221 – 244.

领域权力政治的理解。在环境特征、背景知识、权力机制等因素的共同作用下，太空呈现出多样化的行为逻辑，本著将其总结为以暴力威胁为路径的暴力逻辑、以规则塑造为路径的机制逻辑和以集体行动为路径的治理逻辑。这一由背景环境到实践活动的社会过程与国际体系发生着持续的互动，在受到体系结构影响的同时也对体系的各要素产生反馈作用。从这个意义上看，国际体系绝不是一成不变的，而是随着环境与实践变量的不断变化而处于动态的发展进程之中的。

反过来看，太空及其相关技术的发展也不是单方面对国际政治施以决定性影响的体系外变量，天缘政治实践的社会过程内嵌于国际体系宏观社会进程里，共同构成了国际政治演化的内生动力。就此而言，太空已经成为国际体系整体结构不可分割的组成部分，而天缘政治问题的解决之道也离不开体系结构中其他要素的制约和影响。例如，传统空间中大国关系的结构性矛盾，在很大程度上成为诱发这些国家在太空中安全困境的重要因素。理解天缘政治与国际体系的辩证关系，有助于重新审视国际政治理论中的体系概念，能够为天缘政治实践的复杂维度提供更为完备的说明，也为深入思考科学技术与国际关系的有机联系提供了新的视角。

第二章　天缘政治的权力逻辑

　　天缘政治对于特定的社会主体尤其是太空国家而言，是在特定社会经济关系及其所表现的国家利益关系基础上，太空主体通过国家间的权力确认来保障其与太空相关的权利，并实现其国家利益的社会活动、形式及其关系。世界各国航天技术日新月异的发展，推动着天缘政治中的权力结构呈现出此消彼长的态势。冷战后，以美国为代表的大国将航天技术与核技术、信息技术结合起来，极力打造新的"三位一体"战略威慑体系；利用太空的信息优势进一步发挥军事信息支援的威慑功效；并企图发展太空打击威慑系统，导致天缘政治中的权力结构出现了严重失衡，为国际安全带来日益临近的重大威胁。太空信息支援在军事中广泛的现实运用，成为催生联合作战的直接推动力，在战争中起到了至关重要的作用。在信息化战争中，陆、海、空作战力量遂行的联合作战行动越来越依赖于太空信息支援所提供的信息保障。太空信息支援使联合作战呈现出多元化、复杂化、透明化、直接化的新趋势，它在国家安全互动中的效应和效能已成为国家间权力的倍增器。太空威慑体系的新进展对战略稳定性的影响，可以从美国谋求绝对安全的举措中得到实证：美国大力发展反卫星武器（A-SAT）则会引起潜在对手的恐慌，降低了首攻稳定性；反导系统（BMD）使他国感到威胁，引起了太空军备竞赛；全球快速打击系统（C-PGS）极大地降低了太空的危机稳定性。21世纪初，美国太空攻防对抗的全方位准备导致了攻防对抗的升级，使攻防对比向进攻占优的方向变化，太空军备竞赛一触即发，极不利于世界的和平与稳定。面对太空攻防对抗准备所引发的危险，国际社会愈来愈重视防止太空武器化和军备竞赛问题。为此，循着天缘政治的权力逻辑，维护战略威慑中的太空、反导和核武系统的互动稳定，促进太空军备控制中的安全战略沟通，加强太空复合相互依存中的多元领导与有效协调等，既事关国际安全，又是大国维护自身安全的必然选择。根据攻防理论，通过军备控制调整太空力量的属性和格局，转变攻防对比态势，促进防御占优，这样或许更能避免军备竞赛，减少战争的危险，促进太空的和平开发、利用。

一   天缘政治中的权力失衡[*]

冷战时期，美国"三位一体"战略威慑体系主要表现为装载核弹头的战略轰炸机、核潜艇和带核弹头的陆基洲际导弹。冷战后，在天缘政治中美国失去了苏联这个昔日战略对手的强力掣肘。美国对其战略威慑体系进行调整，从而试图逐步减少对核武器的过分依赖，增强它在战略威慑中反应的灵活性。2002 年《核态势审议报告》即提出，要建设包括（常规武器和核武器相结合的）攻击性打击系统、导弹防御系统和反应灵敏的国家安全基础设施在内的新的"三位一体"战略威慑体系。[①] 美国新型战略武器主要包括新型战略核武器、非核的全球常规打击武器、反导防御武器和覆盖全球的一体化、网络化的战略信息系统四类。[②] 为此，美国加快抢占太空这个战略制高点，试验其相关武器，退出《反弹道导弹条约》，并拒绝签订任何新的太空军控协定。从现实来看，作为太空领域唯一超级大国的美国，其战略威慑重心的调整对太空安全构成了潜在威胁与挑战。

---

[*] 本节内容以"美国战略威慑体系调整对外层空间安全的潜在压力与威胁"为题发表于《国防科技》2013 年第 2 期。

[①] 严骁：《美核威慑战略树立新"三位一体"淘汰冷战模式》，译自 US Nuclear Deterrence Policy，中国网（http://www.china.com.cn），2009 年 4 月 30 日。

[②] 匡兴华、朱启超、张志勇：《美国新型战略武器发展综述》，《国防科技》2008 年第 1 期。

（一）　太空战略稳定性的下降

战略稳定性的概念来自于经典军备控制理论，"危机稳定性和军备竞赛稳定性合在一起称作战略稳定性"①。在国际安全领域，美国作为唯一的超级大国，试图凭借其强大的综合国力，特别是超强的军事实力，加快调整其战略威慑体系来寻求绝对安全，以确保美国在全世界的"领导地位"。美国战略威慑体系的重心由核武向太空转向②，对当前国际安全领域的战略稳定性造成了极其危险的冲击。

首先，美国战略威慑体系具有由过度依赖核武向太空转移的倾向。随着美国太空军事利用的不断发展，太空武器试验取得长足的进展，美国安全决策者日益认识到，将太空武器与信息技术、核武器相结合，形成新的"三位一体"的威慑战略，既可以克服核武器过度毁灭性的缺憾，又可以实现快速、精确、毁灭性的全球打击。2003年，美国《2020年远景规划》提出"全谱优势"，重申了"只有控制太空，才能控制地球"的太空战略思想。③ 2008年，美国空军航天司令部发布《未来25年作战行动中的航天能力》文件，就未来主要作战领域一体化建设构想进行阐述，其目标是至2032年真正实现航空、航天、计算机网络的一体化作战，随后于2009年1月在博林基地成立了"全球打击指挥中心"。"在太空建立弹道导弹防御系统，追求对军事问题的技术解决之道"④。

由此，美国威慑战略的重心出现了明显的转向，太空力量正在出现部分取代核力量威慑作用的迹象，这也是美国自2007年以来，高

---

① 李彬：《军备控制理论与分析》，国防工业出版社2006年版，第83—84页。
② 苏晓晖：《美国外空战略新动向及其发展前景》，《国际问题研究》2008年第4期。
③ 赵秀敏：《论外层空间法对空军发展战略的影响》，《西安政治学院学报》2009年第5期。
④ 2002年9月《美国国家安全战略》报告，The White House, The National Security Strategy of the United States of America, September 2002, p. 1.

调呼吁建构"无核世界"的一个不可忽视的重要背景。① "太空系统为国家行为提供了灵活性,既可以作为一种战略威慑力量存在,也可以为联合作战提供侦察监视、指挥控制、通信预警、导航定位和气象等信息服务。"② 在太空安全"利益—权力"理性博弈的过程中,太空武器化和军备竞赛的威胁日益临近。到2011年,美军部署了200多颗不同种类的军用卫星,计划到2030年,美军在轨卫星将达到800颗,形成庞大的太空军事支援系统。2004年以来,美国着力建构"全球快速打击系统"(C-PGS),强调要在45分钟内对全球的任何目标实施毁灭性的打击。如2011年成功试飞的 X – 37B(X – 37B Space Plane)就引起了世人的高度关注和深深忧虑。

其次,美国导弹防御系统危害太空军备竞赛的稳定性。"一种军备行为是否会引起对手的反应并导致军备竞赛,这个状态也被称作军备竞赛稳定性。在某个军备格局下,如果一个国家发展军备的某个行为很容易引起对手扩充军备,那么,这种情况被称作军备竞赛稳定性很低;如果一个国家发展军备的某个行为不容易引起对手扩充军备,那么,这种情况被称作军备竞赛稳定性很高。"③ 美国的导弹防御系统从近期看是对导弹的一种防御,但是如果同太空攻防结合在一起看,则是一种攻击性武器。因为反弹道导弹可以击中高速运动的导弹,所以它打那些相对静止的卫星就易如反掌了。也就是说,它事实上是一种太空攻防力量,至于用于防还是用于攻,则要根据美国的战略需要而定。④

美国弹道导弹防御系统建设从两个方面直接引发了太空军备竞赛,从而破坏了太空军备竞赛的稳定性。一方面,以俄罗斯为代表的

---

① 谢明康:《一个新的战略危险正在向中国逼近》,中华网(http://military. china. com/zh_ cn/critical3/27/20100506/15925112. html),2010年5月6日。

② 陶平、王振国、陈小前编著:《论空间安全》,国防科技大学2007年版,第83页。

③ 李彬:《军备控制理论与分析》,国防工业出版社2006年版,第83页。

④ 赵小卓:《控制外空的必要基石,凝聚盟国的新动力来源》,在2007年《中国评论》月刊主办的"美国坚持推行全球反导体系的战略意图及其影响"座谈会(第10次,总第118次)上的发言,地点:中国评论北京办事处会议室。

相关国家不得不进行非对称战略的反制。[①] 为了反对美国政府大力推动的国家导弹防御系统，俄罗斯采取了一系列行动，积极运用最新技术试验洲际导弹——"白杨-M"。同时，俄军还采取一系列措施，努力提高空天侦察能力。[②] 2011 年，俄罗斯政府和军方高调宣布组建全新的兵种——空天防御兵。另一方面，其他主要军事国家借助美国的支持加快构建本地区反导系统，印度、日本、以色列等其他主要军事国家（或北约组织）积极参与到美国构建全球反导系统的行动中。印度在从国外引进技术装备的同时，积极自研本国的多层反导系统。以色列打造由"箭-3""箭-2""魔杖"（又称"大卫投石索"）以及"铁穹"防御系统等组成的综合防空反导体系。日本初步建成由"宙斯盾"海基弹道导弹防御系统和"爱国者"-3 弹道导弹防御系统构成的双层反导系统。[③] 美国积极推进其导弹防御系统所带来的军备竞赛，将是全方位军备竞赛，包括核武器及其运载工具的改进和升级。[④]

最后，美国全球快速打击系统损害了太空危机稳定性。危机稳定性强调，如果两个国家"达到这样一种状态，即使两个国家的关系因为冲突而陷入危机，它们也不大愿意向对手发动先发制人的核打击，也不大担心对手会发动这种核打击，这样的状态被称作危机稳定性很高。"[⑤] 对于太空安全而言，如果两个国家因国际军备控制的规范，几乎没有严格意义上的太空武器、太空军事利用或两用太空设施，即使在这两个国家的关系因为冲突而陷入危机时，也不会直接爆发太空战。在这样一种状态下，任何一方都不大可能向对手发动先发制人的太空打击，也不大担心对手会发动这种太空打击，这样的状态可称作

---

① 墨菲：《美试验高难度海上反导：拦截射程超 3000 公里导弹》，《法制晚报》2011年 4 月 17 日。

② 赵秀兰、刘汉宗：《美、俄的外空战准备》，《现代防御技术》2004 年第 1 期。

③ ［美］安德鲁·M. 赛斯勒等：《NMD 与反制 NMD》（原名：《反制措施》），卢胜利、米建军译，国防大学出版社 2001 年版，第 5 页。

④ 墨菲：《美完成最具挑战反导试验》，《法制晚报》2011 年 4 月 16 日国际时讯版。

⑤ 李彬：《军备控制理论与分析》，国防工业出版社 2006 年版，第 83 页。

危机稳定性很高。反之,只要出现真正意义上的太空武器对他国相关设施造成威胁,由于太空在军事上的战略制高点地位,在两个国家的关系因为冲突而陷入危机时,就极有可能爆发太空战,这样的状态可称作危机稳定性低。

2004 年 8 月,美国提出一个名为全球快速打击系统(C-PGS)的新战略,认为维护国家安全的关键是信息技术与空天能力的结合,要求空军装备的军用航天飞机所携带的弹头重达半吨,能在 45 分钟内对全球的任何目标实施毁灭性的打击。① 全球快速打击计划所面临的最现实、最受质疑的问题,可能就是由于"核误判"而引发的意外核战争,许多分析家担心俄罗斯等国家可能会将全球快速打击武器误判为战略核武器。② 与此同时,美国全球快速打击系统的快速打击能力进一步诱使其安全决策者认为,最好先下手为强,全副武装地抢占太空。反过来,他国应对美国的全球快速打击系统的手段之一就是实施打其弱点的非对称性和平反制战略。这样,美国全球快速打击系统由于更易诱发破坏其电子系统的第一次打击,而降低了太空危机稳定性,因此,爆发太空冲突和战争的风险也将随之大幅增加。③ 亨利·基辛格曾说:"一个国家寻求绝对安全的做法对其他国家来说意味着绝对不安全。"美国的这种绝对安全必然导致其他方处于安全劣势中。为了获得同样的安全感,各方必然要强化自身的军事实力。④

(二) 太空和平利用受损

随着美国战略威慑体系的调整,太空系统正被逐步纳入其战略威慑体系中,强调将提升太空作战能力列为美军今后的重点发展方向。美国极力推进太空武器化的做法既是威慑战略在太空时代的产物,也

---

① 军事科学院世界军事研究部译:《美国国防部 2006 年四年防务审查报告》,军事科学出版社 2006 年版。

② 方勇:《美国推进快速全球打击计划》,《新时代国防》2010 年第 8 期。

③ 罗山爱:《美国推进多款先进武器即时全球打击日渐成形》,《新京报》2010 年 6 月 2 日,http://www.sina.com.cn。

④ 余永胜:《美国空天飞机将挑起外空军备竞赛》,中评社北京 2010 年 4 月 30 日电。

对太空和平利用活动构成了严重威胁①，这主要表现在以下方面。

一是太空武器化对和平利用活动造成了最直接的威胁。根据美国空军航天司令部前司令兰斯·洛德提交给美国国会的报告，美军正在开发的太空武器有五六种之多。2007 年 5 月，美国国防部在科特兰空军基地正式组建了卫星快速反应部队，并着手研制"战术星" – 5 （TacSat – 5）卫星。这一卫星除具备通信和侦察预警能力外，还具备攻击能力。② 在美国国会 2008 年 4600 亿美元的军费预算中，包括"太空围墙"计划，同时还拨专款保护本国军用卫星免受"敌国"太空武器的袭击，提高攻击敌方卫星的作战能力。美国以保护自身及其盟友免遭导弹攻击，推进建设预警卫星星座计划，加紧建设天基导弹防御系统，并研究在太空部署武器来击落敌方导弹的可能性。美国国防部与洛马公司签发价值 10 亿美元的高超音速导弹研制合同。③ 2018 年 4 月，美国参谋长联席会议发布新版《太空作战》条令，以取代 2013 年版《太空作战》条令，集中体现了特朗普政府备战太空的新动向。美国多次开展"施里弗"和"太空旗帜"演习，以增强其太空对抗能力。2018 年 9 月，美国国防部在《太空重组与管理任务》的备忘录中指明，将在 2020 财年前建立天军，建立联合太空司令部、航天发展局和太空作战部队，使其成为美国第六军种。至 2018 年 4 月底，美国拥有 166 颗正在运行的军用卫星。④ 目前，美国已掌握进行太空监控的较先进的技术，美国天基太空监视系统（SBSS）和轨道深空成像系统的研制（ODSI）已取得重大进展⑤，并拥有一套由 25 个陆基雷达站组成的太空监视网。⑥ 2010 年 4 月，美国试飞了 X – 37B 空天飞行器，其后又多次成功试飞。美媒也披露了高超音速巡航

---

① 周辉：《美国外空战略开始转向?》，《现代军事》2009 年第 6 期。

② 《刺激外空军备竞赛升级》，《参考消息》2008 年 2 月 22 日。

③ 航小宇：《美副防长：太空武器是"待过的桥"》，《装备参考》2018 年 9 月 5 日。

④ 陈建光：《天上星星知多少? 美国"忧思"科学家联盟把星数》，《星际智汇》2018 年 9 月 14 日。

⑤ 吴勤、高雁翎，《美国的空间对抗装备技术》（上），《中国航天》2007 年第 7 期。

⑥ 《美检讨外空监视四大缺陷》，《环球时报》2007 年 11 月 30 日。

导弹试飞的情况。① 美国全球快速打击系统将配备常规重量极大的弹头，可快速飞行，精确度极高，能够在局部地区制造与核弹头爆炸相似的效果。② 美国国防部希望研制出的力量投送方式能够不受部署基地和过境飞行权力的限制，也无须将飞行员或其他人员置于不必要的危险境地。③

二是太空环境污染日益恶化，危害和平利用活动。美国太空武器试验，给太空带来了化学污染、核辐射污染，更重要的是频繁的爆炸带来了无数的太空碎片。④"造成太空碎片的两大源头是卫星武器试验和故意爆炸或撞击、毁坏太空物体。"⑤ 1986 年，美国"阿丽亚娜"火箭进入轨道之后不久爆炸，释放出 564 块 10cm 大小的残骸和 2300 块小碎片，后来这些残骸和小碎片在绕地球轨道飞行的过程中，先后导致两颗日本通信卫星和一颗法国卫星受到损害。⑥ 2009年 2 月 10 日，美国"铱 33"卫星和俄罗斯的"宇宙 2251"军用通信卫星相撞，造成至少 600 多枚较大碎片。近地轨道的太空碎片还来自美国仍在研发中的地基和天基弹道中段导弹防御系统或其他太空武器试验。⑦ 目前美国部署的弹道导弹防御系统主要是以动能撞击的方式拦截对方进攻性弹头，其中段拦截无疑会制造大量的太空碎片。当太空碎片数目的增多和相互间碰撞概率增大，会导致"连锁式碰撞"，增加了与航天器碰撞的可能性，将成为人类未来太空活动

① 《美国威慑战略重心要转向?》，《北京日报》2010 年 4 月 13 日。
② 昙华：《奥巴马将决定是否部署全球快速打击武器系统》，中国网，2010 年 4 月 23日，http://www.sina.com.cn。
③ 钟娅：《PGS 系统成为美全球打击战略的主要手段》，中国江苏网—鼎盛军事，2008 年 11 月 22 日。
④ Kevin Whitelaw, "The Problem of Space Debris," (4 December 2007), *U. S. News and World Report*, online：http://www.usnews.com/articles/news/2007/12/04/the-problem-of-space-debris.html.
⑤ 薄守省：《从美俄卫星相撞看外空活动的国际法规制》，《北京航空航天大学学报》2010 年第 1 期。
⑥ 同上。
⑦ Jeremy Singer, "Space-Based Missile Interceptors Could Pose Debris Threat," *Space News* 13 September, 2004.

的极大威胁。①

此外，美国在太平洋马绍尔群岛、比尼基环礁等所做的原子弹、氢弹试爆会产生裂变性物质的微粒及一些放射性物质，对附近水体和大气层产生了持续至今的严重污染。同时，美国发射到太空的飞行器中有许多是依靠核能做动力的，如果这些飞行器出现意外，就有产生污染的危险。但是，核动力卫星如果因失控而重返地球，其放射性残片和被烧毁后的散落物将对有关国家的环境造成重大污染损害，对人类生命财产形成潜在的威胁。② 虽然美国声称在星际从事深空探测以及在完成使命后重新被射入更高轨道的核动力卫星，对地球所带来的危险较小，然而，就发生故障而重返地球的核动力卫星而言，是不能完全排除其在重返地球过程中被烧毁的散落物对环境和人的危险影响的。③

三是太空科技的负面效应侵犯了各国的主权和个人隐私。美国空军推崇的天基红外系统（SBIRS）自投入研发至今，"美国一直或明或暗地强调，它将对包括中国在内的整个亚太地区国家的导弹发射予以特别'关照'"④。美国和日本合作于 2007 年 12 月 17 日在美国夏威夷考爱岛海域进行了导弹拦截试验。日本海上自卫队宙斯盾舰"金刚"号配备的标准 – 3 型（SM – 3）海基导弹成功击中一枚模拟弹道导弹，意味着日美反导协作进一步加强。同时，这种军事施压也是对亚洲国家主权的隐形侵犯。⑤ 美国利用迅猛发展的航天技术通过卫星直接电视广播的方式，加紧向其他国家进行文化和意识形态输出，试图确立其

---

① 由于多数空间碎片的撞击速度极快，即使非常小的微粒也可产生相当大的动能，能够造成比这些微粒本身大得多的损害。例如，1998 年，一个 0.3 毫米的漆粒在航天飞机的散热器上撞出了一个直径 1 毫米的洞；在 2000 年的一次飞行中，一个 0.1 毫米的铝微粒的撞击造成航天飞机玻璃上一个 2 毫米的弹坑。参见《各国对空间碎片、核动力源空间物体的安全以及这些物体与空间碎片的碰撞问题的研究》，联合国文件编号 A/AC.105/770。

② 尹玉海：《国际空间立法概览》，中国民主法制出版社 2005 年版，第 45 页。

③ 贺其治：《外层空间法》，法律出版社 1992 年版，第 178 页。

④ 《美军反导"天眼"暗示将监控中国》，《香港文汇报》2012 年 2 月 20 日。

⑤ 黄力颖：《日双重反导体系基本成形 揭开日美同盟历史一页》，《东方早报》2007 年 12 月 19 日。

在文化领域的霸权地位，危及他国的文化安全和人类文化多样性。①

美国利用其高度发达的卫星系统对卫星通信实施监视，甚至借口反恐需要来拦截电话、传真和电子邮件等私人通信，严重侵犯了个人隐私权。美国通过全球卫星定位系统（GPS）可以获取车辆、个人的即时精确的位置信息；高分辨率卫星成像技术可以获取私人或公司建筑、农场、车辆等的清晰图像，从而可能对公民自由和隐私造成危害。"不加限制和不加管理地在公共领域提供高分辨率卫星数据可能对人民和国家安全有害。"② 太空监视技术与网络技术的结合对公民自由可能会产生更加广泛而深刻的影响。这方面的典型例子是"谷歌地球"（Google Earth）卫星图片检索服务。2008 年，在联合国和平利用外空委员会的会议上，"有代表团认为，在互联网上免费提供敏感地区高分辨率图像是个令人关切的问题"③。

（三）太空国际军控停滞

美国作为太空探索、利用中实力最强大的国家，为了追求绝对霸权和绝对安全，退出《反弹道导弹条约》（ABM），积极部署"国家导弹防御体系"（NMD）和"地区导弹防御体系"（TMD）。美国长期以来一直阻挠中、俄等国倡导的防止太空武器化和军备竞赛谈判，更遑论承担其作为实力最强大的太空大国所理应履行的对于国际军备控制率先垂范、负起政治领导的特殊责任了。诚然，太空国际军备控制步履艰难是由多方面原因造成的，而且目前仍然面临着巨大的压力，但美国对国际军备控制的阻碍是众所周知的决定性因素。

一是美国退出《反弹道导弹条约》损害、动摇了太空安全国际体系。冷战时期，美苏签订《反弹道导弹条约》的目的是，在数量和质量上限制美苏双方所能部署的反弹道导弹，特别是限制发展成区域性

---

① 参考刘戟锋教授主持的《我国××××政策研究》，2008 年中国科协重大调研课题。
② 《联合国和平利用外层空间委员会的报告》第五十三届会议，大会正式记录，第六十五届会议补编第 20 号（2010 年 6 月 9 日至 18 日），第 13 页。
③ 《联合国和平利用外层空间委员会报告》第 110 段，2008 年，第 20 页。

和全国性的反弹道导弹防御系统，使彼此的弹道导弹均能穿透对方的防御而攻击对方，进而达成战略稳定和降低核武器竞赛的规模。《反弹道导弹条约》被视为全球战略稳定的基石，有 32 个裁军和核不扩散的国际条约与这一条约挂钩。因为太空、导弹防御系统和核武三个议题密不可分，任何一方发展针对进攻性核武器的导弹防御系统，都势必会影响相关国家间的互动稳定关系。[1] 防止太空军备竞赛，包括禁止太空武器和禁止损害战略稳定的反导武器系统是关键中的关键。正是这方面的严重事态阻止了核裁军进程，正在破坏防止核扩散的基础。

"9·11"事件后，美国总统布什于 2001 年 12 月 13 日宣布美国将在 6 个月后退出《反弹道导弹条约》。这种单方面退出国际军控体系中重要条约的做法不仅给国际战略平衡带来严重负面影响，而且将刺激太空军备发展，甚至导致太空军备竞赛。这种逆时代潮流而动的行径是对 1967 年《外层空间条约》所确立的和平利用太空原则的违背，损害、动摇了太空国际安全体系。[2] "随着《反导条约》变为废纸，发展导弹防御系统已不受约束，一国拥有的'盾'不断增加，势必刺激他国发展'矛'的热情。"[3] 为此，占有陆基核力量优势的俄罗斯正在研制新一代洲际弹道导弹，能够突破包括美国在内的任何一个国家的反导系统。[4] 这种追求太空绝对安全和绝对霸权的"单边主义"的另一个露骨表现，是美国 2006 年的太空政策公然宣称"反对制定任何禁止或限制美国进入或使用太空的新国际法律制度或其他约束措施"[5]。由于美国加紧发展和试验太空武器系统，如 NMD 和 TMD，太空军事化和军备竞赛有可能再次被激化。

---

① 丁树范：《中美关于外空、导弹防卫与核武政策争议之研究》，《中国大陆研究》2010 年第 53 卷第 1 期。

② 同上。

③ 黎弘：《复杂多元化的全球核安全环境》，《和平与发展》2010 年第 3 期。

④ 魏良磊：《核裁军条约获批 俄美博弈继续》，新华社莫斯科 1 月 28 日电（国际观察）。

⑤ Statement by Theresa Hitchens, before the Subcommittee on National Security and Foreign Affairs, Committee on Oversight and Government Reform, U. S. House of Representatives, May 23, 2007, URL.

二是美国一直阻挠防止太空武器化和军备竞赛谈判。太空军备控制谈判主要是通过唯一的全球性多边裁军谈判机构——"裁军谈判会议"进行的。① 自 1985 年起,"裁军谈判会议"下设一个"防止外层空间军备竞赛特别委员会(简称'特委会')"(Prevention of An Arms Race at the Outer Space,PAROS)。② "特委会"只是针对太空军备竞赛进行一般性的审议③,后来由于美国坚持反对将防止太空军备竞赛有关一般性问题的讨论与它重点关注的禁止裂变材料的生产议题挂钩一并处理④,特委员会于 1995 年终止运作。⑤ 由于未能在"防止太空军备竞赛"议题上取得进展,以及为了讨论其他裁军议题,裁军谈判会议一直未能重新建立相关特委会。⑥ 因而,太空问题的焦点集中在要求裁军谈判会议重新设立外层空间特委会上。⑦

自 2002 年以来,中国与俄罗斯多次联合多国推动法律解决太空军备竞赛问题,但都遭到美国的极力阻拦。⑧ 2006 年,中国又与俄罗

---

① 李滨:《国际裁军实践中的外空非武器化问题分析》,《国际观察》2010 年第 5 期。

② "Outer Space Militarization, Weaponization, and the Prevention of an Arms Race," Reaching Critical Will, http://www.reachingcriticalwill.org/legal/paros/parosindex.html.

③ Jing-dong Yuan, "Culture Matters: Chinese Approaches to Arms Control and Disarmament," in Keith R. Krause ed., *Culture and Security: Multilateralism, Arms Control and Security Building*, London: Frank Cass, 1999, p. 111.

④ Bates Gill, *Rising Star: China's New Security Diplomacy*, Brookings Institution Press, March 2007, pp. 96 – 97.

⑤ Rhianna Tyson, "Advancing a Cooperative Security Regime in Outer Space," *Policy Brief*, May 2007, http://www.gsinstitute.org/gsi/pubs/05 – 07 – space-brief.pdf; M. J. Peterson, *International Regimes for the Final Frontier*, New York: State University of New York, 2005; W. Henry Lambright, *Space Policy in the Twenty-First Century*, Baltimore: Johns Hopkins University Press, 2002, p. 161.

⑥ 袁易:《重新思考外层空间安全:一个中国建构安全规范之解析》,《中国大陆研究》2009 年第 52 卷第 2 期。

⑦ Guy B. Roberts, *This Arms Control Dog Won't Hunt: The Proposed Fissile Material Cut-off Treaty at the Conference of Disarmament*, Colorado Spring, Colo.: USAF Institute for National Security Studies, 2001; Bates Gill, *Rising Star: China's New Security Diplomacy*, Washington, D.C.: Brookings Institutions Press, 2007, p. 86.

⑧ 如 2002 年,中、俄等七国联合向裁军谈判会议提交了《禁止在外层空间部署武器、禁止对外层空间物体使用或威胁使用武力的国际法律文书的要素》的议案;2003 年 2 月,中国配合俄罗斯召开外层空间问题讨论会,征求各国对中俄外层空间问题工作文件(CD/1679)的意见,并在裁军谈判会议第三期会议上共同散发"各方对 CD/1679 的意见汇编",受到各方重视;2003 年 8 月,中国宣布接受五大使修改方案,在工作计划问题上做出建设性努力,受到普遍好评。

斯、白俄罗斯等国提出"外层空间活动中的透明度和建立信任措施"议案（Transparency and Confidence-Building Measures in Outer Space）议案来呼应"裁军谈判会议"稍早的相关辩论，这一决议重申了建立信任措施作为有助于防止太空军备竞赛目标的手段。① 但美国纠集日本、英国等极少数国家对此表示异议，因此仍然没有取得实质性的进展。② 2008 年 2 月，中国与俄罗斯一道，向裁军谈判会议提交了"防止在太空放置武器、对太空物体使用或威胁使用武力条约"的草案，该草案再次遭到美国的抵制。③ 现实表明，美国的阻碍使得以全面禁止一切太空武器，即以禁止试验、生产、安放、部署和使用一切太空武器并销毁现有的太空武器为主要内容的国际条约的达成成为一项复杂而艰巨的任务。④

三是美国拒绝承担太空国际军控应负的大国特殊责任。"国际社会里的制度谈判如同其他社会环境中的制度谈判一样，充斥着集体行动的困境；这些困境能够并且也确实经常延缓或阻滞制度性安排协议的达成，而这些协议并非只是高尚情操的表述。"⑤ 要达成这种全体一致，政治领导就是一个不可回避的问题，成员越多，对强有力的政治领导的需要就越紧迫。⑥ 但就目前情况来看，由于技术水平上的巨大差距，美国在太空开发方面的优势正在不断加大，太空领域的国际权力结构严重失衡。在美国看来，太空力量对美国应对非传统安全问题，进行非对称性打击至关重要。例如，美国依赖卫星进行通信、收

---

① United Nations, Official Documents System of the United Nations, http: //daccess-dds. un. org/doc/UNDOC/GEN/N06/498/93/PDF/N0649893. pdf? OpenElement.

② 聂资鲁：《外层空间军备控制与国际法》，《甘肃政法学院学报》2007 年第 4 期，转引自论文网，http: //www. lw23. com/paper_ 13295701/。

③ 李滨：《国际裁军实践中的外空非武器化问题分析》，《国际观察》2010 年第 5 期。

④ 卢敬利：《俄美外长为签署核裁军条约铺路》，http: //news. xinhuanet. com/world/2010 – 03/20/content_ 13209670. htm。

⑤ ［美］萨莉·马丁·贝思·西蒙斯编：《国际制度》，黄仁伟、蔡鹏鸿等译，上海人民出版社 2006 年版，第 8 页。

⑥ Oran R. Young, "Regime Dynamics: The Rise and Fall of International Regimes," in Stephen Krasner (ed.), *International Regimes*, Ithaca: Cornell University Press, 1983, pp. 100 – 101.

集情报、应对紧急情况、引导部队行进、进行精确打击，并有效地降低了伤亡率。①为此，美国不但拒绝承担推进太空军备控制的领导责任，甚至在配合自律方面，也与国际社会的期盼与意愿背道而驰。

　　现实的航天技术领域的权力严重失衡，形成了一个倒"T"字形结构，美国"一马当先"，后面并没有"万马奔腾"。由此，如果美国能在国际军备控制推进方面持积极态度，其局面很有可能"势如破竹"。然而，冷战后美国为了实现其全球战略，忙于在这一领域寻求绝对优势和绝对霸权，而不愿意承担政治领导责任，国际军备控制机制形成所需的权力分配结构认同就很难达成。与此同时，美国不但不愿意承担太空国际安全合作的领导责任，反而为了追求自身的绝对安全，而极力阻挠他国的国际合作。当中国与欧洲在天基对地观测项目、发射探测卫星等方面进行合作时，美国以所谓存在卫星技术转让的可能性而加以反对、干涉，使得中欧在"伽利略计划"上的合作成了空壳。②由此可见，美国的阻挠正是太空军备控制难以取得进展的最主要原因。

二　天缘政治中的信息支援*

　　"早期的太空力量支持者，（也）将太空力量视作制空权向太空的一种延伸和拓展，考虑到飞行器与航天器之间的明显差异，这其实是一种不切实际的看法。比如，航天载人武器平台动力性能很低，它们几乎是'浮'在低重力的太空之中。实际上，太空力量概念的出现，源于军事实践中人们对无形信息优势重要性的再发现。"③在

---

　　* 本节内容以"外空信息支援：大国安全博弈的战略枢纽"为题发于《太平洋学报》2016 年第 11 期。

　　① Robert G. Joseph, Remarks on the President's National Space Policy—Assuring America's Vital Interests, Remarks to Center for Space and Defense Forum, Jan. 11, 2007, URL.

　　② 赵海峰：《欧洲外空法律政策及其对中国与亚洲的影响》，《北京航空航天大学学报》2011 年第 1 期。

　　③ 聂春明、王志波、毛翔、吴志丹编译：《太空力量与国家安全》，航空工业出版社2016 年版，第 292 页。

新军事变革信息化的大潮下，"武器系统信息化，信息系统武器化"的进程正在逐步推进，太空的战略优势将显著地影响未来的战争。从航天技术实际利用程度来看，在太空武器化日益成为敏感禁忌的情况下，太空信息支援是最广泛、最现实的太空军事利用，夺取制信息权，展示出最为引人注目的国际安全功效。太空信息支援作为现有国际体系中国家间政治权力的一个新的来源，呈现出非同寻常的功放效果——它在拉大权力差距，加剧权力失衡的同时，对手往往会利用其非对称反制功能来加以逆袭，从而得以强化战略稳定性。由此可见，太空信息支援作为内嵌于现有国际体系中的新生变量，在对国际政治权力加以成倍放大的同时，也具有最终逆袭制衡的安全功效。

（一）太空信息支援催生联合作战

在人类太空探索、利用的实践活动中，大国太空安全互动并不是完全超脱于现有国际体系的"天外交往"，而是现有国际体系多维拓展极为重要的活动之一。事实上，大国太空安全互动不仅极大地提高了国际体系的交往密度（互动能力），改变了空间和时间维度的政治意义，也影响着行为主体的功能分化和能力分配。因此，大国太空安全博弈本身便内嵌于复杂的国际体系结构之中，并与其他体系要素形成持续发展的互动。从这个意义上看，航天技术及其应用的发展并不是单方面对国际政治施以决定性影响的体系外变量，大国太空安全博弈过程内嵌在国际体系宏观社会进程里，共同构成了国际政治演化的内生动力。但由于太空开发、利用不同于 15—18 世纪欧洲列强对新大陆的占领和领空的划分，也不同于对公海和南极洲的管理，它的无疆域性和广阔无垠，除无线电频谱、地球静止轨道、范·艾伦带的航天轨道区和拉格朗日（拉格朗治）平动点等特殊太空资源外，太空资源利用更多地具有非排他性，太空没有疆界之分，很难在这个区域内划分出一个"宇宙公海"，即不能像对航空器那样，规定不让别国的卫星经过某个国家上面的太空，也不能限制和禁止高性能的侦察卫星对别国的"观察"①。这使得太空军事利用广泛存在,特别是"太空"和"信息"的交融发展给世界新军事变革带来了深刻影响。

航天技术作为现代科学技术集大成的典型代表,推动着人类社会实践活动拓展和延伸到太空这一新战略空间。虽然太空具有无疆域性的自然环境特征,但因现有国际法对于太空探索、利用实践有着明确的国家归属管理条款,这使得各国的太空开发、利用大都可归属于相应国家控制下的活动。在国家安全互动中,一个国家的航天技术及其应用能力不仅使之具备技术本身所带来的强大的战略威慑能力,而且通过它所代表的一个国家的技术能力、经济实力,以及组织科研的能力等,确立起该国在国际安全领域的大国地位。同时,在由此产生的大国关系中,呈现出明显的"金字塔式"结构,航天技术越强大,权力地位就越高,相应地,这样的国家数量也越少。以当今的空间实力来衡量,真正称得上太空大国的主要是美国、俄罗斯、欧盟(联合起来看)、中国,日本、印度紧随其后。其中,美国一枝独秀,其他国家或地区与之有着明显的差距。所有这些大国或地区在太空开发、利用中由交往实践所形成的社会关系也是一种内嵌于国际体系中的新生国际关系。基于此,国际社会普遍认为,太空安全利益博弈是一种典型的大国之间的"游戏"。

一是太空利用之初即发展出太空信息支援能力。随着冷战时期太空军事化和军备竞赛的加剧,太空成为谋求战争主动权的战略制高点。②"在军事上,太空被称为'最终的高地'。相关的问题是,它是什么样的高地?答案是信息。太空使大国具有一种观察能力。它是'上帝的眼睛',使用这种眼力,可以看到并了解更多的信息,随后获得知识,知识是国家在世界舞台上保持相对优势的杠杆。"③ 在航

---

① 《外空军备竞赛实难遏止,世界经济将遭遇巨大影响》,《中国青年报》2007 年 2 月 1 日,http://news.china.com/zh_ cn/international。

② 牛姗姗:《外空非军事化法律制度构建思考》,《江苏警官学院学报》2009 年第 24 卷第 6 期。

③ 徐海玉主编:《美军空天对抗理论与技术研究》(上册),哈尔滨工业大学出版社 2002 年版,第 12 页。

天技术发展早期，主要是美国、苏联两个超级大国具备这方面的能力，当时美苏两国就以太空作为战略制高点，占据高度优势，而其运行轨道可覆盖地球表面的大部分范围，能够"合法"地经过或驻留在他国领土上空进行军事活动，开展了愈演愈烈的太空军备竞赛。①"太空早在 1962 年就已出现了军事实验活动，其后，又有偶尔出现的反卫武器测试和弹道导弹防御试验。而且，在整个冷战时期，在美苏太空项目中大量的军事利用项目起着支配性的作用。"②

　　美苏两个超级大国对于太空探索的最初推动都来自国防部门，早期主要是军事侦察应用③，同时作为"国家技术手段"而被应用于美苏战略武器军备控制的核查之中。在苏联的卫星中，军用卫星占到 70% 以上，分布于近至 150km 的地球低轨道，远至 35786km 的地球静止轨道。它们集侦察、导弹预警、通信、导航、陆地海洋监视、军备控制核查、测量、气象预测等功能于一体，为国家军事指挥决策部门提供战略战术信息，并形成其军事太空系统。④ 苏联所获取的美国情报的 70% 来源于军用卫星。⑤ 由远程预警雷达、精密测量雷达和光学观测设备组成的太空目标监视系统，用于探测跟踪卫星，分析处理和确定卫星的轨道以及质量、形状、功能和其他光学特征信息。⑥ 与此同时，"在发展太空军事装备方面，自从第一颗人造地球卫星上天以来，美国已将数千颗各种用途的军用卫星送入了太空。这些卫星及由它们构成的太空网络作为美国军用信息系统的重要节点或枢纽，已

---

　　① 仅以在轨运行的近千颗各类卫星而言，其中用于军事目的的卫星便占有很大的比例。美军对外空技术平台的依赖程度最高，约 90% 的军事通信、100% 的导航定位、100% 的气象信息、近 90% 的战略情报均来自其部署在外空的军事资源。一旦这些资源遭到损毁，美国的军事实力就会下降 80%。

　　② James Clay Moltz, *The Politics of Space Security*, Stanford University Press, Stanford, California, 2008, p. 22.

　　③ 如冷战时美国用卫星侦察代替苏联 U2 侦察机的功能，中东战争时直接应用卫星对埃及军队的调动情况进行侦查，等等。

　　④ 陈文兵：《仿生感知机器人实验平台相关技术研究》，博士学位论文，中国科学技术大学，2007 年。

　　⑤ 袁俊：《原苏联发展反卫星武器的回顾》，《现代防御技术》2000 年第 5 期。

　　⑥ 同上。

在天基侦察监视、战略和战区预警、武器导航、作战指挥与控制、通信等方面为其部队的战略战术军事行动提供了强有力的支持。"①

二是太空信息支援为联合作战提供了技术支撑。一些大国太空信息支援系统的快速发展在推动现代战争向信息化发展的同时，也为联合作战的出现提供了最有力的技术支撑。"所谓联合作战，就是在信息化战场上，多个在不同作战空间或领域具有相对独立作战能力的军兵种作战力量，按照统一的作战企图，以平等的关系，共同实施的一种自主性较强的协同作战。"② 联合作战中所有攻防武器都要依靠信息来指挥和控制，因此谁取得了太空制信息权，谁就能取得战争的主动权。在信息化战争中，陆、海、空作战力量遂行的联合作战行动将越来越依赖于太空信息支援所提供的信息保障。目前，美军95%的侦察情报、90%的军事通信、100%的导航定位和100%的气象信息均来自太空信息支援；俄军70%的战略情报和80%的军事通信依赖于太空信息支援。③ 正因为太空力量在争夺信息优势时具有突出作用，所以太空信息支援系统成为联合作战双方争夺的新焦点。

太空信息支援下的联合作战主要通过天基侦察、预警、指挥、通信、导航系统来提供信息支援和保障，增强地球上陆、海、空部队的作战能力。④ 太空的各种侦察卫星、预警卫星、导航卫星和军用通信卫星等，作为现代战争的耳目、神经，对空中、地面、海上甚至大洋深处的军事行动产生着越来越大的影响。在美国所进行的三场局部战争中，来自卫星的支援和对卫星的依赖持续显著增加。⑤ 海湾战争是美国第一次较广泛地利用太空信息支援的作战，从此，美国引领的太

---

① 徐海玉主编：《美军空天对抗理论与技术研究》（上册），哈尔滨工业大学出版社2002年版，第1页。

② 张羽：《论联合战斗》，国防大学出版社2003年版，第26页。

③ 孙大勇、李慧：《关于外空军事力量建设》，《国防科技》2008年第6期。

④ 熊小龙、李荣刚、由大德、张世燎：《夺取制外空权》，《飞航导弹》2005年第10期。

⑤ 据不完全统计，海湾战争期间，侦察卫星为美国和多国部队查明了伊拉克各个战略目标的位置，使其中的2000多个重点目标遭到打击。

空信息支援下的联合作战逐步登上历史的舞台。① 太空信息支援系统第一次全面支援了作战行动，在战争中起到了至关重要的作用。非对称作战、精确打击、战场直播、密集导弹攻防……陆、海、空传统作战力量在太空信息支援系统的整合下结成了一个大的作战体系，完全改变了人类常规战争画面。②

三是太空信息支援是联合作战中争夺制信息权的关键。太空信息支援的联合作战具体表现是："空天侦察为空袭作战提供可靠的目标识别和毁伤评估；卫星导航定位为空袭作战提供精确的目标定位和武器制导；空天地战场信息网一体化为空袭作战提供有效的指挥控制；太空导弹预警为防空反导作战提供有力的信息支持等。"③ 以信息作战为中心的卫星系统，可以使地球表面的陆、海、空部队得到强大的太空信息支援，从而使包括情报、预警、通信、导航、定位和数据处理等现代战争中决定胜负的军事信息作战行动达到一个全新的高度，军事太空系统因此已成为现阶段地球表面各种军事活动的信息神经中枢。④ "国家主权和源自主权的国际规范和原则适用于国家进行的信息和通信技术活动，以及国家在其领土内对信息和通信技术基础设施的管辖权。"⑤

太空是国家间争夺制信息权的关键，没有太空信息支援，一国就会丧失联合作战的主动权。太空信息支援系统完成对战场信息的感知、传递、分发、处理、融合等，为陆海空作战行动提供必要的信息支援。太空信息支援系统主要担负信息获取、传输、处理等任务，具有与陆基、海基、空基信息系统无法比拟的优势，可以不受领土与领

---

① 李寿平：《外空的军事化利用及其法律规制》，《法商研究》2007 年第 3 期。

② 郑道光：《外空军事对抗与国家安全》，《军事学术》2002 年第 3 期。

③ 耿艳栋、肖建军：《关于空天一体化的初步研究》，《装备指挥技术学院学报》2004 年第 6 期。

④ 刘俊等：《美国吹响外空战号角 中国主张和平利用外空》，《国际先驱导报》2009 年 2 月 12 日。

⑤ United Nations, "Report of the Group of Governmental Experts on Developments in the Field of Information and Telecommunications in the Context of International Security," A/68/98, 24 June, 2013.

空的限制，具有全天候、全天时、全方位的作业能力。太空信息支援系统在军事侦察、通信、测绘、导航、定位、预警、监测和军事气象方面发挥了巨大作用。太空信息优势是军事大国夺取制信息权的一个重要撒手锏，也是联合信息作战的主要威胁手段。美军在海湾战争中投入各类卫星100多颗，这些卫星为联合部队提供了全面的侦察、监视、通信、预警、导航、气象等重要的作战保障。由于掌握了制天权，在卫星的指引下，美军对伊拉克的军事目标实施了不间断的精确打击。① 美军在总结这场战争时认为："海湾战争证明，太空武器系统无论在战略行动还是在战术行动上，都已成为现代作战体系中不可缺少的一部分。"②

四是太空信息支援能力对联合作战具有决胜的意义。太空信息支援能力主要包括太空目标与环境的监视与感知能力。通过对太空目标与环境的识别与感知，为己方自由地进出太空、阻止敌方的太空行为提供攻防支援；能够评估太空防御效果，支持太空指挥和控制。太空信息支援能力将为进入太空、太空设施攻防提供全面的信息支持，包括对太空目标进行探测、识别和编目，对太空环境进行监测预报，以及对整个太空安全体系的指挥、控制等。目前相当一部分活跃在包括近地、半同步与同步轨道上的卫星，除用于军事侦察监测外，导航、通信也正成为主要的军事应用，并随着现代战争 C^4ISR 系统对其依赖的逐渐上升而日益重要。③ 到目前为止，各主要大国已经建立起了比

① 据战后披露，当时美军卫星已经可以用0.1米的分辨率清点沙漠中伊军帐篷和坦克的数量。从1991年1月17日至2月24日，在外空优势的保障下，美军38天的空袭基本上摧毁了伊军的抵抗能力和抵抗意志。随后美军仅进行了100小时的地面作战就结束了这场高科技局部战争。伊军虽然占有数量优势，但最终却有42个师被击败，被俘人数高达8万至10万，3700辆坦克和军用车辆被摧毁。而美军只有79人在地面作战中死亡，各种作战总计阵亡仅130人左右。

② 刘俊等：《美国吹响外空战号角 中国主张和平利用外空》，《国际先驱导报》2009年2月12日。

③ 具有代表性的是美国，目前美国独自拥有79颗军用卫星，加上与其他国家合作拥有以及军—民两用卫星，总数超过了100颗；远远超过紧随其后的俄罗斯、欧洲大国和中国的总和。

较齐备的卫星信息支援体系。

　　世界各主要大国充分认识到太空信息支援的重要性①，在联合作战准备中，围绕夺取制天权、制信息权开展了大量的工作。美国在战略对手解体的情况下反而加速了军事航天力量的建设步伐。从海湾战争、科索沃战争到阿富汗反恐战争直至伊拉克战争，卫星系统在应付突发事件、夺取战场信息优势、直接支援部队作战、提高部队作战效能等方面所发挥的作用越来越大。在"北约对南联盟发起'联盟力量'行动期间……部队使用的每一条信息几乎都来自太空或是通过太空传输的。太空及其相关的信息流是在作战中取得军事优势的关键因素"②。以美国为首的西方军事大国凭借其占绝对优势的太空能力所提供的"不对称"优势，牢牢控制了信息权，大大提高了远程精确打击能力，使对手处于盲目挨打的被动地位。太空信息支援系统的广泛应用，大大加快了战场信息的传递速度。据报道，在海湾战争期间，美军从发现目标到实施打击的整个过程大约需要 3 天时间，而到科索沃战争中便缩短为 101 分钟，在阿富汗战争中则进一步缩短为 19 分钟。

---

　　① 目前，外空信息支援的优势主要表现在三个方面：一是快速准确的侦察情报支援。军事大国的可见光成像侦察卫星可以达到 0.1 米的外空分辨率，SAR 卫星可达到 0.3—1 米的外空分辨率，目标定位精度达到米级，而且正在积极研究"联合军种图像处理系统""联合作战融合系统"等，这将大幅度提高侦察情报的快速反应能力。电子侦察卫星对目标定位精度由几十公里提高到 1—4 公里。导弹预警卫星对洲际导弹可提供 15—30 分钟预警时间，对中程导弹预警时间达到 5 分钟。测绘卫星可测制 1∶10—1∶2.4 比例尺地形图。二是高效安全的卫星通信保障。据有关报道，目前美国和俄罗斯战略情报的 70% 来自卫星侦察，2/3 的军事通信依靠卫星通信。在远程指挥与作战中，确保了驻世界各地武装力量得到近实时的指挥控制和管理。从战略意义上说，卫星通信是一种重要的基础设施；从战术意义上说，它是一种兵力倍增器；从信息战范畴上说，它是确立信息优势、主宰战争的神经中枢。三是精确实时的导航定位能力。美国的"全球定位系统"（GPS）与俄罗斯的 GLONASS 系统可以达到米级的定位精度，用户在任何地方只需要 7 秒钟就可获知自己的精确位置，为舰艇、飞机和航天器以及远程精确打击武器提供了精确导航，提高了武器装备的作战效能。

　　② 徐海玉主编：《美军空天对抗理论与技术研究》（上册），哈尔滨工业大学出版社 2002 年版，第 12 页。

（二）太空信息支援升级体系的较量

在国际安全领域，世界上各主要大国无一例外地按照"利益—权力"的理性博弈原则行事。既要不断追求国家安全利益，又要客观冷静地审视自身在国际权力结构中的现实地位，尽最大的可能求得国家的生存与发展太空。冷战结束初期，随着国际权力结构出现了严重的战略失衡，特别是在基于太空实力所展开的大国安全博弈中，由于美国航天能力的全面加强，而俄罗斯由于经济实力下滑，航天事业发展一度难以为继，美国与其他大国在航天技术方面出现了较明显的"代差"。在国际安全领域，当时唯一能跟美国相抗衡的大国是俄罗斯，这时它凭借的主要是核武器而不是太空能力。美国为了实现其全球战略，急于在太空寻求绝对优势和绝对霸权，进而退出《反弹道导弹条约》。美国不断推进太空军事化，加强人造地球卫星支持以地球（包括陆地、海洋和大气层）为基地的武器系统和地面部队的效能，尤其是体系作战的信息支援功能。[①] 大国太空信息支援是信息化战争升级到体系作战的核心要素。

一是基于信息系统的体系作战的实质是一体化联合作战能力的提升。基于信息系统的体系作战的实质是通过信息系统的互联互通和信息资源共享，加速向适应信息化战争的信息作战能力转型，强调提高体系作战能力，其实质是提高一体化联合作战能力。[②] 归纳来说，基于信息系统的体系作战是太空信息支援下联合作战的"升级版"。只有通过信息系统把各种作战力量、作战平台以网络的形式连接成一个有机的整体，才能实现联合指挥、联合行动。[③] 基于信息系统的体系作战能力，可以贯注于一体化联合作战中。无论其"基于"信息系

---

① 贺其治：《外层空间法》，法律出版社 1992 年版，第 295 页。
② 刘立峰：《厘清体系作战的基本内涵——从训练层面解读形成基于信息系统体系作战能力》，《解放军报》2011 年 1 月 27 日。
③ 管黎峰：《提升体系作战能力的强力引擎——深度审视作战体系中的信息系统》，《解放军报》2010 年 2 月 4 日。

统，还是基于信息系统的体系作战能力，在一定意义上都是支撑一体化联合作战的基础；而一体化联合作战则必须依托信息系统和基于信息系统的体系作战能力。① 天、空、地一体化信息网络使分散的各太空系统连接成网，在天、空、地之间形成具有多节点信息运作能力的三维立体结构，采用天基信息处理、分发技术，以最短时间和路线，完成对太空攻防作战的有关目标信息、环境信息、态势信息、情报信息、指挥信息、测控信息、打击效果信息以及其他综合信息的获取、处理、分发和应用。天、空、地一体化信息网络的主要组成部分有信息获取系统、天基信息处理系统、天基信息分发系统、天基信息基准系统、地面信息应用终端、地面网络控制系统。

相对于地基而言，天基系统在太空态势感知领域具有其固有的优越性，因此天基太空目标监视技术、天基太空环境监测技术将是太空态势感知技术未来发展的重点。天基信息平台是指位于太空的用于获取、处理、分发与应用信息的航天器，主要包括光学侦察、电子侦察、雷达侦察、海洋侦察、测绘、重力场测量、气象、海洋监视等多种侦察卫星，预警卫星、通信卫星、导航卫星、气象卫星和数据中继卫星等航天器。天基信息平台是天、空、地一体化信息网络的重要组成部分，它使分散的天、空、地信息系统组成具有多节点信息运作能力的立体网。基于天基信息平台，可以最短时间和路线完成对太空对抗作战综合信息的获取、处理、分发与应用。天基信息平台的研究主要涵盖卫星技术、航天器测试技术和天基信息应用技术等。如以美国GPS为代表的卫星导航系统可以为天上的卫星、空中的飞机、海上的军舰、地上的车辆乃至单个士兵提供全球、全天候、实时、高精度导航服务。卫星导航系统不但可以提供定位信息、时间信息，而且可以提供速度信息、姿态信息，成为一种全能的导航敏感器。

二是基于信息系统的体系作战对太空信息支援的依赖性增强。体

----

① 朱小宁、谭道博：《我军专家学者思考体系作战：实践难度远超理论》，《解放军报》2011年1月20日。

系作战依托的是信息系统，太空侦察和通信系统在基于信息系统的体系作战能力建设中尤为重要。如美国现役的侦察系统就由光学成像侦察卫星、雷达成像侦察卫星、电子侦察卫星、海洋监视卫星等一系列卫星组成。如"锁眼"（KH-12）光学成像侦察卫星、"长曲棍球"合成孔径雷达卫星、"入侵者"电子侦察卫星、"白云"海洋监视卫星。美国第三代"国防支援计划"（DSP-3）导弹预警卫星位于地球同步轨道，有五颗卫星在轨运行，采用红外探测手段，可在导弹发射后20秒左右发现目标，但对战术导弹预警能力有限，轨道和探测手段单一，并且依赖地面站中继传输信号，误判率较高。美国现役的军用通信卫星系统有"舰队卫星通信"（Fltsatcom）、"特高频后继星"（UFO）、"国防卫星通信系统"（DSCS）、"军事星"（Milstar）系统等。其中，"军事星"（第二代）是美国最先进的战略和战术通信卫星系统，位于地球同步轨道，具有良好的抗干扰性、保密性和抗核爆能力，但第二代"军事星"系统不能完全满足大容量和高速率的要求。现役的导航定位卫星系统是"全球定位系统"（GPS），军方用户定位精度为10—16米，差分精度为1米，授时精度为100纳秒。

　　大国具备体系作战能力的基础是信息系统，其物质依托是信息技术及其物化的信息化武器装备；其作用机理是信息力、打击力、机动力、保障力的高度聚合和精确释放；其制胜关键是信息优势的全程获取和整体功能的发挥；其表现形式是要素融合、效能倍增的整体作战能力。[1] 大量信息化装备构成一个信息网络系统，把广阔的战场、众多的力量、复杂的行动结为一个整体进行联合作战，表现出不同凡响的体系作战能力。而在"陆、海、空、天、电"之中，"天"无疑是最高的一"维"；航天力量以其毋庸置疑的高位优势、速度优势和功能优势，正在成为世界军事的最新制高点。[2] 因此，提高体系作战能力的关键是加强太空信息支援能力。海湾战争中美国使用了56颗卫

---

　　① 姬亚夫：《探索体系作战能力生长的新路径》，《解放军报》2010年2月11日。
　　② 王万春、陈雄：《挺起动于九天之上的体系作战"脊梁"》，《解放军报》2011年11月24日。

星，科索沃战争中使用了 78 颗卫星，阿富汗战争中使用了 94 颗卫星，伊拉克战争中则使用了 163 颗卫星。这些由军—民卫星所支撑的军事信息系统，提供了及时准确的侦察、监视、预警、通信、导航、定位、气象、测地等作战信息和通信服务。也正是因为有了这些信息和服务，美军才能在坐镇国内的最高当局指挥下，在巴基斯坦实施"斩首行动"，击毙"基地"组织最高头目本·拉登。在太空信息支援下遥控指挥的"斩首行动"充分显示出"发现即摧毁"的作战威力。①

三是太空信息支援系统成为提高体系作战的重中之重。体系作战的优势主要表现为：通过作战单元、作战要素之间的协同、互补，形成新的作战能力；通过决策信息的高度共享达成决策优势，并转化为行动优势；通过作战要素、作战单元的自适应和自同步，保证整个作战体系在受敌人攻击后仍然保持稳定，避免能力骤降或体系崩溃；通过动态组合具有特定功能的任务共同体，提高灵活、快速的应变能力。② 目前，一些主要大国为了提高自身的体系作战能力，不断改进和完善其太空信息支援系统，表现为有效载荷能力更加强大，卫星自主运行能力和安全性不断提高，信息处理和分发速度不断加快等。如美国正在论证、发展其下一代卫星系统，主要包括"天基雷达"计划、"天基红外系统"计划、第三代"军事星"计划、第三代导航卫星发展计划等。"天基雷达"计划主要是发展雷达成像侦察卫星，将逐渐取代现有的机载雷达系统，侦察范围覆盖全球，对特定地区的重访时间间隔缩短到分钟级，并实现连续跟踪。天基红外系统在保持现有战略导弹预警能力的基础上，将具有很强的战术导弹预警能力，预警速度和精度都大幅度地提升。③ 美国空军已设想到 2025 年，通过星

---

① 王万春、陈雄：《挺起动于九天之上的体系作战"脊梁"》，《解放军报》2011 年 11 月 24 日。

② 姬亚夫：《探索体系作战能力生长的新路径》，《解放军报》2010 年 2 月 11 日。

③ 耿海军、赵焕洲：《"白头翁"又在打磨新利爪——美军外空攻防装备最新发展透视》，《环球军事》2005 年第 4 期。

间通信、星上数据处理和信息融合，建立功能完善、攻防兼备的"太空网"。

21 世纪以来，国家间以太空信息支援能力快速发展为标志的各种影响太空安全权力的要素发生了明显的变化，从而使得大国的国际政治权力争夺的重心有向太空领域转移的明显趋势。因此，"既要留心权力结构是如何影响国际规范格局变动的，同时也要反向关注特定规范结构是如何影响特定权力结构的，也就是说，其终极目标在于解释和理解国际体系的变迁问题"①。当前世界上各主要大国在不同层面几乎都感觉到了太空权力关系变动不安的态势，导致国际政治向太空拓展，现实来看，太空信息支援正在成为维护国家安全与国际和平的核心要素。太空领域的权力往往体现为诸多要素的系统组合，其中太空信息支援能力无疑是最为现实、最为关键的要素之一。基于信息系统的体系作战离不开太空信息支援力量的有效支撑。俄罗斯、欧空局等也已开始进行某些尝试。军用卫星系统正逐步由单星、星座向网络化方向发展。未来的军用卫星系统将朝网络化方向发展，使部署在不同轨道、执行不同任务的航天器及其相应的地面系统连接起来，并与陆、海、空中的相关系统一起，组成一体化的指挥、控制、通信、计算机、情报、监视与侦察（C⁴ISR）体系，实现信息的快速获取、融合和分发，从整体上提高卫星系统的综合应用效益，并增强其生存能力。除美国、俄罗斯、欧盟等太空强势力量外，日本、印度、以色列等国也纷纷加快太空信息支援能力的发展步伐，太空国际政治权力争夺硝烟四起。

---

① 巴尔金关于"现实建构主义"的详细阐述可参见：J. Samuel Barkin, *Realist Constructivism*, Cambridge University Press, 2010, pp. 325 – 342. 另外，有关巴尔金"现实建构主义"的回应文章可参考："Bridging the Gap: Toward A Realist-Constructivist Dialogue," *International Studies Review*, Vol. 6, No. 6, 2004, pp. 337 – 341；秦亚青、亚历山大·温特《建构主义的发展外空》，《世界经济与政治》，2005 年第 1 期；Brent Steele, "Liberal-Idealism: A Constructivist Critique," *International Studies Review*, Vol. 9, No. 12007, pp. 23 – 52.

（三）太空信息支援强化权力优势

自威斯特伐利亚和会以来，现代国际关系在愈来愈大的范围和程度上，发展成为一个由主权国家组成的国际体系。各主权国家拥有对内最高统治权和对外的平等交往权，没有任何权威可以凌驾于主权之上。在缺乏类似于中央权威力量的现代国际体系中，国际安全体系是一个典型的自助体系。在航天时代，只有大国才能较全面地具备的太空信息支援能力，在国家安全互动中的效应和效能已成为国际大国间权力的倍增器，它以多元化、复杂化、透明化、直接化的体系作战能力大大地增强了国际大国维护自身安全，拓展国家利益的功效。

一是多元合成强化体系作战力量。进入航天时代以来，基于航天技术发展的现实水平，以及禁核不禁天的国际背景，大国为了自身的生存与发展，都争先恐后地加快太空信息支援系统的发展。"在世界政治舞台上，体系结构约束国家的行为并决定国家行为的结果。想当赢家的国家必须遵循国际体系结构的要求。由于国家的第一利益是生存，它必须学会顺应国际体系的规律，依照国际体系结构的要求而行动。"[1] 这就是按照"权力—利益"理性博弈的原则，在现实国际体系结构中求得国家利益的最大化。国家间的权力也是"社会关系中某些因素的产物，这些因素塑造行为体控制自身命运的能力"[2]。国家安全环境决定着国家安全需求，国家安全需求和国家安全战略决定着包括太空信息支援技术创新和装备发展在内的国家安全能力建设要求。美国针对可能面临的多种新的安全威胁，较大程度地调整了太空信息支援技术发展战略，大幅度增加了作为信息战手段的太空信息支援方面多元力量的合成发展，重新启动导弹防御的部分项目，强调建设"核与非核打击手段（包括信息战手段）、被动与主动防御（特别

① Waltz, *Theory of International Politics*, Mass.: Addison-Wesley, 1979, pp. 99 – 101.

② Michael Barnett and Raymond Duvall, "Power in International Politics," *International Organization*, Vol. 59, No. 1, 2005, p. 45.

是导弹防御）以及为生产和保持三合一战略报复力量的组成部分所需要的军火工业基础设施"[1]。

太空信息支援对体系作战影响的一个突出特征是体系作战力量编组多元化，即部队使用综合的作战力量构成，形成集信息、打击、机动、防护、指挥等多种功能于一体。在太空信息支援下体系作战力量的多元化性质是与生俱来的，因为太空信息支援系统有利于高度综合集成，使各种不同性质的部队为了完成某个重大作战任务而紧密地联系在一起，相互之间前所未有的便捷的信息沟通，确保了多元化编组力量的协调行动。故而，航天时代的体系作战行为主体具有典型的多元化特征。要透彻地分析体系作战，就不得不考虑在太空信息支援体系作战中的非一线作战力量，如综合保障的后勤力量，后方科学家、技术专家乃至国内军事爱好者、记者和其他各种团体发出的声音，被太空信息科技手段激活的非国家主体的利益集团、政治团体、日益强大的跨国公司等非民族国家的行为主体，等等，在体系作战领域发挥着逐渐增强的作用。随着安全与经济的联系越来越紧密，多元合成在体系作战中显示出前所未有的力量。所有这些都说明，体系作战在向多元化甚至立体意义上的多元化发展，因为这些行为主体并不属于同一层面，有的相互交叉，有的相互包容。体系作战多元化的特征使国际格局更趋复杂，并朝多极化方向发展。

二是复杂协同增强体系作战能力。在体系作战中，由于参战力量种类急增，各作战力量相互关系的协同变得超级复杂。"系统效应则产生于这些相互依赖的变量（要素）之间的非线性互动。"[2] 体系作战作为信息化时代的一种战争形态，呈现出力量多元、空间多维、手段多样、保障联勤和行动整体的特征。体系作战协同关系复杂化对于太空信息支援所起的高屋建瓴、提纲挈领的信息沟通、协调作

---

[1]　美国国防部副部长道格·费思 2002 年 2 月 14 日在美参议院军事委员会核态势评估听证会上的证词。

[2]　Jack Donnelly, "The Elements of the Structures of International Systems," *International Organization*, Vol. 66, No. 4, 2012, pp. 609 – 643.

用的依赖更为强烈。从某种意义上说，太空信息支援已成为体系作战中超级复杂系统的"神经中枢"和提升体系作战能力的"倍增器"。太空信息支援下体系作战协同关系的复杂化甚至可以达到诸军兵种"一体化"的过程，从而产生高聚能的作战效应。体系作战协同呈现出协同主体多元，平等合作性强，协同关系复杂，主次转化不定，协同内容广泛，组织难度增大，协同手段多样，对抗更为激烈等特征。

随着太空信息支援这样的新信息技术的发展，体系作战的复杂化不仅表现在系统构成上具有力量多元、太空多维、手段多样的复杂性特征，而且其目的也常常带有战略战役性。当代的体系作战也因此更加具有多层次交织、多维度融合的特征。各种复杂作战单元不仅是传统意义上的战场行为主体，越来越多地成为体系作战之"整体的部分"，各种复杂作战单元之间相互依存程度日益提升；而且以太空信息支援为主的信息革命在现实战场空间的复杂化之上，又叠加了一个在虚拟战场空间展开的更为多元的复杂化。在太空信息支援上，传统地理位置上的前后方分界线已经逐步淡化，整个作战空间变成了一个陆、海、空、天的巨大太空空间，一个由网络电磁信息连接现实战场空间和虚拟战场空间的统一整体。在这个统一整体的太空空间里，各种作战单元相互关联、紧密联系，形成一种"伙伴"式的合作关系，在陆、海、空、天和信息领域，从远、中、近距离以不同角度同时攻击敌人。

三是单向透明助长体系作战优势。在航天时代，一国具有太空信息支援能力是一种明显的战略优势。从国际关系的主题领域——战争与和平来看，它决定着相应大国在安全决策方面的偏好选择。太空信息支援使得具有这种能力的大国在战场上具有单向透明的作战空间，不仅可以即时掌握对方的军力部署、指挥联络、后勤保障等所有信息，还可以即时了解到那些曾经被对方伪装、保密的信息，甚至对方试图封锁的信息，可以了解对手的一举一动，也可以知晓相关其他国家的兵力动向，特别是可以加强盟军之间的通力合作。体系作战战场单向透明化与直接化息息相关,可导致军事决策民主化。在体系作战行动中,上级的决策命令由于太空信息支援的传播而得以相当高的透明度瞬间传遍全军甚至全球,其他盟国因此可以相应地采取一些体系作战策应行动。体系作战越来越依赖于所把握的战场有效信息量,而且由于太空信息支援的弥散性,几乎每个单兵种都有可能获得局部乃至整个战场的信息。这样就可以避免误操作而造成的自相残杀等诸种弊端,使体系作战透明化。当然,在注意太空信息支援下体系作战的同时也要尽量避免对方有意释放的假目标信息,尽量搜集、甄别对方的隐藏信息。

太空信息支援下的透明化还可以消除安全上的武器装备逆序或友军交火现象,提高精确火力打击、纵深密集火力突击、直前火力突击等综合火力打击能力。在太空信息支援条件下,"火力打击虽然就整个进攻战斗来说,仍是为近距离决定性交战创造条件,但是其依附地面交战的从属地位将发生改变,多种火力打击手段的综合运用将最终使其形成一个能够完成一定任务的独立战斗阶段,并对整个进攻战斗的进程和结局产生直接而重大的影响"[①]。战场作战单元不仅能从太空信息支援上得到大量的体系作战信息,而且可以通过太空信息支援几乎即时地报告其所获得的前线快速变动中的信息,对体系作战决策的制定施加直接或间接的影响。在太空信息支援体系作战中,由于高远太空信息技术的支援,信息不透明被打破,作战部队和指挥机构的信息交流不再是单向接受与发布的关系,而是对话式的,并可以互有选择。同时,太空信息支援上便捷的信息复制与传播也使更多的人参与其间,更多的内容进入体系作战中,从而推动体系作战战场空间有利于己方的单向透明。

四是直接行动提升体系作战效率。太空信息支援技术发展成为体系作战节奏加快的直接动因。"以信息技术为基础的作战指挥控制系统的广泛应用,不仅增大了战场信息获取的数量,而且加快了战场信

[①]　张羽:《论联合战斗》,国防大学出版社 2003 年版,第 157 页。

息收集、分析、处理、传递的速度，使各级战斗指挥员均能做到全面、准确、实时掌握战场信息，从而提高了兵力、火力的反应速度，加快了战斗的节奏。"① 在太空信息支援下，较易综合运用各参战力量的远、中、近程火力直接破坏对方的作战体系结构，从而为迅速决战创造条件。因为对敌方情况一目了然，体系作战可以迅雷不及掩耳之势，采取"点穴"式突击，以各种中远程火力对敌防御纵深内起核心和支柱作用的防御要点或重要目标，实施集中、准确、猛烈的毁灭性打击，以求速战速决的功效。太空信息支援下的体系作战，使得"机动与远程交战的联系更加紧密，并对实现战斗目的乃至满足战争需要起着至关重要的作用，机动寻机的非接触性作战将成为体系作战攻防行动的重要方式"②。

　　体系作战攻防行动直接化意味着信息传递将减少许多中间层次。任何一个体系作战攻防行动都是建立在大量信息基础上的。"信息的传输经过许多中间层次，就信息本身的纯正性而言，也会逊色许多。如果中间层次中包含进许多人为因素，那么流动中的信息有时甚至会被扭曲或者被颠倒黑白。"③ 在太空信息支援上，前沿力量可以更直接地接收在遥远国内的最高决策指挥机构的命令和信息，并由此做出战场判断与行动决定。太空信息支援对体系作战效能所起的作用是空前的，因此它也成为国家安全互动中权力的倍增器。"涉足外层太空只有少数技术发达国家能够做到……因而是少数人和权力者的游戏。"④ 在航天时代，太空信息支援下的体系作战日益成为国际安全博弈最现实最有力的军事斗争手段，从而进一步强化了大国的权力优势，使得各大国争先恐后地大力发展太空信息支援能力以赢得未来信息化战争的先机。也正因如此，航天技术的发展总是挑动着大国关系的神经。诸如天、地一体化量子保密通信技术、天基信

---

① 张羽：《论联合战斗》，国防大学出版社 2003 年版，第 50 页。
② 同上书，第 134 页。
③ 蔡翠红：《试论网络对当代国际政治的影响》，《世界经济与政治》2001 年第 9 期。
④ Nazli Choucri, *Cyberpolitics in International Relations*, MIT Press, 2012, p. 51.

息网络技术、高超音速飞行器技术等新技术的不断进步，对于国际体系中的国家而言是十分敏感的。在这些技术领域取得了领先地位或潜在能力的主要大国，往往被认为在日趋重要的大国安全利益博弈中占据了优势，从而引起其他大国的强烈关注以及相应的技术赶超努力。与传统空间相比，技术能力变化在太空力量互动中所引发的安全困境同样根深蒂固。国家间的激烈竞争预示着太空安全领域多极权力均衡的未来，因为太空的无疆域性和航天技术极易形成非对称反制的特性，使得任何大国都不可能真正确保所谓的绝对太空霸权。

国际安全博弈的现实进程表明，如果说核技术的出现与发展在国际政治层面，通过恐怖均衡进一步固化了威斯特伐利亚和会以来由主权国家组成的国际体系，那么，以航天技术和信息技术为代表的跨域技术发展，最终应是有利于促进国际安全和全球融合的。在太空武器化日益成为国际社会的敏感禁忌，大多数国家赞同对其进行国际法律规制的情况下，太空信息支援成为太空军事利用中最现实最普及的方式和途径。几场信息化条件下的局部战争表明，没有空中优势，就不会有地面和海上的优势；没有信息优势，就不会有空中优势；而没有太空优势，就不会有信息优势。因此，有着一定太空实力的国家不约而同地把国际政治权力争夺的重要领域瞄准太空，以收事半功倍之效。① 太空信息支援能力发展使国际政治中的权力争夺有向太空转移的趋势，因此，太空的安全问题日益凸显，并上升为国际安全议程的主导因素之一。

在一定意义上，太空信息支援能力发展是国家间太空安全合作与斗争之源。② 亨利·基辛格指出："全球化已经把经济和技术力量扩散于世界各地，而经济和技术的复杂性正处于超越当代政治控制能力的危险之中。……经济全球化所取得的每一个成功都会在社会内部和

---

① 戴旭：《外空：战争最后的高地》，《当代军事文摘》2007 年第 3 期。
② Stanley Hoffmann, "World Governance," *Daedalus*, Winter, 2003, pp. 27 – 35.

不同社会之间产生脱节和紧张状态。"①太空信息支援能力发展本身就是一把双刃剑，它所引致的诸多新的安全问题是对人类发展的新挑战。太空信息支援能力发展导致国际政治大国之间的权力争夺向太空转移，权力转移又导致太空治理问题地位的上升。太空居高临下的战略地位和太空信息支援的体系融合功效，在成倍地强化相关大国政治权力的同时，由于太空系统难以避免的脆弱性，以及太空环境若遭破坏必然导致的同归于尽的后果，使得对手国家极易利用非对称性反制手段对冲来自太空信息支援所加大的权力，从而使得太空领域的权力竞争有助于促进国际体系中的权力均衡，从而加强和维护战略稳定性，最终起到推动国际社会走向以合作寻求共同安全的坦途。

三 天缘政治中的战略威慑*

太空居高临下的战略优势，使太空活动能力从一开始就成为大国战略威慑体系的重要组成部分。冷战结束以来，太空威慑与核威慑逐渐分离，美国加快威慑战略重心由单一依赖核武向依赖太空转向，大力推进太空威慑体系的发展，对国际安全领域的战略稳定性产生了越来越明显的影响。针对美国太空威慑体系的新进展，国际社会应该深刻地认识到其对战略稳定性的严重危害，必须多管齐下，共同努力促成各国走向以合作求安全的正轨。太空、反导和核武三个议题密不可分，美国发展太空威慑体系必然会导致三者的战略失衡，因此，维护战略威慑中的太空、反导和核武系统的互动稳定，是维护大国间战略稳定性的关键之举。目前太空国际军备控制停滞不前，在很大程度上应归咎于美国太空威慑体系。因此，促进太空军备控制中的安全战略沟通，使美国认识到其威慑战略意图的得不偿失，并且太空军控及核

---

　　* 本节内容以"太空威慑：美国战略威慑体系调整与全球战略稳定性"为题发表于《外交评论》2014 年第 5 期。

　　① Henry Kissinger, *Does America Need a Foreign Policy*? New York：Simon & Schuster, 2001，pp. 24，31.

查不仅是国际社会的合理要求，也是可操作的，太空国际军控是走出现有安全困境的唯一出路。在太空探索、利用中共同利益的增加和太空武器效应的明显逆序，都需要太空国家的有效合作。美国作为太空实力绝对领先的太空大国，理应有效领导太空安全合作，但美国追求绝对霸权以维护绝对安全的努力，不但与国际社会的期望南辕北辙，而且阻碍或破坏了难能可贵的国际合作。因此，国际社会需要转变观念，加强太空相互依存中的多元领导与有效协调，反对太空霸权，维护战略稳定性。

（一）美国太空威慑体系的新进展

21 世纪以来，美国着眼于太空这一新的战略制高点，加快了航天技术的军事利用，为自身国家的安全利益寻找最前沿力量的支撑。但与冷战时期航天技术被纳入国家战略威慑体系，主要起着侦察预警和核查的作用不同，随着航天技术的迅猛发展，美国将航天技术纳入国家战略威慑体系的程度进一步加深，太空信息支援功效日益强化与扩展，甚至发挥着相对独立的威慑作用。从威慑理论的角度来看，威慑（Deterrence）作为一种安全互动手段，是一个中性词，主要"是指使对方认识到它想要进行的某个行动会受到严重报复，或者行动效果将不明显，从而迫使对方放弃采取这个行动"[①]。美国基于自身对太空系统日益加深的依赖性和太空系统固有的脆弱性，强调通过推进太空威慑体系来保持报复能力或承受能力，以迫使对手或潜在对手放弃进攻的念头，是一种防御姿态。但是，从战略稳定性的角度考察，不难发现两个问题：第一，美国太空威慑体系对于大国间的战略稳定性会产生什么样的实际效果？如果无法证明其只有自我保护的积极作用而没有消极影响的话，那么，它就会妨碍大国间的战略稳定性。第二，美国太空威慑体系的新进展主要从哪些方面对大国间的战略稳定

---

① Committee on International Security and Arms Control, National Academy of Sciences, *The Future of US Nuclear Weapons Policy*, National Academy Press, Washington, DC, 1997, p. 13.

性产生负面影响？诚然，太空威慑不是太空强迫，这里的威慑是迫使对方不要做某事，而强迫在于迫使对方做某事。从这个意义上说，美国太空威慑并不具有太空强迫那种赤裸裸的进攻姿态。但有比较多的证据表明，美国太空威慑体系的新进展并不是单纯的防御性措施，它从不同层面削弱或降低了大国间的战略稳定性。这里所讲的战略稳定性来自于经典军备控制理论，"危机稳定性和军备竞赛稳定性合在一起被称作战略稳定性"①。美国太空威慑体系的新进展加深了太空军事化，不但与国际社会要求实行太空军控的呼声背道而驰，而且其大力进行太空攻防对抗准备，既影响到地面军事对抗，又直接引发了太空武器化和军备竞赛的威胁，容易引起其他主体的警惕和非对称反制。因此，美国此举不仅不能带来霸权下的所谓稳定，反而会严重危及大国间的战略稳定性。择其要者而言，美国发展各种形式的反卫星武器，在威慑对方太空系统的同时，必然引起对方在加固本身卫星防护能力的同时，基于心理上的恐慌，而追求采取先发制人地摧毁或破坏反卫能力的预防性步骤，从而降低首攻稳定性。美国发展弹道导弹防御系统，它自我宣称是防止他国核导弹的战略威胁，但美国导弹拦截能力的增强，使得对手有效保持和维护战略稳定性的核威慑能力下降，因此，其理性的反应就是基于攻防能力的考量，增加进攻性的洲际导弹，从而导致战略威慑领域的军备竞赛。考虑到现实的技术因素，发展导弹的成本要远低于建立反导系统的成本，美国挑起的这场军备竞赛若不自我警醒而停止，可能会愈演愈烈，从而降低包括核武和太空在内的整个战略领域军备竞赛的稳定性。美国大力发展以 X－37B 为代表的全球快速打击系统（C-PGS）这种非核的所谓常规打击武器的巨大威胁，在引起对手重启"核平衡手段"的同时，也极易诱使对手对其诸如电子系统等脆弱部位动手，从而降低危机的稳定性。

一是加快组建新的"三位一体"国家战略威慑体系。在冷战时

---

① 李彬：《军备控制理论与分析》，国防工业出版社 2006 年版，第 83—84 页。

期，大国战略威慑体系主要表现为装载核弹头的战略轰炸机、核潜艇和带核弹头的陆基洲际导弹"三位一体"的国家战略威慑体系。冷战后，以美、俄为代表的大国在继续削减核武器数量的同时，充分利用现代科学技术发展的成就，提升武器的技术含量，将信息技术、航天技术与核技术结合起来，极力打造新的"三位一体"国家战略威慑体系，从而试图逐步减少对核武器的过分依赖，增强其战略威慑中反应的灵活性。冷战后，美国强调在新的战略环境下面对新的潜在对手，需要采用新的方法实施威慑和防卫[1]，提出了新的"三位一体"威慑战略，[2]强调对"大规模杀伤性武器"（WMD）威胁慑止的可行、可接受和适用的功效。美国一份军方报告指出，面对来自恐怖主义、非国家行为体以及实力相仿的国家的潜在威胁，外交途径往往显得捉襟见肘，即便是持谨慎态度的战略学者也认同全面核裁军必须以全世界的安全得到保障为前提。[3] 2002 年 1 月，美国公布《核态势审议报告》（NPR），提出要建立新的"三位一体"战略力量，明确指出新的战略威慑力量由核与非核的打击系统、主动与被动的防御系统和灵活反应的基础设施三大部分组成，并通过以"全球信息栅格"（GIG）为基础的联合指挥控制系统（JC2）将三大部分密切结合在一起。美国这个新的"三位一体"战略威慑体系中的新型战略武器主要包括新型战略核武器，非核的全球常规打击武器，反导防御武器和覆盖全球的一体化、网络化的战略信息系统四类。[4] 为此，美国加快抢占太空这个战略制高点，试验其相关武器，退出《反弹道导弹条约》，并拒绝签订任何新的太空军控协定。美国在继续削减核武器数量的同时，提升武器的技术含量，加大对太空系统的开发、利用，实

①　Gwendolyn M. Hall, John T. Capello, Stephen R. Lambert, "A Post-Cold War Nuclear Strategy Model," USAF Institute for National Security Studies, Colorado, July 1998.

②　李彬、聂宏毅：《中美战略稳定性的考察》，《世界经济与政治》2008 年第 2 期。

③　Paul D. Brown, "U. S. Nuclear Deterrence Policy: Do We Have It Right?" U. S. Army War College, March 15, 2008, p. 23.

④　匡兴华、朱启超、张志勇：《美国新型战略武器发展综述》，《国防科技》2008 年第 1 期。

行战略威慑重心的逐步转移，也就是说，美国试图逐步减少对核武器作为威慑手段的过分依赖，逐步加大太空系统作为威慑手段这一新的明显占有优势的部分，而"在美国引进导弹防御、太空雷达等项目之后，战略稳定性考察的不确定性增大"①。美国加大对太空军事利用研发的投入，试验其相关武器技术，力图占据太空战略制高点。美国新的"三位一体"威慑战略在保持核威慑力的同时，迅速提升了太空在美国威慑战略中的地位，太空快速打击系统加强了其常规打击能力，导弹防御系统则构成其防卫能力的主要支柱，太空指挥控制系统更是其反应基础结构不可或缺、不可替代的核心组成部分。在美国新的"三位一体"威慑战略中，太空系统在军事上的重要性受到更多的关注，美国开始加快步伐，提出和完善了太空战斗理论和指导原则。2005 年，美国《国防战略报告》指出，"太空控制"就是"确保自身太空行动的自由，同时防止对手具备这种自由"的能力，进一步明确了太空军事化的发展方向。

二是不断强化太空信息支援的威慑功效。太空作为人类社会活动拓展的宏观实体的最前沿，也是网络电磁虚拟太空的最佳连接点。当一国拥有绝对优势的太空信息能力时，就可对他国的军事行为形成威慑作用。太空军事信息支援中的太空威慑的实质是信息优势威慑。"此时的太空威慑，就是利用太空资产的'千里眼、顺风耳'功能，及早了解对手的战略意图、军事行动等，向对手发出警告或实施精准打击，威慑各种威胁。"② 航天技术通常具有较强的军民两用性，任何一项技术创新成果都有可能被用于军事领域，因此在太空领域拥有技术优势将极大地增强其战略威慑能力。

例如，美国的"宽带全球通信卫星系统"（WGS）项目，WGS基于波音 702 商用卫星，目前有包括国际合作发射的 10 颗在轨卫星，平时用于全球宽带通信，在需要时为美国军事行动提供大容量

---

① 李彬、聂宏毅：《中美战略稳定性的考察》，《世界经济与政治》2008 年第 2 期。

② 何奇松：《脆弱的高边疆：后冷战时代美国外空威慑的战略困境》，《中国社会科学》2012 年第 4 期。

信息通道，从而保障美军 C⁴ISR 系统的有效运作①，是典型的军民两用技术。太空信息支援通过天基侦察、预警、指挥、通信、导航系统来提供信息支援和保障，增强地球上陆、海、空部队的作战能力。② 海湾战争是人类战争史上第一次大规模地利用太空装备来支援地面作战，从侦测到导航再到信息收集，航天设施充分证明了其在现代战争中的重要地位。③ 军事航天武器装备第一次全面支援了作战行动，在战争中起到了至关重要的作用。非对称作战、精准打击、战场直播、密集导弹攻防……陆、海、空传统作战力量在太空作战装备的整合下组成了一个大的作战体系，完全改变了人类常规战争画面。④ 美军在对海湾战争进行总结时认为，太空军事设施极为重要，现代战争中的太空军事设施需要有更加自主的指挥系统，使其成为一种更加独立的军事力量。⑤ 当前，美国正把航天航空环境作为一个无缝隙的作战太空，通盘考虑航空与航天技术和装备的发展，同时促使美军在部队编成上出现一系列新变化。⑥ 空天一体化作为军事领域的重要发展趋势，必将对军事变革和转型产生极为重要的影响。目前全世界约有 1886 颗卫星活跃在包括近地、半同步与同步轨道上。⑦ 这些卫星中相当一部分除用于军事侦察监测外，导航、通信也正成为主要的军事应用，并随着现代战争 C⁴ISR 系统对其依赖的

---

① The International Wideband Global SATCOM (WGS) Program，参见 https：//www. defenseindustrydaily. com/americas-wideband-gapfiller-satellite-program-02733/.

② 熊小龙、李荣刚、由大德、张世燎：《夺取制外空权》，《飞航导弹》2005 年第 10 期。

③ Marcia S. Smith，"Military and Civilian Satellites in Support of Allied Forces in the Persian Gulf War," Congressional Research Service Report for Congress，February 27，1991.

④ 郑道光：《外空军事对抗与国家安全》，《军事学术》2002 年第 3 期。

⑤ Gulf War 20th：Some Lessons Learned from the Land War，Defense Media Network，http：//www. defensemedianetwork. com/stories/gulf-war-20th-some-lessons-learned-from-the-land-war/.

⑥ The Airforce Association，Gulf War II-Air and Space Power Led the Way，http//：www. saf. org/media/reports/gulfwar. pdf. 2004/02/10.

⑦ 参见 New Update of the UCS Satellite Database，https：//www. ucsusa. org/nuclear-weapons/space-weapons/satellite-database#. W53GF_ ZuLIU.

逐渐上升而日益重要。① 为加强太空防御能力，提高对太空态势的感知能力，各国都十分重视太空监视能力的发展。俄罗斯致力于修补太空预警、通信和观测网络，"格洛纳斯"导航系统已完成补网，现有卫星30颗，其中24颗处于工作状态，4颗处于调试审查阶段，两颗备用，基本上实现全球覆盖。② 美国计划到2030年美军在轨卫星将达到800颗，形成庞大的太空军事支援系统。③ "天基太空监视系统"（SBSS）是由美国太空和导弹指挥中心（SMC）具体负责，由波音公司和 Ball Aerospace 公司共同开发的一套卫星感知系统，该系统由4颗卫星组成，几经推迟后于2010年9月25日成功发射了第一颗卫星。SBSS 完成后将对低轨航天器提供 24×7 全天候实时监视，收集、处理、识别信息，并进行太空预警，它将成为美军太空情报网络（SSN）的重要组成部分。④ "提高太空态势感知能力是美国一项首要任务，是在发展有效的太空威慑体制所需能力时必不可少的部分。"⑤

三是逐步推进从太空控制地球的打击威慑。在保持传统的太空信息支援系统和控制太空的武器系统之外，具有太空优势的国家可能企图发展出一系列从太空对地球表面各种军事目标进行直接打击的武器系统，从而形成一种能够超越现今常规威慑和核威慑的太空威慑。⑥

---

① 具有代表性的是美国，目前美国独自拥有152颗军用卫星，远远超过紧随其后的俄罗斯、欧洲各国和中国的总和。参见 UCS Satellite Database，截至2014年1月31日。http：//www. ucsusa. org/nuclear_ weapons_ and_ global_ security/solutions/space-weapons/ucs-satellite-database. html。

② Glonass Constellation Status，Russia Federal Space Agency Information-Analytic Center，截至 2014. 07. 04，http：//glonass-iac. ru/en/GLONASS/.

③ 耿艳栋、肖建军：《关于空天一体化的初步研究》，《装备指挥技术学院学报》2004年第6期。

④ 参见 Space and Missile Systems Center 的项目报告 Space Based Space Surveillance：Revolutionizing Space Awareness，Space and Missile Systems Center. 2010；以及 Space Based Space Surveillance Makes Headway［SBSS］，Defense Industry Daily. http：//www. defenseindustrydaily. com/preventing-a-space-pearl-harbor-sbss-program-to-monitor-the-heavens-06106/.

⑤ Forrest E. Morgan，Deterrence and First-Strike Stability in Space：A Preliminary Assessment，RAND，2010，pp. 4－59.

⑥ 万自明、杨宇光、邓隆范：《动能轨道武器的发展方向》，《当代军事文摘》2005年9月26日。

正如美国负责太空政策的助理国防部长 Gregory L. Schulte 所言，可以通过太空的态势慑止可能出现的武装冲突。[1] 从美军发展太空系统的4个目标可以总结出，美军认为的太空武器包括能够攻击位于太空的目标武器以及部署在太空的武器两类。[2] 新的太空威慑装备将能够部署在太空，作战区域是整个地球表面，它能从瞬间到短短的几小时里，突破地球表面的任何防御体系，从太空对各种陆、海、空目标实施直接的战术性和战略性打击，其摧毁能力远大于传统的化学能量军事武器，而精确度和突防能力又远高于现今的核威慑运载系统，在与传统核武器进行系统集成后，也可以成为一种全新的威慑方式。[3] 在常规威慑和核威慑基础上发展出太空威慑，形成一种其他国家再也无力撼动的全面性的军事优势，以此为后盾推行其全球性的霸权控制，拥有太空霸权的一方在不必考虑遭受对方的报复性打击后，可以随时动用无比强大的威慑力量来维护其想要的全球秩序。2003 年，美国空军在《2020 年远景规划》中提出，太空是美国理应为之投放武器的最后一个合法边疆，只有控制太空才能控制地球。美国坚持不懈地发展攻防性太空武器系统，明确提出要把发展摧毁卫星能力作为威慑战略的组成部分。[4] 2004 年 8 月，美国空军又提出了名为"全球打击"的新战略，强调美军要实现在太空"自由攻击"敌人并免于受到敌人攻击的目标，必须装备能携带精确打击武器的军用航天飞机，在 45 分钟内对全球的任何目标实施毁灭性的打击。为此，美国大力探索利用太空向敌人发动快速和精确打击的"全球快速打击系统"

---

[1] Gregory L. Schulte, A New Strategy for New Challenges in Space—Remarks to the National Space Symposium，美国国防部网站（http: www. defense. gov/home/features/2011/0111_ nsss/docs/Ambassador% 20Gregory% 20Schulte% 20Speech% 20at% 20the% 2027th% 20National% 20Space% 20Symposium. pdf）。

[2] 参见 The Physics of Space Security（2005），Union of Connected Scientists，http: // www. ucsusa. org/nuclear_ weapons_ and_ global_ security/solutions/space-weapons/the-physics-of-space-security. html.

[3] *The New York Times*, May 18, 2005.

[4] 赵景伦（纽约《亚美时报》总主笔）：《美国与外空武器化》，香港《信报》专栏"美国透视"，2008 年 2 月 27 日。

（C-PGS）[①]，利用高超音速太空飞行器、弹道导弹等运送精确制导的常规弹头，对位于全球任何地点的高价值目标实施精确打击。"因为太空能毫无声息地为全球范围内军事战略打击提供支持，美国一些人将太空视为必争之地。此快速打击能力是'9·11'后国家安全的核心战略，它不只为了震慑和击退任何潜在侵略者，而且为了阻止敌对国家或恐怖组织获得威胁国家安全的能力。"[②] 美国全球快速打击系统（C-PGS）采取太空作战的方式，为美军提供远程快速打击能力，减少敌对国反介入和区域封锁给美军行动带来的阻碍，提高美军对突发事件的反应速度，降低敌对国对美国的太空威胁。[③] 近年来，美国相继进行了几次弹道导弹拦截试验，成功发射了高超音速试验飞行器（HTV-2）[④]、X-37B 空天飞行器以及 X-51A 高超音速验证飞行器，进一步加剧了太空军事化的步伐。[⑤] 美国海军于 2006 年 3 月公布的"常规三叉戟改装"（Conventional Trident Modification，CTM）计划，旨在将美海军现役的"三叉戟"潜射弹道导弹的核弹头改装为常规弹头。[⑥] 为提高太空控制能力，美国积极谋求把太空机器人技术应用扩展到军事领域，发展了"轨道快车"和"近期能验证的机器人技术"（FREND）计划，其中"轨道快车"于 2007 年 3 月发射，同年 7

[①] 美国设想的全球快速打击系统主要有以下几种：第一，弹道导弹，依靠陆基洲际导弹或潜射洲际导弹。第二，高超音速巡航导弹，如波音"驭波者"X-51A。第三，在外空部署的武器发射平台，2010 年 4 月，美国发射的"猎鹰"高超音速飞行器 HTV-2、X-37B 空天飞机进行的就是此类试验。

[②] David Wright, Laura Grego and Lisbeth Gronlund, Space Security Physics, Reference Book, Massachusetts: Cambridge : The American Academy of Arts and Sciences, 2005, p. 4, http: //www. amacad. org/projects/science. aspx.

[③] Amy F. Woolf, "Conventional Prompt Global Strike and Long-Range Ballistic Missiles: Background and Issues," *Congressional Research Service*, May 5, 2014.

[④] Barry D. Watts, The Case for Long Range Strike: 21st Century Scenarios, Center for Strategic and Budgetary Assessments (CSBA), Washington, 2008. 12.

[⑤] Keith Payne, Thomas Scheber, Mark Schneider, David Trachtenberg, Kurt Guthe, *Conventional Prompt Global Strike*: *A Fresh Perspective*, National Institute Press, June 2012, pp. 16, 17, 19.

[⑥] Amy F. Woolf, "Conventional Prompt Global Strike and Long-Range Ballistic Missiles: Background and Issues," *Congressional Research Service*, May 5, 2014, p. 11.

月结束任务，成功进行了诸多开创性试验。[1] 目前正在重点发展针对敌方卫星的新一代太空机器人计划，该计划最大的特点是能实现对敌方航天器的捕获，这就使其很容易被改造为太空武器，而且由于"近期能验证的机器人技术"最终将在地球同步轨道上运行，这将使美国具备全轨道高度的反卫星能力。[2]

（二）反卫武器降低首攻稳定性

在国际安全领域，美国作为唯一的超级大国，试图凭借其强大的综合国力，特别是超强的军事实力，加快调整其国家战略威慑体系以寻求绝对安全，确保美国在全世界的"领导地位"。美国国家战略威慑重心由核武向太空转向[3]，其太空威慑体系中反卫星武器（A-SAT）的发展降低了首攻稳定性，对当前国际安全领域的战略稳定性造成潜在的威胁与冲击。

首先，美国太空威慑体系中反卫星武器因其进攻性的本质，容易产生"超临界"而导致"威慑失败"。首攻稳定性是格莱恩·肯特和戴维·泰勒于1989年提出的概念，可以把其理解为危机稳定性的一种特例。如果说危机稳定性是指两个国家因为冲突而陷入危机，它们并不太愿意向对手发动先发制人的打击的状态，那么，首攻稳定性是指"考虑某些特定危机中的心理因素，首攻稳定性侧重双方的部队态势和能力与弱点之间的平衡，如果对抗发生，这些因素会让危机变得不稳定"[4]。即首攻稳定性作为危机稳定性的一种特殊情况，是考虑双方特定心态下是否发动首先攻击的情况。

---

[1] Orbital Express Mission to End, Spacetoday. net, Jul. 5, 2007, http：//www. spacetoday. net/Summary/3831.

[2] 黎弘、滕建群、武天富等：《2010：国际军备控制与裁军》，世界知识出版社2010年版，第197—205页。

[3] 苏晓辉：《美国外空战略的新动向及其发展前景》，《国际问题研究》2008年第4期。

[4] Forrest E. Morgan, "Deterrence and First-Strike Stability in Space：A Preliminary Assessment", RAND, 2010, pp. 4–59.

在太空领域和核领域中的首攻稳定性之间存在一些相似的东西。第一，太空系统对地面作战能力提供的重要支持给潜在对手造成了极大威胁。同时，卫星对拥有攻击能力的敌人没有什么防御能力。因此，太空与核领域一样，在出现战争可能的情况下，双方都会趋于首先发动进攻。第二，太空威慑失效虽然不会立即带来灾难性后果，但考虑到轨道设施上的巨大投入和受太空系统支持的许多安全与经济职能，其后果也是非常严重的。第三，像核威慑失效一样，太空战也会给其他国家造成影响，因为目前全球经济彼此依赖，而且许多太空系统属于多国拥有。如果针对卫星进行动能攻击，会给重要的太空轨道留下大量碎片。第四，两者之间还有一个共同点就是都有一个失效临界点，如果超越这个界限将会导致报复、后续攻击和快速升级。①

反卫星武器会引起潜在对手的恐慌，有可能提高对敌方的威慑能力，但也可能为潜在对手创造动因，使其以更加危险的方式行事。考虑到对方拥有反卫星武器对自己弱小的太空资产的进攻性危害，潜在对手极易铤而走险，从而导致威慑失败。

其次，美国太空威慑体系中的反卫星武器因其挑衅性特征，而容易产生"误判"所导致的"威慑失败"。对手或潜在对手考虑到反卫星武器攻击所导致的信息中断将使战争迅速升级。对于一个军事指挥官而言，如果不知道发生了什么，除了利用他的一切武器打击一切敌对目标外，别无选择。在反卫星武器部署后，太空意外事件很可能会引发核战争。迄今为止，太空预警系统既是预防敌方战略导弹突袭的主要手段，也承担着防止核攻击误判的功能。破坏敌方的太空预警系统是达成突然性，获取核进攻作战胜利的关键，被广泛认为是核战争的前奏。预警卫星结构复杂，又处于恶劣的太空环境中，可能会因各

---

① Forrest E. Morgan, "Deterrence and First-Strike Stability in Space: A Preliminary Assessment," RAND, 2010, pp. 4 - 59.

种原因而失效。现有的技术水平还不能区分卫星失效是由故障、碎片撞击还是由蓄意攻击造成的。2009 年 2 月，美俄卫星相撞，显示出国际社会关于太空安全的相关法规的作用仍然有限，迫切需要制定更加有效的太空安全规则。① 因此，在反卫星武器部署后，首攻稳定性下降，危机期间的意外事件很可能引发核战争。太空首攻稳定性下降极易触发的军事冲突一定会带来灾难性的后果。一旦战争或武装冲突爆发，太空那些投资巨大、涉及多方利益的设施应如何定性，如何保护，都是需要面对和解决的实际问题。太空对军事、政治、经济所呈现出的无比重要的价值，使各国围绕太空资源所展开的争夺愈演愈烈。战争双方无论谁获得战争的胜利，都不能对太空行使主权。② 例如，如果在将来的武装冲突中向敌人的卫星发射大量反卫星武器，那么它在摧毁敌方的卫星系统，致使其军队、飞机以及核军舰等陷入瘫痪的同时，也会对整个国际社会的正常运转产生窒息性的影响。由于卫星被摧毁，民用航空和通信会中断，手机无法使用，银行里的自动柜员机无法使用，等等，全球经济体系很有可能因此而崩溃。③ 另外，在摧毁敌方卫星系统时所产生的太空碎片，会使太空在未来数十年里受到污染，从而无法使用。

　　不管谁发起这个战争以及战争中谁的卫星被摧毁掉，只要战争卷入了几百颗卫星和拦截器，结果都是一样的：所有低轨道卫星最终都会被摧毁，低轨道上不再能部署新的卫星或者允许卫星穿过。最后的结果是，任何国家都不可能成为太空战的胜利者。这是因为，在碎片完全消失前的至少几十年里任何国家都不能向

① Robert P. Merges, Glenn H. Reynolds, "Rules of the Road for Space?: Satellite Collisions and the Inadequacy of Current Space Law," *The Environmental Law Reporter* (*ELR*) *News & Analysis*, Volume 40, Issue 1, 2010. 01.

② 张明、李锁库：《空间信息作战与国际空间法》，《装备指挥技术学院学报》2003 年第 2 期。

③ 朱文奇：《国际法与外空军事化问题研究》，《领导者》2008 年总第 22 期。

太空发射卫星。这样的情形对整个国际社会都是一个灾难。[①]

太空碎片还可能坠入大气层，对地面人员、财产等构成威胁。此外，太空碎片还能形成光污染和电磁污染，妨碍地球上的天文观测。

最后，美国太空威慑体系中的反卫星武器因其隐藏性手段，而容易产生"事先干预"所导致的"威慑失败"。在现有系统基础上发展地基反卫星武器，美国的太空攻击能力主要隐藏在现有的导弹防御和太空快速响应计划中，利用这些现有计划，它发展了庞大的反卫星等太空进攻潜力。美国与卫星和航天器密切相关的导弹防御系统（BMD）就是名为防御性实有进攻性的双重武器系统，包括陆基、海基、空基、天基的卫星攻击系统。以国家导弹防御系统（NMD）为例，它由陆基中程导弹防御系统、舰基"宙斯盾"战区导弹防御系统、机载激光反导弹系统组成，每一种都跟天基导弹防御系统一样，其拦截器均有主动反卫星能力。再如，美国2005年的"深度撞击"彗星，是打着科学探索旗号而进行的太空打击能力测试，也可用于攻击人造卫星，将其撞击毁损或使其偏离轨道而丧失功能。[②] 如美国2008年曾借口失效间谍卫星"美国193"即将坠落地球，上面载有超过1000磅的有毒推进燃料联氨，为避免剧毒燃料造成危害，美国时任总统布什下令美军装有"神盾型"导弹系统的巡洋舰"伊利湖"号发射一枚经改良的标准－3型舰对空导弹来摧毁卫星，但国际社会相关专家指出，美国此举更多的目的是测试美国反导系统的进攻性能力，展示美国拥有反导弹的军事力量。[③] 美国的实践被认为是企图在太空建立霸权，遭到其他国家的反对。此外，美国还有多个发展反卫星载具的方案，包括地基拦截弹、未使用过的洲际弹道导弹火箭、卫

---

① 李彬：《军备控制理论与分析》，国防工业出版社2006年版，第128页。

② NASA Declares End to Deep Impact Comet Mission, National Geographic, September 20. 2013, http://news. nationalgeographic. com/news/2013/09/130920-deep-impact-ends-comet-mission-nasa-jpl/.

③ U. S. to Launch Missile at Broken Satellite, NBCNews. com, February 14. 2008, http://www. nbcnews. com/id/23166344/.

星发射火箭和"天马"空射火箭，以及"战区高空区域防御"反导系统，这些系统都具备改装为反卫星武器的技术潜力，配合正在开发的太空监视系统，可以在短时间内组成反卫星进攻系统。① 此外，地基定向能武器包括激光武器、高功率微波等，它们能使近地轨道的卫星致盲或部分失效。天基定向能武器，如美国战略司令部正在研制"激光扫帚"计划，这种"激光扫帚"利用激光脉冲锁定太空垃圾，也可以清除、致盲卫星等航天器。② 还有一种就是共轨反卫星武器，如美国研制进展最快的"高轨道微小卫星试验"（MiTEx）计划，演示了高轨道机动/追踪、接近观测/检查、绕飞伴飞技术的可行性，这实际上检验了检查或攻击地球同步轨道上卫星的能力。③ 这种隐藏的反卫星能力的发展必将导致航天大国的连锁反应，为了防止被动挨打，对手或潜在对手就得事先防一手，进而引发太空对抗，使太空系统更加不安全。从理论上讲，任何能够发射卫星的国家都具有攻击单个卫星或使得某个星座产生漏洞的技术能力，要不然，起码也有人为制造碎片，破坏他国天基系统的能力。④ 为了预防对手反卫星武器的打击，弱者极易选择不计后果的先发制人策略，从而导致太空首攻稳定性受到侵蚀。另外，太空首攻稳定性的降低将鼓励对太空不依赖的有核国家发展高空核爆等初级反卫星武器，由此可能对世界太空环境带来灾难性的影响。⑤

（三）反导系统降低了军备竞赛稳定性

经典军备控制理论关于军备竞赛稳定性是指"一种军备行为是否

① 《卫星保护是外空新竞赛》，《简氏防务周刊》2009 年 10 月 28 日。

② 黎弘、滕建群、武天富等：《2010：国际军备控制与裁军》，世界知识出版社 2010 年版，第 197—205 页。

③ 《卫星保护是外空新竞赛》，《简氏防务周刊》2009 年 10 月 28 日。

④ David Wright, Laura Grego and Lisbeth Gronlund, *Space Security Physics*, Reference Book, Massachusetts：Cambridge：The American Academy of Arts and Sciences, 2005, p. 11, http：//www. amacad. org/projects/science. aspx.

⑤ 中国国际战略学会军控与裁军研究中心：《国际军控与裁军形势分析及展望》，《求是》2008 年第 19 期。

会引起对手的反应并导致军备竞赛，这个状态也被称作军备竞赛稳定性。在某个军备格局下，如果一个国家发展军备的某个行为很容易引起对手扩充军备，那么，这种情况被称作军备竞赛稳定性很低；如果一个国家发展军备的某个行为不容易引起对手扩充军备，那么，这种情况被称作军备竞赛稳定性很高"①。美国威慑战略越来越倚重太空系统，其突出的表现之一，就是加快战略导弹防御系统的研发与部署。自从弹道导弹、巡航导弹、空地导弹等进攻性导弹武器问世后，美国一直遵循着"有矛必有盾"的规律，重视和发展导弹防御技术。美国太空威慑体系中的反导防御系统从多方面引发对手或潜在对手进行反制准备，从而降低了军备竞赛的稳定性。

第一，美国太空威慑体系中的反导防御系统会引发对手或潜在对手发展进攻性核武器。显然，美国的太空武器系统具有攻防两重性，它们既不是纯进攻性的，也不是纯防御性的，而是攻防兼备的"矛与盾"的结合体。凭借这种几乎无敌的"利器"，美国太空防御系统所产生的威慑作用是不言而喻的。②"一体化、分层弹道导弹防御系统（BMDS）是响应美国新的国家安全战略，采用渐进式方法来发展和部署的一个庞大、复杂的系统。"③ 按防御区域分为国家导弹防御系统（NMD）和战区导弹防御系统（TMD）。美国国家导弹防御系统主要包括地基拦截导弹/外大气层杀伤武器（GBI/EKV）、改进的预警雷达（UEWR）、天基红外预警系统（SBRIS）、3X 地基预警雷达（GBR）、作战管理与指挥控制通信（BM/C）系统五大部分。美国战区导弹防御系统（TMD）的设想是由低层防御和高层防御两部分组成的。低层防御设想包括"爱国者-3"（PAC-3）、"扩大的中程防空系统"（MEADS）、"海军区域防御"（NAD）系统，高层防御设想包括陆军"战区高空区域防御"（THAAD）系统、"海军战区防御体

① 李彬：《军备控制理论与分析》，国防工业出版社2006年版，第83页。
② 周辉：《美国外空战略开始转向？》，《现代军事》2009年6月1日。
③ 樊晨：《美国一体化弹道导弹防御系统传感器发展综述》，《系统工程》2007年第2期。

系"（NTW）、空军"助推段防御"（BPI）。美国"弹道导弹防御"（BMD）构想一旦部署成功，按美国军方的预期设想，它将构成对美国本土及其盟国的多层防御系统，从而对敌方的来袭导弹进行全方位的拦截。由此，美国弹道导弹防御系统破坏了冷战以来通过相互确保摧毁而形成的战略稳定性。这也就是说，美国可以单方面拦截对方进攻性弹头，以确保自身获胜。因此，在2011年1月美国、俄罗斯先后批准的俄美新的《削减和限制进攻性战略武器条约》正式生效之际，围绕新核裁军条约本身，美俄双方在批准条约的同时都通过了各自的附加条款。美国国会参议院在附加条款中再次要求政府对部署导弹防御系统做出承诺，对核武库实施现代化改造并就限制战术核武器与俄罗斯展开谈判。作为回应，俄罗斯的附加修正案规定，如果美方单方面部署威胁到俄罗斯国家安全和防卫能力的反导系统或其他常规武器，俄罗斯将退出新核裁军条约；俄美双方应严格遵循条约序文中有关进攻性战略武器与反导系统之间的关联性内容。此外，俄罗斯方面强调将维持它的核威慑能力，继续研发和试验新型武器。"美国建立导弹防御系统的目的是多重的，但这一系统率先在抵近俄罗斯和中国的战略地缘区部署，其指向昭然若揭，破坏了大国间业已存在的战略稳定态势。"[1] 美国借口要避免未来可能获得装有核、生、化武器的洲际导弹的新兴导弹国家的蓄意攻击，俄罗斯的意外、非授权或错误攻击，中国的攻击等，不断加速推进导弹防御系统的发展。2011年4月15日，美军"宙斯盾"导弹防御系统首次借助远距离陆基雷达站搜集到的导弹轨迹数据，拦截射程超过3000千米的中程弹道导弹，堪称"迄今最具挑战性"的反导试验，验证了阶段性自适应法（Phased Adaptive Approach）第一阶段的效果，增加了标准-3型（SM-3）导弹和"宙斯盾"系统的作战半径和能力。[2] 美国大力发

---

① 《美国导弹防御系统发展历程》，《人民日报》2007年8月9日。

② Raytheon Completes SM-3 Test Flight Against Intermediate Range Ballistic Missile, Reuters, April 15, 2011. http://in.reuters.com/article/2011/04/15/idUS83628+15-Apr-2011+PRN20110415.

展导弹防御系统也引起了相关国家不得不进行非对称战略的反制。为了反对美国政府大力推动的国家导弹防御系统，俄罗斯采取了一系列行动，积极运用最新技术来试验洲际导弹——"白杨－M"。白杨－M（SS－27）是三级固体推进剂洲际弹道导弹，在美俄军控条约的制约下只携带一枚单核弹头，但该设计可以支持多弹头分导弹头。"白杨－M"使用PAD作为一级火箭的推动装置，最小化点火时间以逃避卫星侦测，通过"格洛纳斯"接收器采用自动数字惯性导航，能够高空机动变轨，并采用低弹道飞行技术，可以有效防御反导系统的拦截。此外，"白杨－M"能有效屏蔽辐射、电磁脉冲（EMP）和核爆炸冲击，并能承受激光打击，还能携带诱饵目标以最大化生存概率。该导弹可以17400千米/小时的速度攻击11000千米以内的任何目标，号称可以突破任何反导系统。[1] 同时，俄军还采取一系列措施，努力提高空天侦察能力。……俄罗斯此番战略改革具有深远意义，它是俄罗斯应对21世纪"太空战"，确保国家战略安全，对美国部署NMD的重要反击。[2] 在现实层面，俄美仍拥有世界上绝大多数的核武器，可以相互毁灭若干次。占有陆基核力量优势的俄罗斯正在研制新一代洲际弹道导弹，能够突破包括美国在内的任何一个国家的反导系统。[3] 欧盟国家日益认识到，军事上依赖美国，"欧洲地区的事务由欧洲人解决"只能是一句空话，因此，欧盟确立了"独立自主"的太空安全战略。

第二，美国太空威慑体系中反导防御系统引发对手或潜在对手发展天基防御系统。导弹防御系统的工作过程如下：预警卫星DSP/SBRIS发现敌方发射的导弹，进行导弹来袭报警→升级的早期预警雷达站跟踪导弹→X波段雷达站利用先进的信号处理技术，更加精确地

---

① Topol-M Intercontinental Ballistic Missile（ICBM），Russia，army-technology.com，http：//www.army-technology.com/projects/topol-m-intercontinental-ballistic-missile-icbm/.

② 赵秀兰、刘汉宗：《美、俄的外空战准备》，《现代防御技术》2004年第1期。

③ 魏良磊：《核裁军条约获批俄美博弈继续》，新华社莫斯科1月28日电（国际观察）。

跟踪导弹→作战管理/指挥、控制与通信系统做出战斗决定→陆基拦截器选择目标→拦截器进行拦截→收集数据确信拦截成功。① 美俄等国都在利用现有的反导防御技术，积极发展太空多样预警技术，尤其是太空态势感知系统，包括地基太空目标监视与识别系统、天基太空目标监视与识别系统和太空环境监测与预报系统。美国实现太空监视能力的核心是"天基太空监视系统"和地基"太空篱笆"计划。2009 年 3 月，美国陆军航天导弹防御司令部、陆军战略司令部与波音公司共同启动合作开发计划，以论证集成航天和导弹防御（IAMD）与太空态势感知概念，利用并融合多种不同的传感器数据。② 2009 年 4 月，经过数年的推迟，一颗由波音公司制造的"天基太空监视系统"卫星成功发射，"天基太空监视系统"星座由四颗以上卫星组成，按照试验性计划，该星座于 2014 年完成部署，空军希望"天基太空监视系统"最终能够实时监视卫星和太空碎片。"天基太空监视系统"可以利用星载相机对其加以拍照定位，并提供比地基望远镜和雷达更加广阔的太空视野，波音公司称"天基太空监视系统""将是太空态势感知的革命"③。在现代战争中太空军事信息支援使军力倍增，"表现为：首先，为战争提供实时的情报、侦察和监视、导航与定位信息，使军队能够有效地实施精确打击；其次，为作战提供通信保障；最后，探测来袭的导弹"④。此外，美国列入联合作战科学技术的天基红外系统（SBIRS）是世界上规模最大、耗资最多、技术最先进的战略导弹预警系统，可从主动段、自由段到再入段对弹道导弹进行跟踪，在美国正在发展的国家导弹防御系统中占有非常重要的地

① 陈超、张剑云、刘春生、游志刚：《美国国家导弹防御系统发展分析》，《雷达与电子战》2007 年第 2 期。

② 《波音与美军合作从事外空态势感知工作》，全球安全网（http://www. globalsecurity. org/space/world/china/index. html），2008 年 3 月 15 日。

③ 黎弘、滕建群、武天富等：《2010：国际军备控制与裁军》，世界知识出版社 2010 年版，第 197—205 页。

④ 何奇松：《脆弱的高边疆：后冷战时代美国外空威慑的战略困境》，《中国社会科学》2012 年第 4 期。

位，可以满足 21 世纪对战略、战术导弹预警的需要。① 美国国防部正安排在太空部署极高频通信卫星（AEHF）和"天基红外高轨系统"（SBIRS-high）②，截至 2014 年 4 月，SBIRS-high 共有两颗高椭圆轨道飞行器（HEO－1，HEO－2）和两颗卫星（GEO－1，GEO－2）处在运行状态，主要用于美军弹道导弹早期检测以及核爆炸的检测。③作为回应，俄罗斯在 2009 年 7 月将 3 颗"宇宙"系列军用卫星送入轨道，新卫星是俄 OKo（眼睛）轨道导弹预警网络的一部分。而法国也在 2009 年 2 月成功发射了两颗"螺旋"（Spirale）导弹预警卫星。④这成为欧洲自主天基预警系统的第一步，为未来法国获取国防预警系统奠定了基础。⑤

　　第三，美国太空威慑体系中反导防御系统引发对手或潜在对手发展太空进攻力量。"美国现在是打着反导的旗号，在发展太空武器技术。太空军事化已经是现实了，中俄希望趁早限制太空武器化，但是美国坚决不同意。这表明，美国就是要发展太空武器。美国这是要占领太空战略制高点。现在太空武器化是美国反导计划的一部分，而将来，反导只是太空武器化的一部分。"⑥ 美国的导弹防御系统可以说是美国在太空攻防战阶段的第一块基石。导弹防御系统从近期看是对导弹的一种防御，但是如果同太空攻防结合在一起看，则是一种攻击

---

① 《天基预警有效载荷技术综述》，《科学研究动态监测快报——空间光电科技专辑》2008 年第 6 期。

② William J. Lynn, III, "A Military Strategy for the New Space Environment," *The Washington Quarterly*, Summer 2011, 34（3），p. 14.

③ Budget Busters, The USA's SBRIRS-High Missile Warning Satellites, Defense Industry Daily, June 26. 2014, http：//www. defenseindustrydaily. com/cat/projects/project-management/feed/.

④ 关于法国螺旋系统的具体资料可参见 Eoportal Directory 网站（https：//directory. eoportal. org/web/eoportal/satellite-missions/s/spirale）的 SPRIRALE 词条。

⑤ 黎弘、滕建群、武天富等：《2010：国际军备控制与裁军》，世界知识出版社 2010 年版，第 197—205 页。

⑥ 徐纬地：《建立导弹防御系统，美国的战略考虑是多方面的》，在 2007 年《中国评论》月刊主办的"美国坚持推行全球反导体系的战略意图及其影响"座谈会（第 10 次，总第 118 次）上的发言。

性武器。因为反弹道导弹可以击中高速运动的导弹，那么它打那些相对静止的卫星就易如反掌了。也就是说，它事实上是一种太空攻防力量，至于是用于防，还是用于攻，则要根据美国的战略需要而定。① 实际上，研制和部署导弹防御系统就是发展进攻性作战武器，在客观上就会对其他国家构成现实威胁。尽管部署一方可以防范外来导弹的威胁为由，表明只用它来实施防御的态度，但其存在的实质性攻击力却无法消除他国的担忧。在国际社会中，如果一方只顾谋求自身的绝对安全，而置他国的安全于不顾，就必然会使他国感到威胁，从而迫使他国发展军备，使太空出现军备竞赛。由于担心美国主宰军用太空资产，欧洲发展了"伽利略"（Galileo）卫星导航系统，日本则在发展其信息搜集卫星（IGS）系统。印度从 2006 年起开始进行大气层内外的反导试验，已经开展了多次成功试验，并于 2014 年与以色列达成共同建立导弹防御体系的协议。② 安全攸关方为了有效反制导弹防御系统给战略稳定性所造成的威胁，"战略导弹轨道反 NMD 系统探测，必须要反可见光、红外、雷达综合一体；弹头隐形仍具有重要意义，是反制 NMD 的一有效对策；……反卫星作战，对战略导弹反 NMD 具有重要影响，是积极反制措施的一种"③。由此可见，太空的反制措施尤为关键。"许多反制措施所依赖的是基本的物理原理和简单易懂的技术。事实上，大量与研制和部署反制措施相关的技术信息能够公开获取到。"④ 仅就新兴导弹国家对付美国的导弹防御系统而言，极易获得的反制措施就有：使用生化战剂集束炸弹压制防御，使用假目标压制防御的各种诱饵——模型诱饵、特征多样的诱饵、反模

---

① 赵小卓：《控制外空的必要基石，凝聚盟国的新动力来源》，在 2007 年《中国评论》月刊主办的"美国坚持推行全球反导体系的战略意图及其影响"座谈会（第 10 次，总第 118 次）上的发言。

② Israeli-Indian BMD System, Israeli Defence, June 4, 2014, http://www.israeldefense.com/? CategoryID = 472&ArticleID = 2848.

③ 金伟新：《战略导弹反制 NMD 效能分析模型与反制对策研究》，《系统工程理论与实践》2002 年第 11 期。

④ ［美］安德鲁·M. 赛斯勒等：《NMD 与反制 NMD》（原名：《反制措施》），卢胜利、米建军译，国防大学出版社 2001 年版，第 5 页。

拟诱饵、延迟释放诱饵等，降低雷达性能，通过隐藏红外特征来防止"击中即毁"——低辐射率表层、冷却防护罩，通过隐藏弹头来防止"击中即毁"拦截器自动寻的，弹头机动和对防御系统实施先发制人的攻击等。[1]

（四）全球快速打击降低危机稳定性

在太空安全领域，太空威慑体系或两用太空设施即使在两个国家的关系因为冲突而陷入危机时，也不会直接导致太空对抗。因此，任何一方都不大可能向对手发动先发制人的太空打击，也不大担心对手会发动这种太空打击，这样的状态可称作危机稳定性很高。反之，则是危机稳定性低。由此不难理解，尽管没有任何国际条约或法律条例明文禁止在地球轨道或太空其他天体和轨道上部署对地球上、大气层或太空目标进行打击的非核类军事系统或武器，但每个国家都特别小心地避开开发由太空直接打击地面目标的武器，因为开发这类武器，很可能会降低危机稳定性。现今，以美国全球快速打击系统（C-PGS）为代表的这类太空系统的开发，由于其技术本身的军民两用性以及太空居高临下的战略地位，极大地降低了太空的危机稳定性。

首先，美国太空威慑体系中的全球快速打击系统谋求常规打击优势，将迫使其他国家谋求"平衡手段"，进而导致太空竞技格局发生危险的变化。如果说冷战后美国大张旗鼓地发展以国家导弹防御系统（NMD）和地区导弹防御系统（TMD）所组成的导弹防御系统（BMD）还打着"防御性武器"的幌子作为"遮羞布"的话，美国的全球快速打击系统的研发则是典型的进攻性太空武器。美军发展全球快速打击系统，在本质上是塑造其全维军事能力。从"猎鹰"到"冲浪者"，再到空天飞机现身，表明世界军事技术正在进入一个跨越式进步的爆发期。但发展全球快速打击系统将使世界变得更加不安

---

① 杨俊欣：《令人担忧的空间军备竞赛》，中国公众科技网—国防与科技，http://210.14.113.18/gate/big5/arm.cpst.net.cn/gfbk/2010_09/285755840.html，2010年9月29日。

全。事实上，美国过于谋求常规打击优势，将迫使其他国家进一步谋求"平衡手段"，进而导致世界局势更加不稳定。① 亨利·基辛格曾说："一个国家寻求绝对安全的做法对其他国家来说意味着绝对不安全。"美国的这种绝对安全必然导致其他方处于安全劣势中。为了获得同样的安全感，各方必然要强化自身的军事实力。② 俄罗斯在高超音速技术领域一直处于世界领先地位，早已拥有闻名世界的"白蛉""宝石"等多种以冲压发动机推进的先进导弹，它们为高超音速技术的发展奠定了坚实的基础。目前，俄罗斯高超音速新技术已进入飞行验证阶段，正在研究规划更接近实际的发展布局。此外，俄罗斯还在研制"新一代发射技术"高超音速试验飞行器，将采用氢燃料超燃冲压发动机，功率可达 6—14 马赫。③ 面对国际空天飞行器快速发展的新格局，俄罗斯加快发展一种小型、机动性强、可重复使用的新型空天飞机，以应对美国 X－37B 轨道验证机。2011 年 3 月 5 日，美国空军从位于佛罗里达卡纳维拉尔角的肯尼迪航天中心成功发射了第二架 X－37B 空天飞机；紧步其后尘，5 月 26 日，英国最新型空天飞机"云霄塔"通过概念设计和重要的技术评审；法国、德国、日本、印度等也先后推出各自的航天飞行器计划。④ 因此，国际社会担忧空天飞行器如此发展会引起太空竞技格局发生危险的变化。

其次，美国太空威慑体系中的全球快速打击系统谋求常规打击优势，它所面临的最现实、最受质疑的问题，就是可能由于"核误判"而引发意外核战争。美国的 X－37B 是轨道武器⑤中的一种，是 21 世纪太空攻防对抗、全面夺取制天权不可或缺的武器装备。它是航空技

①　罗山爱：《美国推进多款先进武器 即时全球打击日渐成形》，《新京报》2010 年 6 月 2 日。

②　余永胜：《美国空天飞机将挑起外空军备竞赛》，中评社北京 2010 年 4 月 30 日电。

③　柴晓东、王华胜、周新红：《高超音速作战平台挑战现有联合作战体系》，中国军网—《解放军报》2011 年 8 月 4 日。

④　可参见维基百科词条 Spaceplane，http：//en. wikipedia. org/wiki/Spaceplane。

⑤　国内有关学者曾将轨道武器定义为：由运载工具发射到各种空间轨道上对空间或地球上的目标进行攻击的武器，包括天基平台和飞船、空间飞机或空天飞机等。

术与航天技术高度结合的飞行器，即常称的空天飞机。这种飞机能像普通飞机一样水平起飞，以每小时 1.6 万—3 万千米的速度在大气层内飞行，而且可以直接加速进入地球轨道，成为航天飞机；返回大气层后，又可以像飞机一样在机场着陆，成为自由地往返天地之间的运输工具。[①] 其特点首先是反应速度快，短时间内就可抵达地球上的任何一个地方执行作战任务，满足全球作战的需要；其次是生存能力强，将在任何防空火力范围之外飞行；再次是作战用途广泛，不仅可用作全球打击和太空激光反弹道导弹平台，而且可用作部署太空卫星和在全球范围内快速运送军事物资的平台；最后是使用灵活，由于太空飞行器在大气层外飞行，在国际社会对太空的界定尚未确定的情况下，不存在侵犯别国领空的问题。[②] 美国全球快速打击系统的快速打击能力进一步诱使其安全决策者认为，最好先下手为强，全副武装地抢占太空。由此可知，美国全球快速打击系统从纯粹的技术问题升级为战争的可能性逐渐升高，毕竟在茫茫太空中，任何一方都很难把有预谋的行动与"意外事故"区别开来。许多分析家担心，俄罗斯等国家可能会将全球快速打击武器误判为战略核武器。[③] 在意识到太空设施日益重要，各种导弹威胁上升，并考虑到俄罗斯的地理位置以及航天技术的进程等现实后，俄罗斯专家们开始达成共识，他们面临的最大威胁来自太空，认为除了核武器外，太空武器将是 21 世纪战争中的首选武器。[④]

最后，美国太空威慑体系中的全球快速打击系统谋求常规打击优势，将迫使其他国家在应对美国的全球快速打击系统时采取的手段之一是打其弱点的非对称性反制战略。任何现代的武器系统，都离不开

---

① 《美抢占外空战略制高点》，《澳门日报》2010 年 4 月 23 日社论。

② X－37B 的相关技术指标可参见 NASA Fact Sheet：X－37 Demonstrator to Test Future Launch Technologies in Orbit and Reentry Environments，NASA，May 3. 2003，http：//www. nasa. gov/centers/marshall/news/background/facts/x37facts2. html.

③ 方勇：《美国推进快速全球打击计划》，《新时代国防》2010 年第 8 期。

④ Jana Honkova，"The Russian Federation's Approach to Military Space and Its Military Space Capabilities," George C. Marshall Institute，November 2013.

电子器件，空天飞机等高速飞行器更不例外。尤其是高度依赖这些电子器件和为其提供飞行的预警指挥控制系统，一旦这些信息系统失灵，空天飞机等就会变成"无头苍蝇"。利用空中的、地面的或者将来布设于太空的激光、微波、离子束武器，完全可以有效地干扰、摧毁空天飞机和高超音速巡航导弹的飞行环境，甚至直接摧毁空天飞机和高超音速弹道导弹本身。这样，美国全球快速打击系统由于更易诱发破坏其电子系统的第一次打击而降低太空危机稳定性，因此，爆发太空冲突和战争的风险也将随之大幅增加。美国全球快速打击系统使得美国在太空安全领域形成对他国的明显优势，这样一方面极易诱发有野心的安全决策者为了单方面的利益而轻率地、先发制人地发动第一次打击。另一方面，一旦有国家觉得它被对手甩在后面，为防止在未来冲突中陷入被动局面，在危机到来时，也会想到先发制人策略，在形势恶化之前发动攻击。两者相加，在竞赛中占据上风的一方，会有先发制人的念头，趁对方还未赶上自己时实施打击；同样，处于下风的一方为以防不测，也会有先发制人的念头，趁对方还未准备防范时实施打击。一些人士可能会认为，美国加紧发展全球快速打击系统，是通过确保美国在太空战中的进攻能力，来起到威慑预防的作用。但必须看到，美国全球快速打击系统作为一种咄咄逼人的进攻性武器，一旦破坏了均势，其他国家做出理性反应，必然会导致各国竞相卷入太空冲突中这一非理性结果。美国加速发展、部署全球快速打击系统，其 X－37B 空天飞行器试飞成功等事件使世界各国徘徊在十字路口，亟须做出抉择。防止全球快速打击系统的试验及使用，与各国自身安全利益息息相关。[①] 因此，太空军备控制应尽快禁止任何国家发展、部署全球快速打击系统，以防止降低危机稳定性。

（五）天缘政治中战略稳定性的维护

国家战略威慑体系作为维护大国安全的"护身符""撒手锏"，

---

① 特蕾莎·希钦斯（Theresa Hitchens）：《外空武器和外空战争》，郭凯声译，2009 年 4 月 14 日。

主要用于战略威慑，即慑止对方对自己的进攻。因此，它主要用于战略威慑，用于实战的可能性微乎其微。美国太空威慑体系的新进展显示了太空威慑与核威慑的分离，① 甚至呈现出独立威慑不断加强的态势。美国不断强化的太空威慑体系的核心组成部分所具有的杀伤能力愈来愈强大，如太空动能武器会导致太空碎片的增加，而太空碎片碰撞的级联效应则会阻止任何国家再次进入太空。一个国家在研发、使用战略武器方面所表现出的轻率态度，有时甚至会伤害其大国地位。因此，维护各大国日益独立的太空威慑体系之间的战略稳定性事关国际安全，也是大国维护其自身安全的必然选择。

一是要维护战略威慑中的太空、反导和核武系统的互动稳定。国家利益是各国政府处理对外关系的最高准则，是国际关系的"通用语言"。维护大国间战略稳定性的前提是使主要太空大国认识到这种合作有利于实现和维护各自的国家利益。其中美国的态度最为关键。国际社会应通过各种渠道与美国沟通，力争使美国认识到，谋求太空权力固然是美国的国家利益，但太空安全问题则是更现实、更亟待维护的利益，防（核/导弹）扩散更是与太空安全紧密相连的。太空、导弹防御系统和核武三个议题密不可分，任何一方发展针对进攻性核武器的导弹防御系统，势必会影响相关国家间的互动稳定关系。② 防止太空军备竞赛，包括禁止太空武器和禁止损害战略稳定的反导武器系统是关键中的关键。正是这方面的严重事态阻止了核裁军进程，正在破坏防止核扩散的基础。③ "随着《反导条约》变为废纸，发展导弹防御系统已不受约束，一国拥有的'盾'不断增加，势必刺激他国发展'矛'的热情。"④ 太空武器化和军备竞赛是一种对国际和平与安全的新威胁，因此，应将防止太空武器化及太空军备竞赛纳入联合

---

① 何奇松：《脆弱的高边疆：后冷战时代美国外空威慑的战略困境》，《中国社会科学》2012 年第 4 期。

② 丁树范：《中美关于外空、导弹防卫与核武政策争议之研究》，《中国大陆研究》2010 年第 53 卷第 1 期。

③ 同上。

④ 黎弘：《复杂多元化的全球核安全环境》，《和平与发展》2010 年第 3 期。

国集体安全机制。加强联合国安理会对国际社会发展、部署、使用太空武器的监督与核查机制的建设，对于从根本上防止太空武器化和军备竞赛具有十分重要的意义。① 美国不但屡次否决太空军备控制倡议，并积极在太空进行全方位的备战，"美军不单是在大气层外部署武器系统，同时还包括导弹防御在内的地面武器系统，用美军术语说，这就是'全频谱能力'，目的是保证美国拥有'全频谱优势'"②。国际社会不仅要呼吁美国放弃部署以反恐需要为借口的导弹防御系统，还要探索满足各国安全需要的替代性技术与机制，呼吁相关各方合作，完善太空物体发射登记制度、导弹和火箭发射预先通报制度、军事热线机制等，并通过发展高性能侦察监视卫星，确保其不受干扰地运行作为技术核查手段和建立信任的措施。③ 同时，国际社会应争取联合更多的国家就未来国际法律文书的主要内容向裁谈会提出具体建议，积极与相关国家、国际组织共同研讨确保太空安全，防止太空军备竞赛的相关对策和措施。

二是要促进太空军备控制中的安全战略沟通。世界各国竞相进入太空发展，纷纷从军事、经济以及信息的角度出发，寻求各自国家利益的拓展。但由于航天技术的双重安全功效，这就要求以太空安全战略沟通厘清太空武器化及军备竞赛与太空向军事利用的边界，有效控制太空武器化及军备竞赛的危险，发挥太空向军事利用对军控核查及国际安全的积极作用，确保大国间的战略稳定性。太空安全战略沟通能提供完全的信息从而减少不确定性。在"市场失灵"理论中，信息的不对称是最为重要的一种失灵现象。这种因怀疑对方遵守军备控制条约的诚意而不能达成太空协议的现象正是当前太空军备控制迟滞的重要原因之一。太空安全战略沟通恰恰能够提供

① 李寿平：《外空的军事化利用及其法律规制》，《法商研究》2007 年第 3 期。
② 滕建群：《外空实力竞争与限制外空武器化》，《2009：国际军备控制与裁军报告》，世界知识出版社 2009 年版，第 132 页。
③ 仪名海、马丽丽：《外空非军事化的意义》，《2009：国际军备控制与裁军报告》，世界知识出版社 2009 年版，第 152 页。

一套行为标准来帮助各国政府评估他国的信誉，从而消除信息的不对称性。这种沟通也包括一些国际军控组织，它们不仅参与调停，而且平等地向所有成员提供一些公正的信息。这些都有助于消除不确定性，增大安全合作的机会。太空安全战略沟通还因其具有规模性的特点而促使面临太空武器化和军备竞赛威胁的国家聚集到一起进行多边磋商和谈判，提高协商获益的成效，使行为主体在机制内比在机制外更容易达成一致。与此同时，它还能将军控领域的许多具体问题汇总起来一并加以解决。这种方式比双边磋商或是就单一问题的磋商要有效得多，它可降低交易成本，使成员之间的合作机会增大。太空军备控制包括严格限制条约缔约国的太空行为，例如对卫星及其他太空或轨道飞行器的发射、机动进行规范，禁止对太空目标进行武力攻击、干扰或俘获等；限制缔约国的太空军事化能力，尤其是进攻能力，例如削减、禁止在太空进行的武器部署；由国家主动提供本国太空活动的信息，表明本国没有进行威胁其他国家的太空活动，由此消除其他国家的疑虑和担心。美国不顾国际社会反对太空军事化的呼声，连续六年以"无法证实"为由拒绝中俄提交的"防止在太空放置武器、对太空物体使用或威胁使用武力条约"的草案（PPWT），拒绝通过国际社会有关禁止部署太空武器的提案。[1] 现实表明，美国的阻碍使得以全面禁止一切太空武器，即以禁止试验、生产、安放、部署和使用一切太空武器并销毁现有的太空武器为主要内容的国际条约的达成成为一项复杂而艰巨的任务。[2] 根据太空活动的形势，特别要注重积极支持有关各方推进太空行为规则的制定。[3] 美国于2011年1月发布了《国家安全太空战略》，考虑到日益增多的太空探索、利用活动所产生的太空碎片对美国太空

---

① 苏晓辉：《美国外空战略的新动向及其发展前景》，《国际问题研究》2008年第4期。

② 卢敬利：《俄美外长为签署核裁军条约铺路》，新华网（http://news.xinhuanet.com/world/2010－03/20/content_ 13209670. htm），2010年3月20日。

③ 李彬、吴日强主编：《国际战略与国家安全——科学技术的视角》，中国传媒大学出版社2008年版，第70页。

安全可能造成的威胁，在该文件中，美国表示将为负责任的太空活动提供包括行为规范在内的支持，① 但不久即遭到美国国会的否决。和平探索、利用太空，是全人类最明智的选择。美国太空威慑体系并不能达到慑止他方力量，保护自身太空资产安全的目的，反而会导致诱发太空军备竞赛，降低大国间战略稳定性的负面影响。因此，国际社会寻求各种措施来促进太空军备控制中的安全战略沟通，提高战略稳定性，这对于各个国家来说都是明智的选择。世界各国必须毫不气馁地致力于寻求多边外交和法律措施，尽快缔结禁止全球快速打击系统的国际条约，实现太空军备控制。

三是要加强太空复合相互依存中的多元领导与有效协调。国际社会越来越认识到，随着卫星与太空碎片数量的大量增加，太空活动的危险性也在不断提高，而太空武器的部署和使用只能给太空环境的安全性造成更大的威胁。② 欧洲航天局在阐述太空碎片的来源时指出，除了人类正常的航天活动和意外事故所产生的大量太空碎片外，反卫星实验和在轨飞行器的碰撞、爆炸也是太空碎片的主要来源。③ 近地轨道的太空碎片还来自美国仍在研发中的地基和天基弹道中段导弹防御系统或其他太空武器试验。④ 地球轨道有超过 1100 个飞行器和 22000 多块太空碎片围绕着地球运行，太空变得越来越拥挤，因而充满着竞争的风险。⑤ 太空碎片数目的增多和相互间碰撞概率的增大，会导致"连锁式碰撞"，增加了与航天器碰撞的可能性，将成为人类

---

① National Security Space Strategy Unclassified Summary, U. S. Department of Defense and Office of the Director of National Intelligence, 2011.01.

② Kevin Whitelaw, "The Problem of Space Debris," *U. S. News and World Report* (4 December 2007), online: http://www.usnews.com/articles/news/2007/12/04/the-problem-of-space-debris.html.

③ 参见欧洲航天局 (ESA) 网站 (http://www.esa.int/Our_ Activities/Operations/Space_ Debris/About_ space_ debris)。

④ Jeremy Singer, "Space-Based Missile Interceptors Could Pose Debris Threat," *Space News*, 13 September, 2004.

⑤ William J. Lynn, III, "A Military Strategy for the New Space Environment," *The Washington Quarterly*, Summer 2011, 34 (3), p. 8.

未来太空活动的极大威胁。① "我们所依赖的太空正因为太空碎片而变得越来越拥堵……太空能力的全球联系性和内部关联性，以及世界各国对太空依存度的不断提升，意味着太空中不负责任的行为将会为所有人带来恶果。"② 基于此，国际社会应当重视太空环境安全问题。太空碎片和太空核动力源问题已经成为联合国和平利用外空委员会最近数年来讨论的固定议题。③ 太空环境安全有利于太空和平利用的深化，如卫星通信、遥感以及太空旅游的发展等。④ 但是，"国际社会里的制度谈判如同其他社会环境中的制度谈判一样，充斥着集体行动的困境；这些困境能够并且确实经常延缓或阻滞制度性安排协议的达成，而这些协议并非只是高尚情操的表述"⑤。要达成这种全体一致，政治领导就是一个不可回避的问题，成员越多，对强有力的政治领导的需要就越紧迫。⑥ 但就目前情况看，由于技术水平上的巨大差距，美国在太空开发方面的优势正在不断加大，太空领域的国际权力结构严重失衡。在美国看来，太空力量对美国应对非传统安全问题，进行非对称性打击至关重要。例如，美国依赖卫星进行通信、情报收集、应对紧急情况、引导部队行进、进行精确打击，并有效地降低了伤亡率。⑦ 为此，美国不但拒绝承担推进太空军备控制的领导责任，甚至

---

① 参见 National Research on Space Debris, Safety of Space Objects with Nuclear Power Sources on Board and Problems Relating to Their Collision with Space Debris, Committee on the Peaceful Uses of Outer Space, November 30, 2001, 联合国文件编号 A/AC. 105/770.

② Frank A. Rose, "State's Rose on Security of Space Environment," June 10, 2014, Geneva, http://iipdigital. usembassy. gov/st/english/texttrans/2014/06/20140610301045. html? CP. rss = true#axzz36Tld8DuR.

③ 李彬：《军备控制理论与分析》，国防工业出版社 2006 年版，第 128 页。

④ David Koplow, "International Safe Standards and the Weaponization of Space," *Space*: *The Next Generation-Conference Report*, 31 March – 1 April 2008, Geneva: UNIDIR, 2008, p. 64.

⑤ ［美］萨莉·马丁、贝思·西蒙斯编：《国际制度》，黄仁伟、蔡鹏鸿等译，上海人民出版社 2006 年版，第 8 页。

⑥ Oran R. Young, "Regime Dynamics: The Rise and Fall of International Regimes," in Stephen Krasner (ed.), *International Regimes*, Ithaca: Cornell University Press, 1983, pp. 100 – 101.

⑦ Robert G. Joseph, Remarks on the President's National Space Policy-Assuring America's Vital Interests, Remarks to Center for Space and Defense Forum, Jan. 11, 2007, URL.

在配合自律方面，也与国际社会的期盼与意愿背道而驰，国际军备控
制成长所需的权力分配结构认同很难达成。与此同时，美国不但不愿
意承担太空国际安全合作的领导责任，反而为了追求自身的绝对安
全，极力阻挠他国的国际合作。欧洲的"伽利略计划"包含了中国、
巴西、印度、以色列等外国合作伙伴的参与，然而，美国为了防止中
国在相关卫星技术主导领域取得突破，使其技术优势受到挑战，以存
在军事技术转让为由进行干涉，使中欧关于"伽利略计划"的合作
中断，"伽利略计划"迟滞失去了市场先机，中国不得不独立进行
"北斗"导航系统的研发。① 由此可见，美国阻挠正是当前太空安全
合作难以取得进展的最主要原因。由此，从现实来看，当前的政治领
导很难成为由最大的太空大国——美国参加的集体领导，而只能是一
种多元领导。"相比集体领导而言，多元领导是描述这种有差异的、
采取主动行为进程的恰当词语。"② 目前，能与美国在太空决一高低
的国家只有俄罗斯。为维护太空的战略力量平衡，"中俄联手提案，
对于促进国际社会凝聚在太空问题上的共识将会产生积极影响，得到
世界大多数国家的响应"③。在具体条件许可的情况下，中俄还可和
欧盟或欧空局联手形成多元领导，反对太空霸权，维护战略稳定性。
太空中的对抗或合作是地面上国家关系的延伸。太空军备竞赛只会导
致两败俱伤，合作共赢才能维系和平与发展。全球化的世界必然导致
全球化的太空探索、利用事业。就现实而言，在传统的陆、海、空、
电、磁领域，太空系统已是不可或缺的嵌入性力量，是传统军事力量
得以几何级扩充的力量倍增器。现在有霸权者意图染指太空，意图通
过获取太空霸权来独霸世界，对此，太空超级大国也应认识到太空系
统复合相互依存的特征，只有维护太空威慑体系间的战略稳定性，才

---

① James Andrew Lewis, "Galileo and GPS: From Competition to Cooperation," Center for
Strategic and International Studies, June 2004, pp. 6 – 7.

② 罗伯特·基欧汉、约瑟夫·奈:《权力与相互依赖》，门洪华译，北京大学出版社
2002 年版，第 244 页。

③ 滕建群:《外空实力竞争与限制外空武器化》，《2009：国际军备控制与裁军报告》，
世界知识出版社 2009 年版，第 138 页。

能真正确保其太空资产的安全，才能保证太空的持久安宁和人类的长远和平。

四　天缘政治中的攻防对抗*

进入21世纪以来，国际社会围绕太空的争夺日益激烈，太空安全形势日趋紧张。作为航天技术的超级大国和太空军事化、武器化的主要推手，美国在2001年单方面退出《反弹道导弹条约》，并在过去十多年间通过一系列战略规划，大力发展太空武器装备，积极建设太空作战部队，试图通过太空攻防对抗准备来谋求在太空的绝对霸权地位。

（一）太空攻防对抗准备升级

太空攻防对抗准备是指在太空态势感知的基础上，对太空、在太空和自太空的军事行动（包括进攻性太空攻防和防御性太空攻防）所进行的各种准备。毫无疑问，这些举措实质上是将美国在冷战时期奉为圭臬的威慑战略进一步拓展到太空领域，即通过确立航天技术和装备上的绝对优势，阻止其他国家潜在的攻击意图，以实现美国的太空安全和全球霸权。在这一状态下，美国的威慑战略往往会造成其他国家安全感下降并加快自身能力建设，从而导致军事化升级和安全困境的产生。[1]然而，威慑理论的视角仅仅描绘了国家间围绕太空能力优势的争夺而展开的简单博弈，并不能有效解释太空争夺的不同战略选择（例如以战略进攻为主还是战略防御优先），以及这些选择对整体博弈态势所造成的结构性影响。具体而言，已有的分析框架未能

＊　本节内容以"21世纪初美国外空攻防对抗准备论析——基于攻防理论的视角"为题发表于《外交评论》2013年第3期。

①　何奇松：《脆弱的高边疆：后冷战时代美国外空威慑的战略困境》，《中国社会科学》2012年第4期；Bao Shixiu, "Deterrence Revisited: Outer Space," *China Security*, Winter 2007, pp. 2 - 11.

准确揭示美国推动太空武器化的核心特征和深层战略逻辑，因而无法为国际社会走出太空安全困境提供有效的指导。

相比之下，作为结构现实主义分支的攻防理论（Offense-defense Theory）从攻防能力对比这种结构性的因素来探讨战争与和平的关系[1]，在国家战略选择与技术变革的动态关系上更具解释力。一般攻防理论的核心概念是攻防对比（Offence-defense Balance），即为获得胜利所需投资或者成本的比率。[2]"进攻方为了成功而必须投入的武装力量成本与防御方投入的武装力量成本之比。若防御方对防御力量的投资为 X，进攻方若要取得胜利，则需对进攻力量投资 Y，那么攻防对比即是 Y 与 X 之比。比值越大，表明进攻方需投资越多，对进攻方越不利。"[3] 本著以攻防理论为视角，旨在分析美国太空武器化战略的核心特征和太空安全博弈的根本内涵，并为我国太空外交战略提供理论依据。不仅如此，作为新的军事战略制高点，太空无国界，太空攻防对抗是全球性的，战场没有前方和后方的区别。从战略层面研究太空攻防对抗的准备和演练，无疑具有重大的军事应用价值。

21 世纪初，由于技术水平上的巨大差距，美国在太空开发方面的优势不断加大，太空国际权力结构呈现出严重失衡的态势。美国是世界上唯一拥有航天飞机和唯一进行过载人登月的国家。美国有着完备的太空攻防对抗准备的组织、领导机构、理论体系、兵力编制、武器系统以及太空攻防对抗准备的培训基地，有着庞大的航天工业和雄厚的人才储备，其规模远远超过世界各国的总和。但它的危机感比谁都强烈，太空攻防对抗准备演习已进行了好几次。虽然出于政治、科技、经济、外交等多种因素的考虑，美国一直未公开表明要部署太空武器，并一直延续至今，但是令人不安的是曾经一度促使美国采取克制态度的那些资金、技术、政治和国际条件正在消失。美国作为在太

---

① 李彬：《军备控制理论与分析》，国防工业出版社 2006 年版，第 89—112 页。

② Charles L. Glaser and Chaim Kaufmann, "What Is the Offense Defense Balance and Can We Measure It?" *International Security*, Vol. 22, No. 4, Spring 1998, pp. 46 – 50.

③ 李彬：《军备控制理论与分析》，国防工业出版社 2006 年版，第 108 页。

空拥有绝对优势的国家，其太空攻防对抗准备尤为引人关注。

1. 美国太空攻防对抗准备的战略构想

根据攻防理论，攻防平衡有主观的（想象中的）平衡与客观的（真正的）平衡之分。对于攻防理论来说，两者的作用是不同的，主观的平衡主要用来解释特定时间、特定国家的外交政策，比如美国不顾国际社会的强烈反对，执意发动第二次海湾战争，很显然是受想象中进攻优势的鼓励。① 而客观的平衡主要用来解释国家之间广泛的行为模式、错觉理论的基础以及外交政策的指导基础，最为明显的例子是美国安全决策者越来越倾向于认为，美国在太空进攻占优势能确保美国的绝对安全，从而使得太空安全形势日益严峻。② 21 世纪以来，美国相继出台了《太空经营与组织倡议》（2001）、《美国国家安全战略报告》（2002）、《联合太空战纲要》（2003）、《弹道导弹防御国家政策》（2003）、《2020 年远景规划》（2003）、《美国空军转型飞行计划（TFP）》（2003）、《制天权》（2004）、《太空对抗作战》（2004）、《战略总体规划》（2004）、《美国国家军事战略》（2004）、《美国国家太空政策》（2006）、《美国国家安全战略》（2006）、《太空作战》（2006）、《战略攻击》（2007）、《美国国防战略》（2008）、《美国国家太空政策》（2010）、《美国国家安全战略报告》（2010）、《四年防务评估》（2010）、《国家安全太空战略》（2011）等一系列与太空攻防对抗准备密切相关的文件。这些文件阐述了美国太空攻防对抗准备的目标和规划，主导着美国 21 世纪太空攻防对抗准备的发展趋势。下面选取几个美国太空对抗准备的标志性文件进行相关分析，以此了解美国太空攻防对抗准备的基本思路和措施。

《太空经营与组织倡议》（2001）。2001 年 5 月 8 日，时任美国国防部长的拉姆斯菲尔德宣布《太空经营与组织倡议》，要求美国军方为了避免"在某一日清晨醒来时发现已遭遇'太空珍珠港'"，应就

① 李志刚：《攻防理论及其评价》，《国际论坛》2004 年第 6 期。
② Robert Jervis, "Cooperation under the Security Dilemma," *World Politics*, Vol. 30, No. 2, January 1978, pp. 190 – 191.

快捷与连续、防御与进攻的太空行动进行组织、训练与装备上的准备。[①] 为此，美军应大力推进太空控制战略，谋求在增强太空态势感知能力的基础上，积极提高防御性和进攻性的太空对抗能力，建设更加完善的太空攻防对抗体系。[②] 美国太空攻防战略的基础在于其对太空防御脆弱性的感知。正如某位学者所指出的那样："美国对太空资产的依赖程度远远超过其他所有国家，而太空资产与生俱来的一个特点就是对攻击具有脆弱性，即太空资产的自身防御存在很大的弱点。"[③] 根据攻防理论的基本观点，"一个国家在拥有或认为自身拥有强大的进攻和薄弱防御能力的时期，往往会发动和进行更多的战争"[④]。为此，美国进一步抢占先机，加快发展其太空优势，企图为未来的太空争霸打下强势基础。

《美国国家安全战略报告》（2002）。"9·11"事件改变了美国对其安全形势的看法，认为其不仅面临来自世界上地区强国的威胁，而且面临着恐怖主义的袭击和核、生、化、太空与导弹扩散等不对称威胁。2001 年 12 月，美国单方面退出《反弹道导弹条约》，突破了太空武器化的最后一道法律屏障，使得其太空攻防对抗准备朝着攻势占优的危险方向发展。2002 年《美国国家安全战略报告》明确提出了"先发制人"的打击战略原则。在战略手段上，加快以军事转型为重点的国家安全体制的全面转型。美国将以导弹防御系统为纽带在亚太地区形成一个以美国为主导的"多边防务"网络：部署陆基拦截导弹、海基拦截导弹、"爱国者" PAC – 3 型导弹防御系统以及陆基、海基和太空基传感器。同时，计划在阿拉斯加州中部部署 100 枚拦截

---

① United States Department of Defense, "Secretary Rumsfeld Announces Major National Security Space Management and Organizational Initiative," *News Release*, No. 201 – 01, May 8, 2001, http：//www. defenselink. mil/news/May2001/b05082001_ bt201 – 01. html.

② 王友利、伍赣湘：《美国空间对抗体系及典型装备发展研究》，黎弘主编：《2012：国际军备控制与裁军》，世界知识出版社 2012 年版，第 102 页。

③ 何奇松：《脆弱的高边疆：后冷战时代美国外空威慑的战略困境》，《中国社会科学》2012 年第 4 期。

④ 邹明皓、李彬：《美国军事转型对国际安全的影响——攻防理论的视角》，《国际政治科学》2005 年第 3 期。

导弹，在阿留申群岛的一个荒岛上建立新的雷达站。在 2010 年前向近地轨道发射 24 颗卫星，用以对导弹发射情况进行昼夜监视。在 2015 年前将在北达科他州部署 150 枚拦截导弹。美国希望通过这些导弹防御拦截系统，实现对本土的防御，对恐怖主义以及"无赖"国家实施"先发制人"的打击，达到建立一个以美国为主导的单极世界的目的。

《美国国家太空政策》《太空作战》（2006）。在阿富汗战争和伊拉克战争过程中，对太空的利用和依赖，让美国更加深刻地感受到了太空优势所带来的好处，更加坚定其进行太空攻防对抗准备的决心。2006 年，时任美国总统的小布什正式签署一项新太空政策，与以往相关政策相比，该文件突出强调美国享有绝对自由的行动权；拒绝就任何可能会限制其进入或使用太空的协议进行协商谈判，反对与这一原则相违背的任何形式的太空协议或规定；如有必要，美国有权利不让任何"敌视美国利益"的国家或个人进入太空。这一政策文件精神体现了美国不容他人"染指"太空、追求太空霸主地位的意图。[1]数月之后，美国批准了新版《太空作战》文件，进一步界定了太空攻防对抗准备的协作机构、联合部队空天组织指挥官履行职责的任务、太空作战部队的使命等内容。这一系列太空战略规划给美国加快太空攻防对抗准备"开启了一道更大的门缝"，而且"充满了单边主义的口吻"[2]。

《国家安全太空战略》（2011）。美国在依赖太空优势来获取巨大利益的同时，也面临着太空战略环境急剧变化的巨大挑战。首先，太空日益变得拥挤。太空运转的卫星越来越多，太空轨道的碎片越来越多，以及因卫星增多而导致轨道间隔越来越小，卫星相撞和干扰的可能性越来越大。其次，太空日益充满对抗。离开了太空系统，美军几乎不能打仗，或者其战力将极大减损。最后，太空日益具有竞争性。[3]

① 徐能武：《外层空间国际关系研究》，中国社会科学出版社 2010 年版，第 38 页。

② 邓然：《美走向"武装外空"遭质疑》，《新闻晨报》2006 年 10 月 19 日。

③ 程群、何奇松：《美国国家安全外空战略评析》，《现代国际关系》2011 年第 3 期。

针对上述问题，《国家安全太空战略》明确了美国太空安全的战略目标：一是强化太空的安全与稳定；二是维持并增强太空系统给美国国家安全所提供的战略优势；三是加强为美国提供国家安全保障的太空工业的发展。为实现上述三大战略目标，该战略为美国太空安全战略提出了五大方针：其一，确保各行为体负责任、和平、安全地使用太空；其二，提高美国的太空能力；其三，与负责任的国家、国际组织、商业公司结成伙伴关系；其四，预防与威慑对支持美国国家安全的太空资产与基础设施的侵犯行为；其五，准备挫败攻击，并在退化的环境中行动。综上所述，美国通过一系列重要文件，确立了控制太空，推动太空武器化的较为完整的政策体系①，构成了美国太空攻防对抗全方位准备的基本框架。

2. 美国太空攻防对抗准备的装备保障

归根结底，美国太空攻防战略直接体现为对进攻性太空武器装备的开发和部署。根据美国太空攻防对抗准备计划和纲要，美军太空攻防对抗准备部队的武器系统主要包括反导武器系统、反卫星武器系统、空天飞机、轨道轰炸机和太空战斗机、载人飞船和太空站，以及作战保障系统等。② 预计到2025年，美军各种天基、反导、激光武器、反卫星武器及空天飞机和轨道轰炸机等将全部登台亮相。从攻防理论的视角，最为关注的是"攻防平衡对战争的影响，进攻性武器能够与防御性武器区别开来，是前者而非后者诱导战争，应该销毁"③。然而，进入21世纪以来，美国开发与部署的各类太空武器装备均以进攻性为根本指向（见表2-1），致使太空攻防对比日益趋向进攻占优的负面结构。

---

① 美国的这些文件提出了控制空间、全球作战、力量集成和全球合作等作战思想，既勾画了包括美国进入外空和在轨作战在内的空间能力建设蓝图，也提出了包括欺骗、阻断、拒止、削弱、摧毁在内的针对外空系统和卫星进行进攻性和防御性外空对抗的作战样式。

② 谭显裕：《21世纪美军外空战发展的武器装备研究》，《航天电子对抗》2004年第1期。

③ Jack S. Levy, "The Offensive Defensive Balance of Military Technology: A Theoretical Analysis," *International Studies Quarterly*, Vol. 38, No. 2, June 1984, p. 220.

表 2-1　　　　　　　　　　　　美国典型的太空进攻武器装备

类型	计划名称	技术类型	发展动态
硬杀伤摧毁方案	地基动能拦截器	动能反卫星武器	完成关键技术研究，但未开展飞行试验，研究重点向"可逆杀伤"方向发展
	地基中段导弹防御系统	动能反卫星武器	具备接近实战的反卫星能力，可拦截部分中低轨道卫星
	海基中段导弹防御系统	动能反卫星武器	可拦截 400—500 千米高度的卫星，2008 年曾拦截失控间谍卫星 USA193
	空基反卫星导弹	动能反卫星武器	计划中止
	地基激光武器	定向能反卫星武器	已具备了一定的实战能力
	空基激光武器	定向能反卫星武器	计划处于停滞状态
	天基激光武器	定向能反卫星武器	计划处于停滞状态
信息对抗技术装备	卫星通信对抗系统	信息对抗干扰	已经投入实战部署
	地基侦察监视对抗系统	信息对抗干扰	处于系统论证发展阶段
新型自主操作轨道飞行器	X-37B	可重复使用轨道机动飞行器	2010 年 4 月 23 日—12 月 3 日、2011 年 3 月 5 日—12 月 3 日、2012 年 12 月 11 日—2014 年 10 月 17 日开展了三次飞行试验 X-37B 的第四次任务计划于 2015 年实施*
	实验卫星计划（XSS）	自主接近交会小卫星	XSS-10、XSS-11 试验已经完成，XSS-12 计划即将展开
	微卫星技术实验计划（MiTex）	自主接近交会小卫星	2008 年底到 2009 年初开始对出现故障的美国 DSP-23 卫星进行追踪、逼近和监测操作
	轨道快车计划	近地轨道自主在轨服务	2007 年 3—7 月，"轨道快车"计划的两颗卫星成功验证了近地轨道自主在轨服务技术，验证了对合作目标的捕获能力
	通用轨道修正航天器计划	地球同步轨道自主在轨服务，将实现对非合作目标的捕获	目前重点研究立体测绘成像技术、多自由度太空操作机器人技术

*参见郭爽《美军 X-37B 神秘航天飞机着陆 已在轨停留两年》，原标题《美 X-37B 飞行器结束"秘密任务"返回地球》，新华网，2014 年 10 月 19 日。

资料来源：王友利、伍赣湘《美国空间对抗体系及典型装备发展研究》，黎弘主编：《2012：国际军备控制与裁军》，世界知识出版社 2012 年版，第 112 页。

首先，自退出《反弹道导弹条约》以来，美国固执地坚持其反导防御立场，声称反导系统是其全面反恐举措的一个有效组成部分。然而，美国反导防御系统诱发对手升级攻防能力，迫使对方的攻防对比向进攻占优的方向变化。一方面美国反导防御系统对国际安全的危害是直接冲击核安全领域的战略稳定性，诱发进攻性战略武器的纵向扩散。对方只要花相对很小的代价来提升其导弹技术，尤其是多弹头的洲际导弹，就可使防御方防不胜防。所以，这个时候，双方在反导防御系统上的军备竞赛极不利于增加战略稳定性。因此，发展反导系统并不能真正增加其国家安全。

反导系统的发展态势又促进了弹道导弹突防技术的升级换代。弹道导弹与反导系统是一对矛与盾，有矛必有盾，盾坚矛更利。弹道导弹是主动进攻的利矛，而反导系统只是被动防御手段；反导系统通常只能对付已经服役使用的某几种型号弹道导弹，而难以有效拦截采用新式突防技术的新型弹道导弹。弹道导弹占有主动之利，同时可采取数量规模和技术优势进行综合突防，反导系统充其量只是"虚幻的盾牌"。①

另一方面，美国动能反导系统直接提升反卫与防卫进攻能力，也推动着自身攻防对比向进攻占优的方向变化。美国太空攻防对抗的全方位准备强调提供支持导弹预警系统的"太空能力"，发展"多层面和整体的导弹防卫能力"。例如，美军在海湾战争和伊拉克战争中，摧毁弹道导弹发射装置远比其拦截弹道导弹的效果好。美国舰载"宙斯盾"战区导弹防御系统的工作原理与陆基拦截器一样，该型拦截器发射如果当作反卫星武器使用的话，能轻松击中在距地球表面400—500千米轨道运行的卫星。此外，美国的天基导弹防御系统就更有打击卫星的能力了。美军加紧在太空部署部分反导设备，包括在近地轨

---

① 葛立德：《弹道导弹的战略作用》，《瞭望新闻周刊》2012年9月3日。

道部署"天基反导系统"。天基系统可以提供不受地理位置、战略警报和批准部署基地等条件限制的导弹防御设施，还可能在弹道导弹飞行中段将其拦截。同时，美国积极在中欧部署导弹防御设施，随后将扩展导弹防御计划，包括部署海基导弹，在太空部署导弹追踪系统。2004 年 7 月，美国军方在阿拉斯加州的格里利堡部署了一枚长约 17 米的陆基拦截导弹，标志着美国开始实际部署国家导弹防御系统。这个原理就是将导弹装在部分"杀手卫星"上，伺机对敌方的卫星发动太空攻击。美国已经开始在本土、欧洲和亚太地区加紧部署反导系统，因此可以肯定地说，美国用导弹打卫星的能力已经完全成熟。

其次，美国不断增强太空打击能力，使其能够先发制人地使用太空武器来打击试图攻击其卫星和地面辅助设施的敌对国家或恐怖组织。美国宣称："我们保留自卫的权力，防止敌对攻击和干扰太空资产。"美国政府认为，不能保证所有国家都和平利用太空，许多国家正在发展或取得对抗、攻击和摧毁美国太空系统的能力。同时，美国的电信、运输、供电、供水、天然气和石油储备、紧急救援、银行和金融业、政府等行业高度依赖卫星传输的数据。为了维护美国太空资产安全和相关利益，允许"先发制人"地攻击他国卫星或地面指挥站，剥夺对手太空对抗的能力。美国空军公布的《太空攻防对抗准备》文件更是重申了由拉姆斯菲尔德奠定的美国太空攻防对抗准备原则。在必要的情况下，美军要利用太空系统对敌手发动先发制人的打击。① 根据这一指导思想，美军公布了一份规划中的太空武器名单，既包括反卫星武器，又包括对陆攻击武器，其中主要包括空基发射的反卫星导弹，其小型导弹能拦截低地轨道的卫星；反卫星通信系统，这种系统可以杀伤敌方的天基通信和早期预警卫星；反侦察和反观测系统，目前主要是建立空基侦察和观测系统；地基激光，即指从地面打击低地轨道卫星，形成具有防御性和攻击性的太空控制能力；超高

---

① Paul Mann, "Bush Team Rethinks Strategic Doctrine," *Aviation Weekly & Space Technology*, Vol. 154, No. 4, January 22, 2001, p. 26.

速动力棒，要求美国空军具备能在几分钟内部署、加强、保持和重新部署天基力量，具有从太空打击地面任何目标的能力。众所周知，无论哪种形式的反卫星装置都是典型的进攻性武器，"有利于进攻而不是防御的军事技术的革新会刺激体系中大国或帝国的扩张，加强其在国际体系中的地位"①。美国军方拒绝参加禁止反卫星系统谈判，而热衷于反卫星战，因为它认为，低轨道卫星可能是最不可或缺的通信设备，不管是在军事还是民间的应用上。而美国具有反卫星作战的能力，对任何潜在竞争对手都是最致命的威胁。而一旦参加反卫星系统谈判并签署条约，无疑会束缚其手脚。美国发展反卫星能力明显推动了攻防对比向进攻占优转化。

最后，美国积极开发新概念太空武器装备系统，增强进攻性太空军事存在。美国空军提出，到 2025 年要在太空部署太空攻防对抗准备机动部队，保卫美国的航天器。美国加快研制自主操作轨道飞行器这样一种典型的进攻性太空对抗装备，在一定意义上代表了其未来太空攻防对抗准备的发展趋势。2007 年 3 月 8 日，美国军方发射的"轨道快车"小型卫星，名义上是为了太空防御目的而开发的一种太空维修技术验证卫星，但其显而易见的军事价值是对那些在太空交战中受损的高价值航天器进行抢修，在无须冒什么风险的前提下，可提升美军太空攻防对抗准备体系的生存力和作战实力。伸出"手臂"抓卫星也可以摧毁敌方目标，因此，此次试验最令人关注的还是美军独一无二的"太空掳星"技术。另外，"轨道快车"作为小型卫星，可以放在改装后的弹道导弹头部或者是空射火箭头部发射。这些发射工具本身就是军用装备，发射准备周期很短，可靠性高，成本低廉，能够满足实际作战的需要，可随时向太空部署大量武器。

加强进攻性太空军事存在的另一重点项目是能摧毁地球任意区域目标的全球快速打击系统（C-PGS）。正如攻防理论所指出的："提高

---

① Robert Gilpin, *War and Change in World Politics*, New York: Cambridge University Press, 1981, p. 61.

机动性的革新一般有利于进攻，从而导致进攻者能够在短时间内取得决定性的胜利。"① 美国发展全球快速打击系统直接增强了太空攻防对抗准备中挑衅行为出现的概率。美军发展全球快速打击系统所面临的最现实、最受质疑的问题，就是可能由于"核误判"而引发意外核战争，许多分析家担心俄罗斯等国家可能会将全球快速打击武器误判为战略核武器。② 美国国防部于 2011—2016 财年投入 20 亿美元用于全球快速打击系统研发项目，其中 2011—2012 财年共投入 5.4 亿美元。目前，美国已成功进行两次 X-37B 空天飞机（轨道武器③的一种）飞行试验，2012 年 12 月 11 日，X-37B 开始第三次秘密飞行试验，在结束 22 个月的太空飞行后于 2014 年 10 月 17 日返回地球。这是该飞行器执行的迄今耗时最长的"秘密任务"④。X-37B 的第四次任务于 2015 年实施，2017 年 5 月 7 日，在轨飞行 718 天后，执行第 4 次任务的美国 X-37B 轨道飞行器成功降落在佛罗里达州的肯尼迪航天中心。美国全球快速打击系统的快速打击能力进一步诱使其安全决策者认为，最好先下手为强，全副武装地抢占太空。反过来，他国应对美国的全球快速打击系统的手段之一是打其弱点的非对称性和平反制战略。美国全球快速打击系统更易诱发破坏其电子系统的第一次打击，降低太空危机稳定性，因此，爆发太空冲突和战争的风险也将随之大幅增加。

综上所述，美国太空攻防对抗无论在战略思想还是装备研发上都表现出鲜明的进攻性特征，从而致使太空攻防对比向进攻占优转变。美国的太空军事部署使得美国在太空安全领域形成对他国的明显优势，这一方面极易诱发美方为了单方面的利益，而轻率地、先发制人地发动第一次打击；另一方面，一旦有国家觉得自己被对手甩在后

---

① 李志刚：《攻防理论及其评价》，《国际论坛》2004 年第 6 期。
② 方勇：《美国推进快速全球打击计划》，《新时代国防》2010 年第 8 期。
③ 国内有关学者曾将轨道武器定义为：由运载工具发射到各种外空轨道上对外空或地球上的目标进行攻击的武器，包括天基平台和飞船、外空飞机或空天飞机等。
④ 郭爽：《美军 X-37B 神秘航天飞机着陆 已在轨停留两年》，原标题《美 X-37B 飞行器结束"秘密任务"返回地球》，新华网，2014 年 10 月 19 日。

面，为防止在未来冲突中陷入被动，也会想到先发制人，在形势恶化之前发动攻击。两者相加，在竞赛中占据上风的一方，会有先发制人的念头，趁对方还未赶上自己时实施打击，同样，处于下风的一方为以防不测，也会有先发制人的念头，趁对方还未准备防范时实施打击。① 这种进攻占优的攻防态势深刻地影响着太空安全的博弈模式，导致太空军事化进一步加强。

（二）定向攻防优势的追求

美国在太空攻防对抗准备中加快部署太空武器，从而引发太空军备竞赛，极不利于世界的和平与稳定。尽管欧盟和俄罗斯、日本、印度等国纷纷加大涉足太空的步伐，太空权力结构出现了由单极向多极发展的趋势，但从现实来看，美国占压倒性优势的地位异常突出。在日内瓦裁谈会上，美国始终以现有《外层空间条约》已经足够和太空不存在军备竞赛为由，拒绝就防止太空武器化和军备竞赛问题展开谈判和讨论。2005 年 10 月，联合国各成员国就禁止在太空部署武器的提案进行表决，只有美国投了反对票。2011 年 2 月出台的美国《国家安全太空战略》在提出加强国际合作，支持建立新的太空活动行为准则的同时，强调美国将"进一步增强太空态势感知能力，增加透明度并促进太空信息共享"；针对太空对抗，美国将"采取多层次的威慑方案来预防和慑止对手的太空进攻"，"提高侦察对手攻击的能力，加强太空系统的恢复能力，一旦威慑失效，保留还击的权力"②。俄罗斯总统普京指出："有些国家正试图放手在太空部署武器……"并进一步批评道："一些国家采取非法及单边行动，企图漠视国际伙伴的合法利益而无理地一意孤行。"③ 在美国太空攻防对抗

---

① 特蕾莎·希钦斯（Theresa Hitchens）：《外空大战离我们还有多远？》，郭凯声译，《环球科学》2008 年第 4 期。

② 王友利、伍赣湘：《美国空间对抗体系及典型装备发展研究》，黎弘主编：《2012：国际军备控制与裁军》，世界知识出版社 2012 年版，第 106 页。

③ John Mohanco, "Russia Concerned About Space Weapons Deployment-Putin," *Moscow News*, November 9, 2006, http://www.mosnews.com/news/2006/11/09/spacewar.shtml >.

准备的刺激下，新的太空争夺"多米诺骨牌效应"正在显现，继美国之后，欧洲与俄罗斯也先后公布了太空攻防对抗准备计划，而这些计划无一例外都带有浓重的军事应用色彩。

1. 美国太空攻防战略加剧了其主要竞争对手的不安全感

这些国家中首要的便是俄罗斯。为了应对可能出现的太空军事对抗，俄罗斯加快了军事航天力量的建设，不断提高太空兵力兵器的作战能力，并赋予太空部队发射各种军用航天器和打击敌太空武器系统的任务。针对美国的太空攻防对抗态势，俄罗斯一方面积极推进反卫星武器的研制和部署，另一方面则试图压制和削弱美国的反导体系。为此，根据俄罗斯航天 10 年计划，反卫星武器是其重点发展对象。目前，俄罗斯在继承苏联反卫星技术的基础上，主要研制两大类反卫星武器——共轨式反卫星武器和激光与粒子束反卫星武器。俄罗斯共轨式反卫星拦截器的作战发射区域为 1500 千米×1000 千米，作战高度为 150—2000 千米，作战反应时间为 90 分钟；制导方式采用雷达寻的或红外寻的，圆概率偏差（CEP）≤1 千米；接近目标的相对速度为 40—400 米/秒，拦截目标卫星的时间为 1 小时左右（第一圈轨道内拦截）到 3.8 小时（第二圈轨道内拦截）。俄罗斯已建成 15 个快速反低轨道卫星系统发射台。而在激光与粒子束反卫星武器方面，俄罗斯计划部署的平台有地基、空基（机载）和天基，其中地基反卫星激光器部署进展较大。地基反卫星激光器摧毁卫星需要的能量比摧毁导弹的要低，且不需要天基反射镜，故更适用于反卫星作战。在粒子束反卫星武器研究方面，俄罗斯正处于由实验探索阶段向实用系统发展的阶段。此外，俄罗斯还设计了反未来军用卫星的其他太空攻防对抗准备手段：一是把太空雷（杀手卫星）部署在敌卫星的轨道附近，作战时，通过接收地面指令，用常规引爆方法使卫星夭折。二是先行在大气层上方爆炸核装置，产生强烈红外辐射，使敌反卫星导弹的探测、预警和传感器等系统失灵，同时破坏对方的太空 C^3 系统。三是在敌天基激光反射镜轨道上设置反向运动卫星，向反射镜投放大量的钢球。由于钢球的相对速度可达 16 千米/秒，即使是 1 克重的钢球，也可穿透 12 毫米厚的铝板。四是在敌方地基激光器上方的大气层投放由大片吸光材料形成的云层，让激光束发散。

随着美国在中东欧地区部署反导系统的活动逐渐展开，俄罗斯从攻防两方面下手，不仅要挑战美国反弹道导弹系统的能力，而且要全面削弱美国的战略威慑力。其中主攻的为"白杨－M"导弹，主守的为 S－400"凯旋"反导系统。俄罗斯战略导弹部队在未来两三年内将装备"白杨－M"的分导式多弹头型，加强"白杨－M"战略导弹的攻击力。任何一种拦截系统要想在"白杨－M"高速而飘忽不定的飞行中拦截到它都是非常困难的。俄罗斯政府军事委员会也通过了 S－400 导弹列装和研发第五代一体化反导防空导弹系统的决议。S－400 的性能远远超出了美国的"爱国者"号最新改进型。它融多层次防空反导于一体的作战能力为俄罗斯要地防空和点防御提供了坚实盾牌，也将使美国的威慑大打折扣。2011 年 12 月，俄罗斯成立空天防御兵，取代原航天兵和空军空天防御战略战役司令部，以整合战略预警、导弹防御、要地防空、太空监控、航天支援保障等力量，提升空天作战能力。

2. 美国欲独霸太空的攻防对抗准备也导致其盟国的不满和反对

欧盟各国及加拿大等国都已公开表示反对美国在太空建立军事优势。其盟国的担忧主要集中在两个方面：一是担心华盛顿不愿参加有意义的对话，拒绝商讨如何采取合作措施以确保未来太空安全；二是害怕美国太空攻防对抗准备会削弱已经建立起来的反对部署反卫星武器（ASAT）和天基武器的共识。的确，其盟国的相关官员多次指出，美国在太空，特别是在太空军事方面缺乏外交，一直令他们不满和无奈。从广义上讲，美国太空攻防对抗准备也许会导致国际社会采取更加一致的行动来制定外交措施，以限制美国在太空的行为，或者至少会争取从政治上阻碍及进一步孤立华盛顿。有些国家选择利用联合国和平利用外空委员会来"大声疾呼"，指责美国太空政策违反法律准则，以期委托"法律小组委员会"对其进行调查。加拿大也正领头推动裁军会议成立非正式的"讨论"小组来讨论防止太空军备竞赛

（PAROS），这个努力已经获得了广泛的支持。对美国有关太空武器的作为，加拿大保守派领导的联合政府故意采取较低调的处理方式，而反对太空武器是加拿大外交政策一贯坚持的原则。加拿大正在改变对待美国的方式，从公开坚定拥护到批评其立场，再到加强幕后努力以影响其决策。加拿大外交官声称，加拿大政府仍然强烈反对太空武器化，并将继续努力维护和开拓以国际合作为基础的太空安全、和平的局面。

同时，欧盟正试图达成共识，制定其太空攻防对抗准备计划。这种努力背后的问题之一是：在太空军事领域方面，欧盟需要建立何种程度的战略自治。美国太空攻防对抗准备计划加深了欧盟长期以来的看法，致使它认为美国是个靠不住甚至是不愿意合作的伙伴。由此，欧盟也许将进一步倾向于自主，并使俄罗斯的合作倡议看起来更具吸引力。作为欧盟的主导国之一，法国历来把开发航天技术作为国家重点发展战略之一。近年来，随着法国太空预算的逐年增加，多项太空军事计划陆续出台，涉及军事侦察、军用通信及导航、遥感等许多方面。法国成功发射"锡拉库斯－3B"（Syracuse－3B）军用通信卫星，就是朝发展独立的军事航天能力迈出的重要一步。正如法国总统所言，该卫星成功上天，不仅有助于加强法国的军事卫星通信系统，同时还可提升法国和欧盟的军事行动能力。2006 年 12 月，德国租用俄罗斯的"宇宙－3M"（Космос－3M）火箭，成功地将其 SAR-Lupe 合成孔径雷达卫星送入太空，该卫星可以在任何气象条件下对地表进行分辨率小于 1 米的拍照。难怪美国媒体惊呼："当美国还在给自己的太空雷达下定义时，德国的卫星系统很快将开始向欧洲的军事指挥官们发送高分辨率雷达图片。"[1] 但是，这并不意味着欧盟可以马上拥有和美国一样的太空军事力量，除了技术储备和科研经费相对于美国均显匮乏外，欧盟内部的意见不一致也为其实现太空攻防对抗准备

---

① Chris Pocock, "Germany's SAR-Lupe Constellation Puts Europe ahead," *Defense News*, November 6, 2006, http://www.defensenews.com/worldnews/2006/11/06/Europeannews.shtml >.

目标增添了不少障碍。

　　总的来看，美国过于谋求在太空的常规打击优势，将迫使其他国家进一步谋求"核或非核的平衡手段"，进而导致世界局势更加不稳定。① 亨利·基辛格曾说："一个国家寻求绝对安全的做法对其他国家来说意味着绝对不安全。"② 美国的这种绝对安全，必然导致其他方处于安全劣势中。为了获得同样的安全感，各方必然要强化自身的军事实力。③ 以空天飞行器为例，美国于 2010 年和 2011 年接连发射两架 X-37B 无人空天飞机，这一技术不仅进一步打破了美国与其他国家的太空力量平衡，而且美国始终对其真实用途和规划遮遮掩掩，造成世界各国危机感加剧，纷纷加大对空天飞行器的研发力度。因此，国际社会担忧空天飞行器的急速发展，正使太空竞技格局发生危险的变化。

（三）太空现实威胁的化解

　　从上述分析不难看出，在太空开发中已经取得优势的国家不肯谦让，后来者则拼命想挤进来占有一席之地。在此情况下，如果美国一意孤行武装太空，必将导致类似于核恐怖平衡的太空冷战，从而给整个世界的和平发展带来严峻的负面影响。国际社会也清醒地认识到，妥善应对太空安全领域可能出现的威胁和挑战，推动太空国际军备控制是国际社会面临的共同而紧迫的任务。为实现这一目标，国际社会"应树立以互信、互利、平等、协作为核心的新安全观。……要摒弃以军事实力谋求安全优势的思维模式，以协商化解矛盾，以合作谋求稳定"④。推进太空安全机制形成的首要任务应是有针对性地先行构

---

　　① 罗山爱：《美国推进多款先进武器 即时全球打击日渐成形》，《新京报》2010 年 6 月 2 日。

　　② 转引自《世界上没有"绝对安全"》（本文作者为国防大学军事后勤与军事科技装备教研部教员），《人民日报》2010 年 6 月 8 日。

　　③ 余永胜：《美国空天飞机将挑起外空军备竞赛》，中评社北京 2010 年 4 月 30 日电。

　　④ 《中国代表团团长胡小笛大使在第 60 届联大一委一般性辩论中的发言》，中国军控与裁军协会编：《2006：国际军备控制与裁军报告》，世界知识出版社 2006 年版，第 310 页。

建抑制太空武器化的原则、标准和规则。美国太空攻防对抗准备必须直面这样的现实：世界各国的发展都将需要更多的类似太空这样的"战略太空"。事实上，除美国以外的世界各国都承认并乐意给各自这样的太空。面对超级大国谋求"太空霸权"的企图，全世界所有希望开发太空的国家都应该行动起来，推动建立和平、合作、和谐开发太空的国际机制和法制框架，坚决反对太空霸权，强化和平开发、利用太空的能力，合作推进人类对浩瀚宇宙的探索。面对美国作为进攻方的定向攻防对比变化所引发的危险，当务之急是从两方面着手，转变攻防对比态势，促进防御占优，抑制太空军备竞赛和太空武器化的步伐，促进太空攻防对比的力量平衡。

1. 转变攻防对比态势

从通过国际军控来解决太空安全困境的意义上看，转变攻防对比态势是国际社会面临的共同而紧迫的任务。正反两方面的教训足以让人们在太空的开发热中多一些冷静。从某种意义上说，太空开发不仅是对人类智慧和科学技术的挑战，也是对未来世界和平的考验。美国虽然拥有太空优势，但并不拥有航天技术的垄断权。越来越多的国家进入太空，这是无法阻挡的潮流。未来如果爆发太空战争，将不会出现绝对的胜利者。"美国不希望用国际规范约束本国的太空活动，到头来损失最大的还是美国，因为如果潜在对手对美国太空资产进行破坏、攻击等活动，美国就没有法律依据对潜在对手实施报复，即使能够确定攻击的来源与性质。"① 各国现有的数万亿美元的太空资产，很有可能瞬间化为太空垃圾，人类探索宇宙的宏伟计划，也将成为永远的梦想。作为太空第一大国的美国，在防止太空武器化、防止太空军备竞赛、确保太空用于和平目的方面负有特殊责任，应该率先带领世界回归理性。世界各国应从航天技术发展和国家安全互动的现状出发，加快促进太空国际军备控制，以抑制太空武器化的危险，确保人

---

① 何奇松：《脆弱的高边疆：后冷战时代美国外空威慑的战略困境》，《中国社会科学》2012 年第 4 期。

类对太空的和平开发、利用。

美国太空攻防对抗准备中定向攻防对比的变化趋势，也暴露出现有国际制约机制的不足。不可否认，现有防止太空军备竞赛的国际条约曾起到了一定的积极作用，但由于当时政治、军事和技术条件的限制，过去的条约也存在着严重的缺陷或漏洞，不足以防止太空军备竞赛。例如，《外层空间条约》既没有禁止在太空部署非大规模毁伤性武器，也没有禁止发展、生产和使用太空武器，使其对防止太空军备竞赛的作用受到限制，为日后太空武器化留下隐患，而美国正是利用了这一点。这个问题已引起国际社会的高度关注。中国、俄罗斯等多个国家主张，为保证《外层空间条约》的有效性，需要进一步完善它的内容，根据发展了的形势增加一些新的条款。2002年6月，中俄等国联合提出了《关于未来防止在太空部署武器、对太空物体使用或威胁使用武力国际法律文书要点》的工作文件，以后又根据各国的意见起草了《关于太空法律文书的核查问题》和《现有国际法律文书与防止太空武器化问题》两份非正式文件，但由于美国始终不愿将这个问题列入联合国裁军会议的议程，这一进程一直未取得进展。近几年，由于裁谈会难以启动太空军控谈判，太空"透明和建立信任措施"（TCBM）问题的热度明显上升。为积极施加影响，中俄于2010年提出第65、68号联大决议，建议成立联合国太空TCBM问题政府专家组。专家组成员包括安理会五常、巴西、南非、智利、韩国等15国的政府专家，已于2012年7月、2013年4月和7月召开三次会议，拟就太空TCBM问题向联合国秘书长提出建议。2012年6月5日，欧盟与联合国裁研所在维也纳举行"国际太空活动行为准则"首次多边研讨会。美国重申不支持太空军控条约谈判，对新案关于"支持裁谈会工作""事先通报"等内容仍有关切。

2. 促进防御占优

从通过国际军控解决太空安全困境的途径来看，促进防御占优是最佳的战略选择。美国太空攻防对抗准备反映出太空已日益成为美国经济、国家和国土安全的重要组成部分，也迫使其他国家必须奋起直追。加之，国际社会近期难在太空军事利用方面达成协议，其他国家想与美国在太空安全领域展开一场对话是非常困难的。从攻防理论视域来看，其根本原因在于，"美国的军事优势地位本身说明了攻防平衡严重朝美国方面倾斜，因而导致了'美国的霸权在进攻'的局面"①。如果这一问题无法得到解决，那么，世界各国想在军事利用太空方面达成协议的前景黯淡。攻防理论认为，"如果相关国家的军事力量是以防御性为主的，那么，安全困境就不严重，战争爆发的可能性就很小。因此，可以通过军备控制来调整各国军事力量的属性，使其更具有防御性，这样就能避免军备竞赛，减少战争"②。面对美国在太空攻防对抗准备中咄咄逼人的态势，世界各国应该团结起来积极推进太空国际军备控制。正如罗伯特·吉尔平所指出的："攻防平衡影响到现状改变的代价，代价越高，发动战争的可能性就越少。"③

为化解美国太空攻防对抗准备所带来的现实威胁，一方面，应通过太空国际军控来迫使美国太空安全考虑向防御占优的方向转变。"如果进攻性武器与政策和防御性武器与政策能够相互区别的话，国家对防御性武器与政策的追求便不会引起别国的怀疑；即使国家采取进攻性措施，别国也可以由于攻防区别及早得到预警。"④ "所以攻防区别有利于消除国家间的误读，能够使其他国家对一国追求安全的行为采取较为温和或较为保守的反应，从而避免或缓和安全困境，使合作得以进行。"⑤ 积极推进太空国际军控，迫使美国将更多的投资和精力转向民用、商用航天技术领域，不仅会使其国家形象和民众热情

① 李志刚：《攻防理论及其评价》，《国际论坛》2004 年第 6 期。
② 邹明皓、李彬：《美国军事转型对国际安全的影响——攻防理论的视角》，《国际政治科学》2005 年第 3 期。
③ Robert Gilpin, *War and Change in World Politics*, New York: Cambridge University Press, 1981, pp. 62–63.
④ Robert Jervis, "Cooperation under the Security Dilemma," *World Politics*, Vol. 30, No. 2, January 1978, pp. 43–44.
⑤ 邹明皓、李彬：《美国军事转型对国际安全的影响——攻防理论的视角》，《国际政治科学》2005 年第 3 期。

获得极大的提升，也有利于太空和平开发、利用事业的发展。和平利用航天技术的发展，是世界和平的福音。太空民用、商用技术发展是太空事业的重要组成部分，对各国的经济建设、社会发展和国家安全都会起到非常重要的作用。

　　另一方面，世界各国应提高太空和平开发、利用的能力，增加维护太空国际安全的筹码。"美国对哪一国威胁大，哪一国发展（反制）太空/弹道导弹能力的动力也就越大。"① 制衡的力量多一点，太空的和平可能就增加一点。发展以天基为主的天、空、地一体化综合信息网络系统，满足未来信息化作战的需要；发展快速、机动、可靠、廉价的、进入太空的能力，确保国家进出太空通道的畅通；对国家太空设施采取适当的安全防护措施，增强太空设施的抗干扰能力和生存能力；发展少量先进而顶用的太空力量，对敌形成威慑，打破强敌控制太空、垄断太空资源的图谋，削弱其太空攻防对抗准备的优势。太空非军事化已经提了很多年，但是总不能达成一致，就是因为有的国家把太空利用看成是自己的专利、自己的特权。当越来越多的国家具备航天技术后，霸权者才有可能醒悟到搬起的石头也会砸到自己的脚，才有可能实现太空的真正和平。任何国家航天技术的每一次突破性进展都是对太空霸权垄断的有力冲击。中国嫦娥探月工程在国际安全领域的战略价值，从各国相继跟进的探月动作中就可以看到。这些探月秀绝不是争风吃醋，而是在国际政治领域对话语权的激烈争夺，在实际应用领域对技术制高点的激烈争夺。中国航天在嫦娥探月工程、神舟载人航天工程的带动下，正向实用化、系统化、规模化的方向发展，我国的国家利益增加了一层太空的安全屏障。

---

　　① 何奇松：《脆弱的高边疆：后冷战时代美国外空威慑的战略困境》，《中国社会科学》2012 年第 4 期。

第三章　天缘政治的复合建构

天缘政治对于国际社会这一"共同体"而言，是各国利用与太空相关的权力来调节太空主体（往往是国家）间的利益矛盾，维持和促进国际社会稳定和有秩序的社会活动、形式及其关系。从马克思主义国际关系理论视野来看，衍生于现有国际体系中的天缘政治作为全球政治的新生成分，同样受人类社会发展中生产力与生产关系、经济基础与上层建筑的矛盾及其运动规律的支配。天缘政治实践中"技术—权力—观念"的复合结构及其互动关系，推动着天缘政治进化冲突抑或进化合作，如若国际规制与物质权力结构实现良性契合，天缘政治就有可能朝着"向善"的方向进行复合建构，否则就可能走向文明的反面，加剧冲突，甚至会引起战争。由航天技术及其应用聚合起来的个人、利益集团、政府机构、非政府组织等构成了天缘政治的微观、宏—微观、宏观层面的多样化主体。微观层次行为体的趋向和行为通过利益博弈汇聚成宏—微观、宏观层次的结构，并最终服从且服务于人类共同利益的追求。关注和维护太空安全，就要充分利用、引导多样参与中的安全利益博弈与汇聚进程的良性发展。天缘政治中权力是无法超越的，如何充分利用多样权力的互动来推进权力协调就成为天缘政治复合建构的关键。但在现实中，随着现代科学技术特别是航天技术的发展，太空安全合作的现状堪忧，这主要表现为个别国家谋求太空绝对优势和绝对霸权的威胁加剧，太空武器化和太空军备竞赛的趋势日益明显，太空碎片的自杀伤效应日益严重，太空人为污染所导致的太空环境安全日益恶化。要通过协调太空国际安全互动推

进太空安全合作，重点是抑制太空武器化和太空军备竞赛，促进太空
行为规则的制定，广泛倡导新安全观以增进太空环境安全合作。为
此，在和平发展背景下维护各国太空战略安全与合法权益，需要通过
太空军备控制来促进复合结构的正向转化，加快利益汇合互动进程的
优化转向，促使施动者—结构—进程三位一体的共存共生，努力倡
导、共建包容普惠、和谐共生的新型太空国际关系。

一　天缘政治中的技术聚合 *

　　冷战后天缘政治权力失衡所导致的太空武器化和太空军备竞赛的
趋势，构成了对太空安全日益严重的现实威胁。不难理解，这一状态
的出现是由于个别国家谋求自身在太空利益的最大化与人类共同利益
理念追求之间的矛盾，这导致国家间的安全合作有限，太空安全态势
堪忧。美国试图凭借其太空实力优势，阻止其他国家潜在的攻击意
图，以实现美国的太空安全和全球霸权。因此，美国屡次阻挠甚至公
开拒绝太空军备控制，使得在太空国际安全合作方面的进展受阻。针
对这一困局，也应看到天缘政治中技术聚合结构使得太空国际关系呈
现出一种"混沌"状态。各国进入太空开展探索、利用活动成为人
类社会实践日益重要的组成部分，太空相关主体的安全互动必然引起
整个国际体系中诸多参量的变化，形成了多样参与太空安全的社会进
程。因此，在航天技术发展的进程中，国际社会应综合利用微观、宏
—微观、宏观层面的各种有利因素，千方百计地促进太空国际安全合
作，以确保太空战略安全的持续进化。

（一）技能革命聚合社会行动

　　太空安全是指避免由于任何人为物体或装置对太空目标或从太空

---

　　* 本节内容以"混沌理论视野下外层空间安全利益博弈与汇聚研究"为题发表于《求
索》2013 年第 8 期。

对其他地方目标进行人为性的损害，维护和保证那些放置和运行于地球、大气层和太空相关人员、资产不受到外来的干扰、损害或毁伤的能力和状态。① 冷战结束后，美苏抗衡的太空均势发生了根本性的变化，美国占压倒性优势的地位更为突出。2006 年，美国新的太空政策突出地强调：美国享有绝对太空自由行动权，不让"敌国"进入太空；鼓励参与合作，扩大军方的太空权力；抢占太空优势，着眼于部署武器；拒绝签署任何限制美国太空发展的国际协议等。与此同时，俄罗斯、日本、欧盟、印度等国家和地区近年来也纷纷加大涉足太空的步伐，大力拓展自身的太空利益，太空安全困境更为严重。现在一些军事大国正在组建天军，建立太空军事基地，为争夺"制天权"做着积极准备。

与此同时，太空的开发、利用正加速渗透到社会生活的方方面面，影响到公民个人的行为方式乃至思考分析问题的方式。混沌理论范式将微观参量的个人看成既是理性的，又是受习惯驱使（Habit-driven）的行为体。罗西瑙认为，只有将世界政治中的个人看成是介于这两个理想类型之间，才能提高我们对世界政治中混沌的理解。② "航天科技对当代经济社会的影响主要表现为对生产方式、交往方式、思维方式和生活方式的影响。"③ 航天技术对组成社会的个人的革命性影响，体现为对人的社会适应能力的改造。

1. 航天技术及其应用会引起个人行为方式和能力的变化

混沌范式认为，国际政治的行为者都是能够不断学习、反思的行为体，而不是国际体系中恒定不变的要素。航天技术及其应用极大地改变了个人的日常行为能力与方式，使个人作为社会最基本的微观参量，发生着巨大的变化。比如，"个人通信能力将实现在任何时间、

① James Clay Moltz, *The Politics of Space Security*, Stanford University Press, Stanford, California, 2008, p. 11.

② James N. Rosenau, *Turbulence in World Politics: A Theory of Change and Continuity*, Princeton University Press, 1990, p. 228.

③ 陈筠泉、殷登祥主编：《科技革命与当代社会》，人民出版社 2001 年版，第 118 页。

任何地点，与任何人、传送任何信息的自由化，这将实现地面蜂窝移动通信、固定光纤网络、区域无线网络、个人无线网络与卫星通信的交叉系统集成"。"航天技术和应用还将在地理信息的数字化——数字地球、远程教育、远程医疗等各方面为提高人类的生活质量和实现社会的可持续发展发挥重要作用。"①

　　由于航天技术的进步，个人与航天活动有关联的相关属性（Attribute）在微观—宏观的互动背景下，有着非常大的变化潜力。航天技术及其应用正逐步渗透到社会活动的各个方面，已成为和人类生活息息相关的重要组成部分。目前，我们可利用近地太空从事通信、导航、气象预报、精确计时、电视直播等活动，这些应用已经成为人类日常生活的重要组成部分，极大地方便了广大人民群众的日常生活。航天技术及其应用扩展了个人的学习能力，拓宽了个人感知世界的认知图（Cognitive Map）的细节与概念，也使个人更加了解在未来政治体系中个人、组织和权威的互动情势，使个人知道在何时以及如何参与集体行动。"新型的商用卫星允许顾客赋予卫星专门的任务，定购一张特殊时间特殊地点的光学图像。""人们还可以在互联网上用'谷歌地球'（Google Earth）获取免费的高解析度图像。"② 航天技术及其应用不但大大地拓展了普通人的视野，而且使社会个体能从一个更为整体化的视角看待和思考诸多事物，从而在社会的微观层面引起一场难以估量的思想和行为革命。

　　2. 航天技术引起作为太空微观主体的个人或组织在太空安全中角色的变化

　　当然，技术革命在带来个人的巨大变化的同时，个人在太空安全中所扮演的不同角色也会发生相应的变化。个人在太空安全中扮演的角色越多，相应地，他们的角色冲突和重合（Overlap）的可能性也

----

　　① 中国科学院空间领域战略研究组：《中国至 2050 年空间科技发展路线图》，科学出版社 2009 年版，第 14 页。

　　② ［美］琼·约翰逊—弗里泽：《空间战争》，叶海林、李颖译，国际文化出版公司 2008 年版，第 44—45 页。

就越大。这种角色需求（Role Demands）的冲突汇合在一起，就会导致太空安全突变式的混沌进程。航天技术及其应用，特别是技术发展的商业化，"美国政府无法禁止其他的可能'顾客'购买他们感兴趣的同类技术"[①]。由于航天技术的商业化应用，除传统意义上的航天员外，旅游者、科学家、记者等个体纷纷以各种不同形式加入太空安全领域，其他主体如和平主义者、绿色主义者乃至恐怖分子都以不同的方式卷入太空安全领域，主体的多样化必然导致太空安全的复杂化。

　　同样地，作为太空安全的另一类行为体——太空活动实践中的国家、国际组织等也经历了深刻的转型。由于航天技术所引起的实际能力的深刻变化，这些行为主体采取不同的方式不同程度地参与天缘政治。从以往人类太空拓展活动来看，每一个新的活动空间的开发，必然会产生与之相关的重大利益，相应地，安全问题也随之而来。太空安全是人类的活动领域向太空不断扩展过程中所出现的新的安全问题。太空探索、利用中的国家、国际组织既受惠于从太空安全中获益，同时也是推进太空安全最直接的行为主体。由于太空微观行为体的个人和宏观行为体的相关国家、国际组织都具有学习能力，这导致了这些行为体参与能力的深刻变化。个人、国家、国际组织等行为主体的学习能力，亦即放弃旧习惯和适应新条件的能力，是推动太空安全变化的关键。[②]太空安全活动的混沌，其原因既是数量剧增的各类太空国际组织对太空安全谈判的促进、操控能力的提高，同时也是其分析能力的增强，从而引导国家及其公民更为关注和支持太空安全的各种努力。

　　3. 太空主体的多样化导致太空安全的深刻变革

　　随着世界经济的快速发展和航天技术的扩散，太空探索、利用从

---

　　① ［美］琼·约翰逊—弗里泽：《空间战争》，叶海林、李颖译，国际文化出版公司2008年版，第41页。

　　② James N. Rosenau, *Turbulence in World Politics: A Theory of Change and Continuity*, Princeton University Press, 1990, p. 228.

业人员全球化趋势明显。太空探索、利用的科学家和工程师需要在全世界任何地方工作，并享有像软件工程师和医学研究人员一样的流动自由。太空主体的多样化除体现为航天技术复杂化所导致的太空探索、利用从业人员的复合化外，太空活动的参与主体也越来越多元化。"联合国和平利用外空委员会的成员国由最初的 24 国增加到现在的 69 国，除了美、俄、欧洲国家等太空大国外，还出现了印度、以色列、巴西、日本、韩国、泰国等许多新兴太空国家。此外，各种政府间国际组织和私人实体也广泛参与太空活动，并日益扮演重要角色。"① 资料显示：在当前从事航天活动的国家中，有能力生产航天器的国家有 25 个；有能力生产运载火箭的有 13 个；世界上所有重要国家和许多发展中国家与地区（170—180 个），都依据各自的情况或多或少地参与太空安全活动。此外，相对宽松的国际环境也使非政府航天合作组织日益活跃，如来自世界各地的科学协会、研究机构和个体科学家等，他们以其面临政治阻碍小、灵活性较大的特征，对太空国际安全机制的研究和发展做出了很大贡献。②

21 世纪，在太空探索、利用中，各种行为主体的合作交往正在促使太空安全领域出现复合相互依存的状态。太空探索、利用活动所面临的技术挑战繁多而复杂，甚至在某些情况下可能难以克服。未来太空探索、利用工作的成功，有赖于包括火箭学、医药、计算机科学、通信、材料科学、光电科学和机械工程在内的众多领域的重大技术突破，这些都需要全球科学家和工程师经过数十年的努力工作和进行高瞻远瞩的推进。支持这一宏大创新工程的，是一个由决策、资源分配、功能开发以及融资构成的体系，而且所有这些活动均在一系列特定的法律和政策规范下展开。太空探索、利用所需要的技术，不是由单枪匹马的天才和发明家凭空构思出来的与世隔绝的奇迹，相反，这些技术通常是持之以恒的集体协作的结晶，并且与预先确定的系统

①　马新民：《国际外空法的现状及发展趋势》，赵海峰主编：《空间法评论》（第 2、3 卷），哈尔滨工业大学出版社 2009 年版，第 4 页。

②　张辉：《国际外空机制及其面临的挑战》，《现代国际关系》2010 年第 2 期。

的层次结构和太空开发、利用活动架构紧密相关。生产力决定生产关系，科技的逻辑决定着国际政治的逻辑，航天科技国际合作的内在要求必将克服越过国界的限制，从而为太空安全合作提供现在看来仍感遥远，但最终可期的美好前景。

（二）利益博弈汇聚的多样合作

微观层次行为体的趋向和行为在利益博弈后汇聚成宏观层次的结构。利益博弈与汇聚作为微观层次与宏观层次的传输带（Transmission Belt），混沌来自微观、宏—微观、宏观三个层次行为体之间的互动性，从这个意义上说，三者不可或缺，每个层次的行为体都是构成天缘政治演变的必要而非充分条件。关系动力（Relational Dynamics）存在于行为各方内在的互动关系中，是由行为体所持有的权力决定的。[1]

1. 太空微观基础的变化引起利益博弈与汇聚的变动

个人技能革命以及其他的大量因素，导致了天缘政治中权力合法性来源的改变。天缘政治中权力合法性在越来越大的程度上来源于这种复合相互依存对于人类共同利益实现方面的行动能力与绩效。那些越能够满足人类需求、实现人类目标以及为人类提供稳定的集体秩序的太空安全措施，就越可能具有更多的合法性。在太空安全中人类以集体的行动与表现作为合法性来源，直接导致了国家主权在太空国际交往实践中的转移倾向。人类在太空安全中的相互依赖导致各种太空力量的利益分配受各种行为体的影响，进而使得权威在向上与向下两个方向得以再定位。超国家的太空国际组织往往以人类太空治理体系的名义享有着越来越大的权威，得到该组织成员的服从。"航天工程是集众多高新技术于一身的复杂系统，其组成的零部件数以万计，任何细小的疏忽，就会付出巨大的代价。没有全局的概念，没有大力的

---

① James N. Rosenau, *Turbulence in World Politics: A Theory of Change and Continuity*, Princeton University Press, 1990, p. 183.

协同，没有严密的组织和严格的制度，任何一个航天工程都会失败。"①

随着航天技术的深入发展，太空探索、利用正由主要是一种国家行为向非国家行为扩散，各种开发主体间呈现出高密度利益博弈与汇聚的状态。这种高密度利益博弈与汇聚是航天技术开发、利用中个人对个人、个人对公司、公司对公司、个人对国家、公司对国家、国家对国家等高度交叉、串联、并联、平行等异常复杂的依存关系，并且这一"关系团"将继续增大，复杂化为真正意义上的混沌世界，然后发展形成你离不开我，我离不开你，最终达到你我不分的共同体（见图 3 - 1）。太空作为新的战略空间，不专属于任何国家，每一个国家都有自由进入的权利。

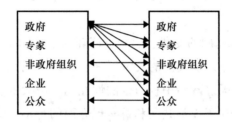

图 3 - 1   太空开发、利用中部分主体的交流、依存关系

资料来源：李彬《军备控制理论与分析》，国防工业出版社 2006 年版，第 251 页。

2. 太空利益博弈与汇聚的变动必然导致太空安全的政治变革

技术进步、太空国际安全机制建构，以及维持公众支持都有可能为太空安全注入活力，并增强对人类共同利益理念的强烈支持。由于太空探索、利用有关技术问题十分复杂，它们最终受物理规律和分子生物学等学科实际发展状况的制约，太空重大技术问题的答案涉及对已知物理学实际成果的理解和运用。与之相对，主宰太空探索、利用领域决策和政治的各种力量，则受抽象和不确定政治因素所左右，这

---

① 黄志澄：《航天科技与社会第四次浪潮》，广东教育出版社 2007 年版，第 241 页。

些因素包括个人动机、社会交互、国家利益和组织行为。如果太空探索、利用中的国际安全合作要向前发展，就需要开发出具有创造性和持久活力的新合作模式。

当今太空国际安全合作的现实形势预示着太空活动的未来政治。在全球未来太空探索、利用活动方面，日益增多的参与者利益博弈与汇聚的关系将进一步发展，这些参与者包括国家、国际组织（由各成员国组成）、超国家（或超疆域）组织（在国家之上，而且不依赖于任何由国家组织的结构）、私营机构公司、非政府组织（NGO）、个人或合伙人。例如，由于现代社会生产生活对时间、位置服务如此广泛并充满变革的需求，面对全球卫星导航系统日新月异的进步和各卫星导航系统共同发展的愿景，世界卫星导航系统已成为经济社会发展不可或缺的太空信息基础设施。随着航天技术的发展和应用的推广，世界上四大卫星导航系统出现"合作大于竞争"的良好契机。2011年5月，美国GPS、俄罗斯GLONASS、欧洲"伽利略"、中国"北斗"四大卫星导航系统的代表，以及来自中、美、俄、欧、日等国家和地区的卫星导航系统主管部门官员与专家学者相聚一堂，共同探讨不同卫星导航系统间兼容、互操作的合作及应用前景。

3. 太空权力政治建构应最终服从于人类共同利益的实现

当各大国纷纷推出其太空探索、利用蓝图时，天缘政治版图的色彩日益缤纷绚烂，天上的人造星座再次成了地面政治格局的投影。正是权力从根本上规范着各国在太空的力量范围。作为集多种科学技术于一体的高科技活动，太空探索、利用反映了从事该活动的国家的科技实力、工业水平、军事潜力乃至国民动员能力。太空探索、利用实力是一个国家综合力量的体现，它必然要为国家战略服务。也就是说，太空中的对抗或合作是地面上国家关系的延伸。太空军备竞赛只会导致两败俱伤，合作共赢才能维系和平与发展。全球化的世界必然导致全球化的太空探索、利用事业。

太空越来越拥挤以及呈现出竞赛和竞争格局的新环境，就愈来愈要求有效的权力介入，以促进国际安全合作。国际合作如果有效，则可降低所有国家的成本负担，汇集更多的技术、专业知识和创意，并在超越纯粹的技术目标之外促进国家战略目标。太空探索、利用中的价值冲突在本质上是由国家利益与人类共同利益发生冲突而引发的。太空国际安全合作的实质是权力的社会建构。虽然太空具有无疆域性的特征，但在一定的航天技术条件下，太空中的诸多资源是有限的，如地球静止轨道、太空无线电频谱资源等，不同国家之间的利益追求必然会发生冲突。国家安全是国家利益的核心所系，但为了追求国家的绝对安全而建立导弹防御系统，就会破坏国际社会的互信和战略稳定性，推动太空武器化，甚至可能引发全球核战争，造成国家和人类的灭亡。因此，维护太空安全，反对太空武器化和军备竞赛，实现太空有效的国际安全合作，作为理性人类的唯一出路，需要生产性权力的介入和有效建构。

（三）合作安全强化共赢原则

由航天技术及其应用联系起来的个人、利益集团、政府机构、非政府组织等，构成了复杂增长的微观、宏—微观、宏观层面的多样化主体，而联合国及其相关机构作为全人类共同利益理念的倡导者和实践者，积极地推进着太空安全，可视之为这一领域宏观层面的主体。这些不同层次参与主体的交织作用对太空安全起着日益深刻和广泛的影响（如在图 3 - 2 中，左边三角形代表一种关系，右边拼图代表另一种关系，在理性主义思路下，转变过程如小箭头所示，而在实践中则如大箭头所示，转变过程更为复杂）。太空安全多样参与中的利益诉求汇聚成联合国所倡导的人类共同利益理念，构成了一种作用日益彰显的生产性权力。①

1. 倡导和贯彻人类共同利益的理念是太空安全的迫切需要

在太空安全中，太空主体沿着理性认知的战略思路，依据全人类

---

① 焦兵：《现实建构主义：国际政治的权力建构》，《世界经济与政治》2008 年第 4 期。

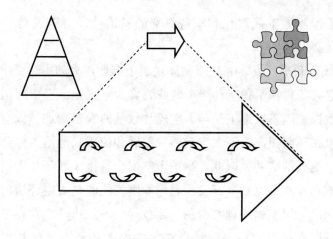

图 3 - 2　主体间安全关系的转变

资料来源：李彬《军备控制理论与分析》，国防工业出版社 2006 年版，第 252 页。

共同利益的理念追求，逐步树立、强化合作安全的观念。一方面，肯定人类对太空进行和平开发、利用具有巨大的进步意义，也是历史发展的必然趋势。另一方面考虑如何在共存共赢的目标牵引下，探求太空安全合作的方式和方法。这就需要从航天技术发展和国际安全互动的现状出发来抑制太空武器化的危险，以确保人类对太空的和平开发、利用。未来如果爆发太空战，将不会出现绝对的胜利者。各国现有的数万亿美元的太空资产，很有可能在瞬间变成大批的太空垃圾，人类探索宇宙的宏伟计划，将成为永远的梦想。太空开发中已经在太空领域取得优势的国家不肯谦让，后来者又拼命想挤进去占有一席之地，太空冲突时隐时现，国际安全合作刻不容缓。

从某种意义上说，太空开发不仅是对人类智慧和科学技术的挑战，也是对未来世界和平的考验。推进太空安全，首要的就是有针对性地构建抑制太空武器化的原则、标准和规则。冷战后各国太空战略的调整和加强，太空领域技术进步的军民两用性边界日益模糊，"星球大战"二代、"国家导弹防御系统"（NMD）、"战区导弹防御系统"（TMD）、"近地太空"的军事使用，新概念武器、太空作战力量的酝酿，太空作战思想以及战争形态预估，各国主管机构的创建等，均强化了抑制太空武器化和军备竞赛的紧迫性。可以说是"如箭在弦，势在必发"。

2. 践行和平开发、利用原则体现了生产性权力的本质要求

太空武器化和军备竞赛严重地威胁着太空安全，已引起国际社会的高度重视。随着人造卫星与太空碎片数量的大量增加，太空活动的危险性也在不断提高，而太空武器的部署和使用只能给太空环境的安全性造成更大的威胁，因此，维护太空安全直接关涉到各国的现实利益与根本利益。太空和平开发、利用原则关注的是太空环境的整体安全（Safety），而不是一国自身的军事安全（Security），它在客观上要求各国开展合作以维护国际社会在太空探索和利用上的共同安全利益。基于全人类共同利益理念的太空生产性权力可为抑制太空武器化和军备竞赛提供较广泛的、持续的力量之源。

太空和平利用的价值有目共睹：国际能源危机凸现与太空能源的经济意义；正在形成的新兴太空产业——以太空生物工程、太空材料加工业、未来航天技术为核心的高科技工业群体，太空的商业应用，世界各国对太空的开发对本国、地区乃至世界经济的影响等。要维持这种和平利用，就需要有合作安全的理念和制度框架做保证。但现有的太空法所存在的问题及其所面临的挑战，太空使用核动力源的原则及其蜕变危险，太空普遍公约、太空法与某些国家国内法的冲突，民间进行太空开发活动缺乏管制等问题，均有可能引发意想不到的灾难。面对探索太空能力的极端失衡，现有的国际安全机制滞后和国际合作障碍重重，急需以和平利用为目标，构建共存共赢的合作大框架。

3. 反对太空武器化和军备竞赛有助于推进太空多边安全合作的现实进程

太空权力关系要摆脱严重失衡的危险状态，就应发挥生产性权力对多边合作安全的理念和制度框架的论证和支撑功能。世界各国应在以"合作、相互依存和尊重世界多样性"为核心的国际战略思想的基础上，极力倡导"互信、互利、平等、协作"的新安全观，强调

要持续取得这种和平利用的价值，以多边合作安全的理念和制度框架保证太空国际安全合作努力的积极推进。既遵循多边安全对话机制是平等对话和协商的场所，不应使之成为大国对某些国家施加压力的场所，又要尊重国际社会的多样性，倡导合作安全观念，极力推动国际社会防止太空武器化和军备竞赛，防止太空核动力源蜕变的危险，进行太空科学实验规范立法等工作。

　　航天技术的飞速发展，正以无与伦比的广度和深度将各国社会逐步地从微观、宏—微观和宏观层面融为一个呈现出混沌状态的整体，并形成一种"一荣俱荣，一损俱损"的关系团。生产性权力关注扩散的、偶然的社会进程如何产生特定的主体，如何确定意义与类别以及如何创造一种被视为理所当然的、日常的国际政治。例如，有报道所提到的用光纤传输互联网信号或许要落伍了，美国马斯克和 World Vu 卫星公司打算打造小型卫星网络以实现全球互联。World Vu 卫星公司设想发射 700 颗小型卫星，每颗卫星重量不到 250 磅（约 113 公斤），其大小约为目前最小的商用通信卫星的一半。双方还考虑要为此建立一家卫星制造工厂，并把每颗卫星的制造成本降低到 100 万美元以下。这些卫星可能由太空探索技术公司负责发射。这家公司已经多次利用"猎鹰 9 号"火箭发射卫星和它的"龙"系列飞船。该公司已与美国航天局签署 26 亿美元的合同，负责研发、测试和发射运送美国宇航员的"太空巴士"。从空中传输互联网信号是美国 IT 公司的一个竞争热点，谷歌和脸书正在研发的互联网信号传输手段分别是气球和无人机、激光束等。[①] 这种合作安全的生产性权力对太空国际安全合作起着日益重要的平衡、融合和领导的作用。太空安全应继续积极推进防止太空武器化和军备竞赛，强调和则共赢，合则同安的意识。"世界是丰富多彩的。世界上各种不同文明、不同的社会制度和发展道路应彼此尊重，在竞争比较中取长补短，在求同存异中才能共

———————
　　① 《光纤传输将落伍 美科技公司拟打造"卫星互联网"》，《科技日报》2014 年 11 月 11 日。

同发展。"① 呼吁各国摒弃以军事实力谋求太空安全优势的思维模式，尊重相互的差异性和多样性，建立不同文化、不同意识形态国家之间在太空领域的安全互信，以协商化解矛盾，以合作谋求稳定，共同维护太空安全。

二　天缘政治中的权力互动 *

　　天缘政治已成为国际关系研究的一个重要的新领域。追求技术性级差空租是各国以各种形式进入太空开发、利用的根本动机，也是太空国际互动行为的逻辑起点。非有限的广阔太空及其各种天体资源是国际社会主权原则无法延伸，同时也无须延伸的地方，对于进入其间追求技术性级差空租的人类力量而言，唯一适用的就是"人类共同利益"理念。

（一）天缘政治中权力的无法超越

　　"人类共同利益"这一理念就太空而言，只意味着对太空及其天体的勘探和利用对全人类开放，是全人类开发的范围，除此之外，该概念不具有任何进一步的含义。因此，各国②进入太空追求技术性级差空租的能力和意图的综合，构成了太空国际政治的权力基础。很显然，这种能力和意图一方面由该国的航天技术水平所决定，另一方面，则取决于该国的太空开发、利用的战略设计。

　　比较前沿的国际关系理论出现了将各主流学派融合起来的明显迹象，它往往关注两大基本问题：一是国际关系在多大程度上是社会建构的？或者说，这种国际政治状态是否对国家行为产生决定性影响？

---

　　* 本节部分内容以"外层空间国际关系研究体系的思考：现实建构主义视角"为题发表于《中国海洋大学学报》2008 年第 5 期。

　　① 江泽民：《全面建设小康社会，开创中国特色社会主义事业新局面》，人民出版社2002 年版，第 48 页。

　　② 基于现有外空国际法的规定，可暂且把进入外空的私人力量也看成是属于某一主权国家有效管辖下而隶属于某一特定国家的。

二是权力和观念的复合结构如何在社会过程中"三位一体"地推进国际政治的演化? 从太空这种完全不同于地表的全新国际关系的成长来看,这种新锐、前沿的国际关系理论分析框架和方法为正确把握天缘政治的实质和特征提供了一个较为恰当的视角和思路。这种新锐、前沿的国际关系理论的内核是"国际政治的复合建构"。这不仅是现实主义与建构主义的融合,也包含了建构主义与自由主义的融合,它既体现出建构主义的"社会建构"内核,又体现出现实主义的"权力政治"内核。因此,"国际政治的权力和观念的复合建构"是这种新锐、前沿的国际关系理论所占据的理论空间。它认为,国际关系状态是由国家造就的,权力政治、共有观念在进程中复合作用于各种主体,它们共存共生,产生着进化冲突或进化合作。因此,这种新锐、前沿的国际关系理论首先像现实主义理论那样以国际政治无法超越的权力政治作为研究起点;其次,它像古典现实主义理论那样承认权力是一个能以多种方式表现的多面体,同时承认每种形式的权力都以不同的形式影响着国际政治的行为与动力;最后,它像建构主义理论那样承认国际政治的每一种行为与动力都是社会建构的产物。[1]

在人类开发、利用太空的实践活动中,正如苏联太空司原司长迈约斯基所指出的,人类共同遗产与人类开发范围是两个既相互联系又相互区别的概念,前者适用于物质对象,后者适用于人类的开发活动。由于人类开发活动所追求的是技术性级差空租,即人类可开发的太空无疑是"人类共同利益"理念已确定的整个太空的一部分,因此,对于人类太空活动而言,"人类共同利益"理念是一个先验而永恒的原则。对太空和其他天体及其资源而言,"人类共同利益"理念意味着太空资源属于全人类共同所有,各个国家均具有可从开发太空的活动中取得利益的权利。但各个国家在天缘政治中的权力则从根本上取决于各国在人类已开发范围里所拥有的航天技术能力和国家太空

---

① Janice Mattern, "Power in Realist Constructivism Research," *International Studies Review*, Vol. 6, No. 2, 2004, p. 345.

战略的影响力。

确实，太空新型国际关系的形成无法超越权力政治的起点，同时也应看到，每种形式的权力都以不同的形式影响着国际政治的行为与动力。在研究天缘政治的现实建构中，其主题应是考察国家行为体如何使用不同的权力形式，从而建构起这一新型国际关系的事实。

各国开发、利用太空的收益是一种技术性级差空租，谁的技术投入大，技术水平高，谁的收益就大。太空开发、利用是一项典型的大科学工程，它需要一个国家雄厚的综合国力作为后盾。冷战后，国际格局中大国权力结构发生了明显的新变化。这个变化的主要表现是，美国的综合实力得到了很大的恢复，巩固了它唯一超级大国的地位，其他几强的实力和美国相比都不在一个等级上。由此，在太空开发、利用上美国也一直保持着高投入，以维持它的绝对领先地位。

各国综合实力对比的严重失衡，对太空开发、利用的直接影响就是造成太空合理的国际关系构建受挫，追求绝对霸权与和平开发、利用的矛盾和斗争更加错综复杂。个别国家追求技术性级差空租的能力远远超过其他国家，这就更需要共同协商所产生的机制来确保太空开发、利用的合理和有效。但美国凭借其强大的综合国力，无与伦比的航天技术，总想谋求太空的绝对安全和绝对霸权，因而拒绝进行任何可能束缚其手脚的天缘政治方面的谈判。与此同时，美国在太空领域所占有的分量也决定了它没有参加天缘政治方面谈判的愿望与诚意，太空安全困境难以缓解和消除。

世界各国日益认识到，太空开发、利用中的技术性级差空租的特点和冷战后国际权力格局的"一超多强"，决定了加紧构建合理的天缘政治格局是维持太空长期稳定与和平的必由之路，只有通过合作来寻求安全的方式才能确保太空真正成为人类发展的新空间。[1] 鉴于航天技术性级差空租的获得要求各国以强大的综合国力为基础，它是不

---

[1]　有关国际安全机制的意义，参见朱阳明主编《国际安全战略论》，军事科学出版社2000年版，第134—135页；任晓《从集体安全到国际安全机制》，任晓主编：《国际关系理论新视野》，长征出版社2001年版，第182—193页。

可能按主权原则被硬性"分割"的。目前,以美国为首的西方发达
国家纷纷通过发展其航天事业,试图在太空中强化其优势地位,从而
不断增强军事实力和经济实力,以便在国际政治斗争中争取更多的发
言权。而部分发展中国家也积极努力,意欲或已经参与到太空领域的
竞争之中,进而提升本国在天缘政治活动中的权力。

(二) 天缘政治中多样权力互动

一种前沿的国际关系理论一方面像现实主义那样以国际政治无法
超越的权力政治作为研究起点,另一方面强调多种形式的权力都以不
同的方式影响着国际关系的社会建构。因此,对天缘政治研究的关键
问题在于探讨"权力"的不同形式及其在建构国际关系中的作用。
按照迈克尔·巴尼特(Michael Barnett)和雷蒙德·杜瓦尔(Raymond
Duvall)的定义,可把"权力"理解为"权力是社会关系中某些因素
的产物,这些因素塑造行为体控制自身命运的能力"[1]。这一概念有
两个核心维度:一是影响行为体能力的社会关系类别;二是社会关系
的特殊性。

第一维度关注权力是运行于互动中还是运行于社会建构中。在互
动关系中,行为关系或互动中的权力运作将影响其他行为体控制自身
生存环境的能力,在这里,权力变成了一个行为体所拥有的属性,该
行为体可以用它来塑造其他行为体的行为或行动的条件。在建构关系
中,权力运行其中的社会关系建构了行为体的能力与利益,建构关系
不能还原为既定行为体的属性、行动与互动,相应地,权力是不可还
原的社会存在,因为这种社会关系产生了具有不同的自我(他者)
理解与能力的社会行为体,进而对行为体塑造自身存在条件与进程的
能力有实质性的影响。

第二维度关注权力运行其中的互动或建构性社会关系是直接具体

---

[1] Michael Barnett and Raymond Duvall, "Power in International Politics," *International Organization*, Vol. 59, No. 1, 2005, p. 45.

的还是间接扩散的，即主体与客体之间或者主体之间是存在直接的、具体的因果性或建构性权力关系，还是存在一种具有一定空间、时间或社会距离的间接的、扩散式的权力关系。

从这一"权力"概念的两个分析维度的不同组合出发，形成了四种权力类型（见表3－1）：强制性权力（Compulsory Power）、制度性权力（Institutional Power）、结构性权力（Structural Power）和生产性权力（Productive Power）。

表3－1　　　　　　　　　　权力的四种类型

权力的类型	直接	扩散
互动关系	强制性权力	制度性权力
建构关系	结构性权力	生产性权力

强制性权力是某一行为体通过互动关系而对另一行为体施加的直接控制，当一个行为体的行为控制了另一行为体的行为或环境时，强制性权力就是存在的。制度性权力是行为体通过互动关系的扩散而对其他行为体施加的间接控制。它关注的是用以调节行为体之间关系的正式或非正式的制度，某一行为体通过制度的规则和程序引导、操纵和限制其他行为体的行为。结构性权力是在行为体之间直接的结构关系中行为体身份与利益的建构，它关注结构内部的相互建构性关系对行为体社会身份的界定，与制度性权力关注行为的限制不同，结构性权力关注的是行为体社会能力与利益的建构。生产性权力是扩散性社会关系对主体的改造。生产性权力关注意义（Meaning）得以生产、确定、存在、实践与转化的话语，社会进程与知识体系，话语是社会权力关系的场所，因为话语确定了日常生活实践的场所并界定了可以想象的、可能的社会行动领域。生产性权力关注扩散的、偶然的社会进程如何产生特定的主体，如何确定意义与类别，以及如何创造一种被视为理所当然的、日常的国际政治。

巴尼特和杜瓦尔指出，这四种权力类型并非不可通约，而是相互联系、相互交织的统一体，它们是国际政治中权力运行的不同形式。把这四种权力类型视作统一的整体，有助于全面把握太空全新国际关系形成中这四种权力类型及其互动对于天缘政治的实际影响状况。

　　在天缘政治活动中，除由各国在太空的实力所决定的强制性权力外，太空安全领域有关各国在太空和平开发与利用问题上存在着共同安全利益，这使各方在安全问题上拥有一系列的共同愿望和要求，大多数国家希望对太空武器化的趋势加以抑制，在此基础上正在构建一套有效的国际安全机制，这构成了影响天缘政治形成的制度性权力。天缘政治作为与国家核心利益密切相关的权力建构的产物，是与权力的分配紧密相关的。现实建构中的天缘政治在一定程度上反映了按一定比例在成员国中分配权力的结构。结构性权力部分地定义了各国在太空的身份和利益。权力大的国家拥有更大的发言权，使太空开发更多地为其利益服务，而"弱一些的国家可能就没有自主选择"①。依据人类在开发太空实践中所形成的"人类共同利益"这一根本性理念，为了规范人类在太空的国际互动，引申出以下三原则："不得据为己有"原则——任何国家都不能在太空划出一块作为私有领域，太空不是无主地，任何国家都不得通过占领使用或任何其他方式提出主权要求；"自然探索和利用"原则——不能把太空变成军事竞技场，探索和利用太空要坚持非军事化原则；"共同利益"原则——太空对所有国家都是敞开的，到太空进行科研、旅行等活动的机会是均等的，但目的必须符合全人类福利和利益。② 这些原则在有关各方努力

---

　　① Stephen Krasner, "Structural Causes and Regime Consequences: Regimes as Intervening Variables," in Stephen Krasner (ed.), *International Regimes*, Ithaca: Cornell University Press, 1983, p. 15.

　　② 1958 年 12 月 13 日，联合国大会秉承"探索和利用外层空间应为所有民族谋福利"的崇高信念，在第 1384（XII）号关于外空问题的决议中提出了"人类共同利益"的概念；1963 年 12 月 13 日通过的《关于各国探索和利用外层空间活动的法律原则宣言》第一条规定："探索和利用外层空间，必须为全人类谋福利和利益"；1967 年生效的《外层空间条约》第一条第一款提出了"共同利益"原则。关于该原则的产生、法律效力、法律内容及补充和发展，详见黄解放《空间法的"共同利益"原则——〈外空条约〉第一条第一款再探讨》，《中国国际法年刊》1987 年卷。

下的社会化，构成了天缘政治中影响日增的生产性权力。

分析影响天缘政治实践建构中各种权力类型及其互动，可以看到，现实的做法是将各种权力作用纳入创新性的国际管理机制中，这样才能规范太空新型国际关系沿着对人类而言真正"正确"的方向成长。①

（三）天缘政治中推进权力协调

推进太空安全的国际合作，既是人类共同和平探索、利用太空的客观要求，也是各国太空事业稳步有序发展的现实需要。一般认为，推进太空安全合作需要建立原则、规则和标准，在"没有制度的情况下，实际的合作常常比可能的合作要少"②。

1. 通过协调太空国际安全互动来寻求安全合作

太空领域国家间安全互动的协调规范，已得到许多国家的关注。世界各国应坚持维护和完善相关国际法，反对将太空据为己有，反对不当干涉别国从事太空活动的自由，以此作为推进太空安全合作的起点。国家利益是各国政府处理对外关系的最高准则，是国际关系的"通用语言"。推进太空安全合作的前提是要使国际社会尤其是主要太空国家认识到这种合作有利于实现和维护各自的国家利益，其中美国的态度最为关键。应通过各种渠道与美国沟通，不仅在中美之间建立必要的军事互信，而且应力争使美国认识到，谋求太空霸权固然是美国的国家利益，但反恐则是更核心、更亟待维护的利益，防（核/导弹）扩散更是与太空安全紧密相连的。因为在现有条件下，恐怖分子完全有可能掌握散布太空垃圾、制造电子干扰等初级反卫星技术，美国推进太空武器化无助于反恐事业，反而会诱使恐怖势力延伸到太空，部署导弹防御系统更会刺激其潜在对手发展进攻性更强、性能更

---

① 参见焦兵《现实建构主义：国际政治的权力建构》，《世界经济与政治》2008年第4期。

② ［美］罗伯特·基欧汉：《霸权之后——世界政治经济中的合作与纷争》，上海人民出版社2001年版，第79页。

先进的太空作战方法与手段，加剧导弹扩散的风险，增加太空武器效应逆序，这些都不符合对航天技术最为依赖的美国的国家利益。应积极呼吁国际社会通过友好协商找到一个各国都能接受的方案，建立一个类似于国际民航组织、国际电信联盟之类的组织，以协调各国的行动，反对霸权国家随意发号施令。国际社会应共同主张利用联合国等集体安全机制，惩治违反太空国际法的行为。任何一国政府出面呼吁，无论其愿望如何真诚，都会被其他国家视为别有用心，而非政府组织和个人可以发挥独特而重要的作用。不仅要以政府的名义继续努力，而且要重视发挥学术、宗教等社会团体和其他非政府组织、媒体、著名公众人物在推进国际太空安全合作方面的作用，鼓励相关人士进一步积极参与"帕格沃什"组织（科学与世界事务）、忧思科学家联盟等的活动，扩大发展中国家在这些非政府组织中的话语权和影响力。特别是航天员在国际法上享有"人类使节"的地位，受到各国人民的普遍尊敬，可组织航天员参与对外交流，表达相关国家的和平愿望与合作诚意。通过影响民意，自下而上地推动各国政府达成太空安全合作，可以为破解太空安全困境提供新的途径。

2. 把抑制太空武器化作为太空安全合作的重中之重

完善太空国际法的热点之一，就是国际社会普遍关注遏止太空武器化问题。一直以来，一些国家努力谋求研发和部署太空武器系统，只是受特定的历史条件限制而未能成为现实。现在，一些军事大国正在组建天军、建立太空军事基地，为争夺"制天权"做积极准备。随着科技的不断成熟，太空军事化将走向武器化。这种趋势不仅阻碍了太空的和平探索、利用，还将引发进一步的太空军备竞赛，导致其他武器特别是大规模杀伤性武器的扩散，对国际安全格局造成严重的消极影响。因此，防止太空武器化已是十分现实和紧迫的问题。国际社会不仅要呼吁美国放弃部署以反恐为借口的导弹防御系统，还要探索满足各国安全需要的替代性技术与机制，呼吁各相关方进行合作，完善太空物体发射登记制度、导弹和火箭发射预先通报制度、军事热线机制等，通过发展高性能侦察监视卫星，并确保其不受干扰地运行，以作为技术核查手段和建立信任的措施。"作为负责任的大国，中国不发展太空武器，为世界其他国家做出了很好的榜样"①。对于一意孤行地谋求部署太空武器的国家，还应以航天器机动变轨技术、航天器交会对接技术、红外天文观测技术等两用航天技术的形式适当展示太空实力，使谋求太空霸权的国家看到"不对称均衡"的威慑力量，迫使它放弃太空武器研发、部署行为。当然，应当注意，这种展示要高度慎重，需要各方面的充分沟通与协调，防止授人以柄，造成尴尬和不利的影响。现在国际社会愈来愈重视防止太空军备竞赛和太空武器化问题，中国已提交关于"防止在太空部署武器、对太空物体使用或威胁使用武力国际法律文书要点"的工作文件②，并呼吁裁谈会重建特委会，通过谈判来缔结一项有关国际法律文书。"美军备战太空是全方位的，不单是在大气层外部署武器系统，同时还包括导弹防御在内的地面武器系统，用美军术语说，这就是'全频谱能力'，目的是保证美国拥有'全频谱优势'。"③ 目前，能与美国在太空决一高低的国家只有俄罗斯。为维护太空的战略力量平衡，俄罗斯对美国太空战准备保持着较高的警惕。"中俄联手提案，对于促进国际社会凝聚在太空问题上的共识将会产生积极影响，得到世界大多数国家响应。"④同时，国际社会应争取联合更多的国家就未来国际法律文书的主要内容向裁谈会提出具体建议，继续支持"五国大使工作计划建议"（CD/1693）和相关工作计划的具体设想（即"荷兰非文件"）⑤，积

---

① 仪名海、马丽丽：《外空非军事化的意义》，《2009：国际军备控制与裁军报告》，世界知识出版社 2009 年版，第 152 页。

② 中俄联合工作文件：《防止在外空部署武器、对外空物体使用或威胁使用武力国际法律文书要点（草案）》，中华人民共和国外交部，http：// www. fmprc. gov. cn/chn/pds/zil-iao/tytj/zcwj/t4803. htm。

③ 滕建群：《外空实力竞争与限制外空武器化》，《2009：国际军备控制与裁军报告》，世界知识出版社 2009 年版，第 132 页。

④ 同上书，第 138 页。

⑤ Conference on Disarmament CD/1693/Rev. 1. 5 September 2003；Initiative of the Ambassadors Dembri, Lint, Reyes, Salander and Vega, Proposal of a Programme of Work, revised at the 932nd plenary meeting on Thursday, 26 June 2003. http：// www. reaching criticalwill. org/political/cd/A5. pdf.

极与相关国家、国际组织共同研讨以确保太空安全，防止太空军备竞赛的相关对策和措施。

3. 加紧太空行为规则的制定来促进太空安全合作的制度建设

在太空国际安全合作领域，国际社会已经达成一系列多边条约，如《部分禁止核试验条约》《外层空间条约》《禁止为军事目的或其他敌对目的使用改变环境技术公约》等。这些外层空间条约和有关文件已经得到国际社会的普遍认可，既是指导各国太空活动的依据，也是太空安全国际法框架的主要组成部分。"注意到现有与太空相关的军控和裁军协议，包括双边协议，以及现有太空利用相关的法律制度在探索太空和规范太空活动中起着积极作用，应被严格遵守。"① 虽然个别国家积极谋求太空绝对优势和绝对霸权，反对订立新的条约，但也赞同完善已有的国际法规范。当然，现有的太空安全国际法往往只有原则性规定，缺乏实施细则和监督执行机制，需要进一步加以完善。根据太空活动的形势，特别要注重积极支持有关各方推进太空行为规则的制定。强调太空活动行为准则，既要建立太空飞行器的交通规则，以避免发生太空碰撞和事故，也要制定如何处理事故的程序和规则；要积极呼吁国际社会通过友好协商，找到一个各方都能接受的方案，以协调各国行动，反对霸权国家单方面主导规则的制定；应通过与美国在太空军控领域各种形式的互动，使美国充分考虑到太空武器效应逆序的后果。"不管谁发起这个战争以及战争中谁的卫星被摧毁掉，战争造成的大量太空碎片最终都会摧毁所有低轨道卫星，低轨道上不再能部署新的卫星或者允许卫星穿过。"② 最后的结果是，任何国家都不可能成为太空战的胜利者。这是因为在碎片完全消失前的至少几十年里，任何国家都不能向太空发射卫星。"如果美国决策者了解太空战的严重后果，他们可能转而支持用合作的方

---

① 滕建群：《2008 年国际军控与裁军形势综述》，《2009：国际军备控制与裁军报告》，世界知识出版社 2009 年版，第 11 页。

② 李彬：《军备控制理论与分析》，国防工业出版社 2006 年版，第 128 页。

式解决其安全关切。"① 只有加强国家间的太空安全合作，才是防止远程导弹扩散和推进反恐事业的最佳方法，一旦在太空爆发战争，损失最大的将是拥有最多太空设施、对航天技术最为依赖的美国。

4. 广泛倡导新安全观来增进太空环境安全合作的政治意愿

当前的国际局势是"整体和平、局部战争，整体缓和、局部紧张，整体稳定、局部动荡"②。太空环境安全合作需要国际社会形成关注太空环境安全的政治意愿。世界各国应在以"合作、相互依存和尊重世界多样性"③ 为核心的国际战略思想的基础上，积极参与太空和平探索、利用活动，并强调要持续取得这种和平利用的价值，就需要有多边安全合作的理念和制度框架做保证，并极力倡导"互信、互利、平等、协作"④ 的新安全观，力争使之成为推进太空环境安全合作所需的共同理念和道义准则。应继续大力宣传"和谐世界"的理念，强调和则共赢，合则同安。"世界是丰富多彩的。世界上各种不同文明、不同的社会制度和发展道路应彼此尊重，在竞争比较中取长补短，在求同存异中才能共同发展"⑤，呼吁各国摒弃以军事实力谋求太空安全优势的思维模式，尊重相互的差异性和多样性，建立不同文化、不同意识形态国家之间在太空领域的安全互信，以协商化解矛盾，以合作谋求稳定⑥，共同维护太空环境安全。应重视和推动在太空大国之间建立信心，各大国之间应该抛弃冷战思维，以"尊重多样性、共谋发展"的原则处理相互间的关系。应积极推进多边安全对

① 李彬、吴日强主编：《国际战略与国家安全——科学技术的视角》，中国传媒大学出版社 2008 年版，第 70 页。

② 《江泽民论有中国特色的社会主义》，中央文献出版社 2002 年版，第 522 页。

③ 熊光楷：《江主席"七·一"重要讲话对国际战略思想的新发展》，《国际政治研究》2002 年第 3 期。

④ 江泽民：《在庆祝中国共产党成立八十周年上的讲话》，人民出版社 2001 年版，第 48 页。

⑤ 江泽民：《全面建设小康社会，开创中国特色社会主义事业新局面》，人民出版社 2002 年版，第 48 页。

⑥ 《中国代表团团长胡小笛大使在第 60 届联大一委一般性辩论中的发言》，中国军控与裁军协会编：《2006：国际军备控制与裁军报告》，世界知识出版社 2006 年版，第 310 页。

话，既遵循多边安全对话机制以平等对话和协商为基础，不应使之成为大国对某些国家施加压力的手段，又要尊重国际社会的多样性，在和平利用太空能源资源、太空生物工程、太空材料加工、太空商业旅游时，要倡导合作安全观念，极力推动国际社会防止太空核动力危害、太空科学实验规范立法的工作。

总体而论，世界已进入一超多强的多极化时代，和平、发展与合作成为时代的主流，推进和平利用太空的国际合作是国际社会的共识。虽然太空探索和利用与国家的核心利益紧密相关，是典型的"高政治"领域，但通过各个国家之间的协调与合作，缔造一个没有武器、远离战火、安全洁净的太空①是有可能的。在新形势下，国际社会应积极协调，共同维护现有太空安全国际法框架，充分考虑太空安全领域的技术特点，进一步丰富太空安全合作的内容和形式。同时，大力倡导新安全观，以此作为推进太空安全合作的共同理念和道义准则，充分利用多样化的航天技术交流与国际合作途径，推进各国和平探索、利用太空事业的进一步发展。

三 天缘政治中的进化选择*

根据强调融合各派的前沿国际关系理论的观点来看，太空行为主体所置身于其中并在其中运行的体系结构是一种复合结构，即以航天技术实力为基础的物质权力结构与社会性因素的影响所形成的观念结构，两者同体共存，共同发挥作用，推动着太空国际关系朝着不同方向演变，或进化冲突，或进化合作。冷战后太空物质权力结构表现出严重失衡的状态，与美国相比，其他国家的差距几乎比任何先进技术领域都要大。与此同时，太空分离性偏好导致了效率

＊ 本节内容以"对维护我国外空战略安全与合法权益的战略思考——基于复合建构主义的视角"为题发表于《太平洋学报》2013 年第 11 期。

① 《我国代表团团长胡小笛大使在第 60 届联大一委关于空间问题的专题发言》，《2006：国际军备控制与裁军报告》，世界知识出版社 2006 年版，第 316 页。

竞争型社会化。一旦这两个方面被历史耦合在一起，很有可能会驱使太空安全互动朝着进化冲突演进，危及太空战略安全与合法权益的有效、持续维护。

（一）天缘政治中选择性社会化

随着现代科学技术特别是航天技术的发展，关于太空的竞争日趋激烈，太空战略安全成为国际社会高度关注的重大问题。太空战略安全是指在太空国家安全互动中一国不会受到他国的人为伤害，它并不包括太空自然环境严酷或航天技术限制与不足所造成的安全问题。太空合法权益则指现有太空国际法规定的一国所拥有的相关权益。从实质上看，太空战略安全与合法权益的维护涉及一国与他国在安全互动中的关系建构问题。冷战后，作为太空超级大国的美国通过一系列战略规划，大力发展太空武器装备，试图通过太空的绝对优势来谋求绝对霸权。美国的威慑战略往往造成其他国家安全感下降并加快自身能力建设，从而导致军事化升级和安全困境的产生。[①] "传统西方太空安全理论源于国际政治理论当中的现实主义、新自由主义、建构主义等主要流派，对一部分事实有着足够的解释能力，也能够在特定条件下推导出合理的结果。但由于取向差异或视角单一，这些理论或多或少存在着不足之处，特别是并不适合直接套用在中国太空安全问题上。"[②] 譬如，从现实主义威慑理论的视角来看，国家间围绕太空能力优势的争夺所展开的简单博弈，并不能有效解释太空安全互动的不同战略选择（如进化冲突与进化合作的选择），从而引导太空安全利益博弈从进化冲突走向进化合作。也就是说，传统的分析框架很难揭示太空安全领域复杂博弈的核心特

① 何奇松：《脆弱的高边疆：后冷战时代美国外空威慑的战略困境》，《中国社会科学》2012年第4期；Bao Shixiu, "Deterrence Revisited: Outer Space," *China Security*, Winter 2007, pp. 2 – 11.

② 张泽：《外空安全战略研究——兼论中国外空安全战略框架设计》，博士学位论文，外交学院，2012年。

征和深层战略逻辑，因而无法为和平发展背景下维护太空战略安全与合法权益提供有效的指导。

相比之下，处于国际政治理论发展前沿，强调融合搭桥的创新理论对探讨太空"利益—权力"博弈中如何有效维护太空战略安全与合法权益问题，探讨技术变革与国家战略选择的动态关系这一创新理论秉持二元互补理念和过程建构思维，认为太空国家安全互动中维护战略安全与合法权益是一种"复合结构"选择，"物质与观念同体共存、相互建构；结构、施动者和进程三位一体、共存共生、流转演变"①。"在不同的物质与观念复合结构下，行为体之间的互动不仅会建构不同的身份认同，而且会导致行为体在优先选择内化某些规范和观念的同时，拒斥另外一些规范和观念，从而对行为体持久偏好的形成和物化产生重大影响。"② 从这种前沿的国际关系理论视域，分析维护太空战略安全与合法权益的根本内涵和核心特征，可以为相关国家太空安全外交策略的制定提供理论依据。

1. 太空权力失衡与安全威胁的日益加剧

随着航天技术的发展，太空主体日益增多，但太空战略安全权力建构的实质表明，太空安全领域是典型的金字塔结构，也就是说，在对航天技术要求越高的层面，其成员就越少。譬如，在载人航天俱乐部这一层面，就只有美、俄、中三家；在深空探测方面，具体到载人登月，至今只有美国一家。由此，相关研究自然就会更多地关注美、俄、欧、中等太空大国（地区），这种研究往往更具有学理意义。冷战后，也可将太空国际格局简约地概括为"一超多强"，即美国作为唯一的超级大国在太空也同样拥有绝对的优势，俄、欧、中、日、印等则构成了太空开发的主要力量。鉴于一个国家开发、利用太空的能力，在某种程度上决定着它在太空国际关系中的地位和太空国际事务中的发言权，关于太空的开发、利用对于各国而言

---

① 董青岭：《复合建构主义——进化冲突与进化合作》，时事出版社 2012 年版，"本书简介"。

② 同上书，第 132 页。

具有重要的战略意义。美国作为唯一的超级大国，试图凭借其强大的综合国力，特别是超强的军事实力，寻求绝对安全，以确保美国在全世界的"领导地位"。为此，美国不惜投入大量的人力、物力和财力，进行太空攻防对抗准备。而部分发展中国家也积极努力，意欲或已经参与到太空领域的竞争之中，进而提升其在国际政治方面的影响力。

在太空现有物质权力和共有观念的复合结构中，如果美国能在太空安全方面持积极态度，合作安全指日可待。然而，美国为了实现其全球战略，急于在太空寻求绝对优势和绝对霸权，因而不愿通过构建国际安全机制来束缚其手脚，它退出《反弹道导弹条约》就是明证。美国不愿意参与太空安全合作的建构，维护太空战略安全与合法权益的外交努力就很难达成令人满意的结果。在太空国家的安全互动中，各太空主体的复合结构选择，往往"基于特定权力关系与特定认同关系的流变，选择或适应不同的社会化方式，内化和遵循不同的体系规范，从而建构和加强不同的偏好取向"[1]。物质权力结构不仅限制了行为体行动的边界，而且限制了行为体思考的范围；而观念结构不仅指导和限制着行为体的行为，同时也建构着行为体的身份及其利益。为此，关注"一项规范结构是如何影响权力结构变迁的；同时，也要特别留意特定的权力结构是如何导致规范结构发生变革的"[2]。太空安全领域物质结构与观念结构相互构成、相互影响，共同左右着太空战略安全何去何从的现实进程。美国追求太空物质权力绝对优势的做法必然导致其他国家对自身安全的担忧，从而降低各自在太空安全领域的观念认同。

2. 太空分离性偏好与效率竞争型社会化

太空是新的战略制高点，考虑到它的这一特殊敏感性，国家在

---

[1] 董青岭：《复合建构主义——进化冲突与进化合作》，时事出版社 2012 年版，第131 页。

[2] J. Samuel Barkin, "Realist Constructivism," *International Studies Review*, No. 5, 2003, p. 342.

自我牺牲和获取利益之间的权衡和选择比在其他领域更加困难。这种低度政治认同与太空军控的踟蹰不前所造成的低度暴力受控的复合结构，导致效率竞争型社会化。尽管世界各国在太空和平开发与利用问题上存在着共同的安全利益，但实际中的太空安全合作开展得并不顺利。正如"囚徒困境"和"捕鹿游戏"两个模型所揭示的那样，共同的利益并不一定能够超越对私利的追求，行为体存在着追求后者而牺牲前者的动机。而且共同利益还与代价相联系，因为太空安全机制对参与的主权国家而言，一方面可能意味着实现共同利益，另一方面则意味着让渡出部分权力，如完全独立自主地做出太空开发、利用的决策权力，自由支配本国太空物件的权力等。总之，需要付出一定的自我牺牲。在这种情况下，往往需要有一定的外部强制力来保证主权国家去追求共同利益，哪怕付出必要的代价。但在现有的太空复合结构下，并不存在一个可以垄断和控制国家间暴力合法使用的超级权威，也不存在一个可以创制和强力推行某些适当行为规范的社会化中心机构（如联合国的相关机构都未发展到这一步）。因此，缺少类似于国内政治所拥有的中央权威体系以驯化行为体自行抑制其武器化企图，从而切实阻止太空武器化和军备竞赛。

同时，在太空安全领域，并不存在绝对的利益冲突，生存与安全忧虑依然是国家及其他行为体进行互动决策的首要考量。此时，模仿与学习成为社会化的主导方式，即使存在着多种交往规范和决策方案可供选择，每个国家也往往从做最坏打算的角度优先选择那些能够迅速增强其安全感和防御能力的观念和做法。在美国太空攻防对抗准备的刺激下，新的太空争夺"多米诺骨牌效应"正在显现。继美国之后，俄罗斯与欧洲也先后公布了太空攻防对抗准备计划，而这些计划无一例外都烙上了浓重的军事应用色彩。俄罗斯强调加强军事航天力量的建设，不断提高太空兵力兵器的作战能力，并赋予太空部队发射各种军用航天器和打击敌太空武器系统的责任。根据俄罗斯航天 10 年计划，反卫星武器是俄罗斯的重点发展对象。① 作为欧盟的主导国之一，法国多项军事太空计划陆续出台，涉及军事侦察、军用通信以及导航、遥感等许多方面。2006 年 12 月 19 日，德国租用俄罗斯的"宇宙"－3M 火箭，成功地将其 5 颗 SAR-Lupe 合成孔径雷达卫星中的第一颗送入太空，填补了欧洲在雷达成像侦察卫星领域的空白。②

3. 太空利益—权力博弈与进程转轨

太空国际关系处于无政府、无疆域性的背景下，可以看到其中利益和权力的张力决定着太空国际关系的未来走向。在太空领域，从根本上说，太空国际关系往往反映了国际政治权力的社会建构，而它的功能从起点到归宿都是为了追求国家太空利益。与此同时，主权国家选择参与太空国际互动，也是完全遵循"利益—权力"理性博弈的原则，既要不断追求国家太空利益，又要冷静客观地审视自身在太空权力结构中的现实地位，尽最大的可能求得国家的生存与发展。"在不同的物质与观念结构复合形态下，行为体会基于特定的权力关系与特定的认同关系，选择不同的规范加以内化和遵循，从而加强或弱化权力政治的影响。"③ 太空国际关系演变的进程缘于各国追求国家太空利益，但太空国际关系中的博弈最终取决于国家间权力。所谓"利益—权力"理性博弈的原则，是指将太空国际关系中追求的太空利益与自身在其中的国际权力结合起来，推进太空国际关系的建构、运转和变革。太空战略安全的复合结构存在于这一进程中，而这一进程塑造并支撑着结构，两者相互依赖、相互影响。

太空物质权力结构与观念结构不仅具有限制行为体行动范围和行

---

① 俄罗斯已建成 15 个快速反低轨道卫星系统发射台。俄罗斯共轨式反卫星拦截器的作战发射区域为 1500 千米×1000 千米，作战高度为 150—2000 千米，作战反应时间为 90 分钟；制导方式采用雷达寻的或红外寻的，拦截目标卫星的时间为 1 小时左右（第一圈轨道内拦截）到 3.8 小时（第二圈轨道内拦截）。在激光与粒子束反卫星武器方面，俄罗斯计划部署的平台有地基、空基（机载）和天基，其中地基反卫星激光器进展较大。

② 秦立新、李大光：《航天飞机将谢幕，空天飞行器欲登台》，《解放军报》2011 年 7 月 21 日。

③ 董青岭：《复合建构主义——进化冲突与进化合作》，时事出版社 2012 年版，第 136 页。

为方式的作用，而且这种复合结构在建构行为体身份和利益的基础上，不断通过各种方式社会化行为体。进而，拥有特定身份并知晓其利益的施动者通过彼此之间的互动，会反过来再造、加强或改变体系结构。冷战时期，基于美苏力量抗衡与相互确保摧毁体系结构所形成的部分维护战略安全与合法权益的机制，在冷战结束后，进程演变中的权力结构已发生很大的变化，其功能维持遭受了严重的挑战，有的甚至被某些势力强行改变，如美国2001年单方面宣布退出《反弹道导弹条约》，从而使得这一太空安全基石被抽掉。联合国"和平利用外空委员会"法律小组针对太空战略安全的辩论，呈现出反对太空武器化，要求将防止太空军备竞赛纳入讨论议程和反对将防止太空军备竞赛纳入讨论议程这样壁垒对立分明的两方。中俄等大多数国家努力将这一议题作为安全化的手段，呼吁各国应透过全面暂停研制、部署太空武器系统，作为防止太空军备竞赛诉求的基调。美国等极少数国家则通过"和平利用外空委员会"的运作方式将上述议题排除在"和平利用外空委员会"进行实质性讨论的议程外。① 因此，遵循"利益—权力"理性博弈的原则考察，不难发现，太空国际关系中物质性权力失衡与追求绝对霸权的思维耦合，将导致进化冲突的危险；但如果能对防止太空武器化达成共识，并驱使权力结构朝着均衡的方向发展，将会导致体系进程向进化合作演进。

（二）天缘政治中的关键性社会条件

21世纪初，太空出现了航天技术快速发展，应用范围扩大，太空主体增多，太空开发利用民营化、商业化加强的新形势，但在太空安全领域国家固有的冲突性偏好并未发生根本性的改变，对于作为新的战略制高点的太空来说，国家间安全互动的现状尤其堪忧。为此，在和平发展背景下要切实维护好各国太空战略安全与合法权益，就必

---

① 袁易：《重新思考外层空间安全：一个中国建构安全规范之解析》，《中国大陆研究》2009年第52卷第2期。

须弄清楚在什么条件下各国会捐弃彼此间的疑惧与敌视，进而建立并维系一个包容、普惠、和谐的太空新秩序？国际关系前沿理论认为，控制体系暴力，增强政治认同，对权威规范的内化和遵循尤为关键而紧要。

1. 防止太空武器化和军备竞赛，进化体系结构

"当体系暴力无法得到集中垄断或是有效控制的时候，群体间差异极易招致负面解读并促成分离性认同的形成，进而使得行为体的冲突性偏好得以建构，并在日常交往互动中变得越来越习以为常。"①随着科技的不断成熟，太空面临武器化的危险。目前，世界上一些军事大国纷纷为组建天军，建立太空军事基地，争夺"制天权"做着积极的准备。这种趋势的发展不仅会阻碍太空的和平探索、利用，还会引发太空的军备竞赛，进而对国际安全格局造成严重的消极影响。太空的环境和物理特性决定了在太空建立有效的霸权或军事威慑是不切实际的。如美国就坚持认为，敌国将凭借低成本、低技术含量的有效手段，对美国价值不菲的太空军事设施进行攻击，造成军事和经济上的重大损失。这也刚好证明：美国追求太空绝对优势的做法，反而使其更加易招致他方的攻击；同时，在太空的这种武装冲突是没有赢家的。这一战略上的困境并非由美国独家承受，而是所有太空国家都要面对的。②因此，对于太空国际体系进化合作而言，只有通过国际立法来防止太空武器化和军备竞赛，合法控制国家间暴力，各个太空行为体才有可能放下彼此之间的成见进而产生合作意愿。

抑制太空武器化亟须探索满足各国安全需要的替代性技术与机制。国际社会应考虑呼吁各相关方进行合作，以建立和完善太空物体发射登记制度、导弹和火箭发射预先通报制度、军事热线机制等，并通过发展高性能的侦察监视卫星，确保其不受干扰地运行作为技术核

---

① 董青岭：《复合建构主义——进化冲突与进化合作》，时事出版社 2012 年版，第 151 页。

② Michael Krepon, *Space Assurance or Space Dominance：The Case against Weaponizing Space*, Henry L. Stimson Center, 2003, pp. 125 – 127.

查手段和建立信任的措施。在太空军备控制领域，坚持将红线画在部署和使用太空武器上，主张禁止部署和使用太空武器，这样将使生产、研发和试验太空武器失去意义。努力争取新兴太空国家的支持，鉴于试验在技术上很难区分，主张不予禁止。在方式上，主张通过公开、平等的谈判，达成太空安全规则，从根本上推进太空制度建设，维护太空安全。① 当前，抑制太空武器化最亟须解决的问题就是劝说美国放弃部署导弹防御系统。联合国及有关国际组织应联合其他相关国家共同行动，以使美国认识到，部署导弹防御系统只会刺激其潜在对手发展进攻性更强、性能更先进的太空作战方法与手段，加剧导弹扩散的风险，这不符合美国的利益。一旦在太空爆发战争，损失最大的将是拥有最多太空设施、对航天技术最为依赖的美国。

2. 提高太空和平开发、利用能力，增进政治认同

如前所述，太空权力结构的严重失衡是导致安全威胁日益临近的重要原因。在由主权国家组成的现代国际体系中，权力平衡是历史进程中寻求和平的普遍手段。世界各国应提高太空和平开发、利用能力，增加维护太空国际安全的筹码。"美国对哪一国威胁大，哪一国发展（反制）太空/弹道导弹能力的动力也就越大。"② 曾与美国平起平坐的航天大国俄罗斯表示，它将尽力阻遏美国独霸太空，防止美国对俄罗斯形成更大的战略优势。俄罗斯战略问题专家杜金认为，如果俄罗斯安于现状，在战略上落后的现实将更加严重，俄罗斯的对外制衡力量将会被削弱。③ 由此，俄罗斯强调要建立具有防空、反导和太空防御"三位一体"能力的强大的战略性全国空天防御系统。面对美国强硬地拒绝国际社会关于抑制太空武器化的谈判，有意利用航天

---

① 张泽：《外空安全战略研究——兼论中国外空安全战略框架设计》，博士学位论文，外交学院，2012 年。

② 何奇松：《脆弱的高边疆：后冷战时代美国外空威慑的战略困境》，《中国社会科学》2012 年第 4 期；Bao Shixiu, "Deterrence Revisited: Outer Space," *China Security*, Winter 2007, pp. 2–11.

③ 雷怀：《俄计划外空复兴 反卫星武器可打两千公里高卫星》，《青年参考》2006 年 11 月 27 日。

技术军民两用这一模糊特点，咄咄逼人地推进太空攻防对抗准备的做法，奉行和平发展战略的中国既要坚持积极促进太空安全机制建构的原则立场，也应清醒地记住国际政治斗争中"实力才是和平的基础"的原理。

坚持"实干发展、和平发展、创新发展"的原则，扎实提高我国太空和平开发、利用能力。制衡的力量多一点，太空的和平可能就会增加一点。交易成本会影响国际合作，当越来越多的国家具备越来越强的太空和平开发、利用能力后，霸权者才有可能醒悟到搬起的石头也会砸到自己的脚，才有可能坐下来通过谈判实现太空的真正和平。①对于一意孤行地谋求部署太空武器的国家，我国还应通过适当展示航天技术实力的方式，迫使其放弃太空武器的研发部署行为。实力的展示应尽量以两用航天技术的形式、和平的方式进行。如通过航天器机动变轨技术来展示规避反导系统的能力，通过航天器交会对接技术间接宣示反卫星能力，通过红外天文观测技术间接展示导弹预警能力等。我国对以展示太空对抗方法与手段的形式直接显示太空作战实力的做法要高度慎重，避免给人以挑起军备竞赛的口实。中国嫦娥探月工程在国际安全领域的战略价值，从各国相继跟进的探月行动中就可以看出。在国际政治领域对话语权的争夺，在实际应用领域对技术制高点的争夺异常激烈。中国"遥感"系列卫星、"天链"系列卫星都已完成组网；"北斗"导航卫星的导航能力已覆盖亚太地区；中国还有数十颗用于观测和资源探测的各类卫星。中国高分卫星服役后，可在一定程度上削弱强敌隐身武器的优势。中国航天向实用化、系统化、规模化的方向发展，中国的国家利益正在增加一层太空的安全屏障。

3. 加强联合国主导太空国际安全合作，塑造行为偏好

对于维护太空战略安全与合法权益来说，仅仅通过防止太空武器

---

① 关于交易成本影响国际合作的观点参见田野《国际协议自我实施的机理分析：一种交易成本的视角》，《世界经济与政治》2004 年第 12 期。

化和军备竞赛，以及强化和平反制手段，塑造一种稳定的物质性权力结构是远远不够的，要想使以追求各自国家利益为旨归的不同太空行为体和谐共存、合作共赢，太空安全领域还必须加强联合国作为中心组织者的权威作用。太空国际安全机制作为物质与观念复合结构制度化的成果，是巩固各方共同利益基础，缓解矛盾冲突，增强互利互信，以及塑造共有观念和规范的重要外部保障。在美苏争霸时，由于太空军事对抗所带来的严重破坏性和两败俱伤的可怕后果，不仅使得双方重新思考太空对抗是否明智，而且促使双方同意禁止高空核试验，禁止将大规模杀伤性武器引入太空。美苏在谁也无法压倒对方时，凭借两国同时拥有的垄断性权力优势，强制同化他者、消除异己和维持稳定，其他国家要么沦为被归化的对象，要么被驱逐于太空安全体系之外。

　　自冷战结束以来，各国在禁止太空武器化和军备竞赛等核心议题上并未能够达成有效的制度化安排。美国始终持续性地反对在联合国和平利用外空委员会内讨论与太空军事活动相关的议题，极力减少和阻挠联合国对其太空活动的干预，不愿承担更多的义务。为此，国际社会应倡导推进和平利用外空委员会根据航天技术的发展和太空军事活动形势的变化，加快完善和发展对相关法律的探讨，弥补现行法律的不充分性和不明确性；积极推动裁军谈判会议关于防止太空武器化和军备竞赛的谈判，尽快缔结一项有效的国际法律文书。联合国大会及第一、第四委员会应加强太空军事活动方面的立法审议，强化对有关国家发展、部署、使用太空武器的监督和核查机制建设；推进由联合国有关机构领导建立全球共享的太空监视系统，以增加国际太空军事活动方面的合作。其中，联合国和平利用外空委员会和联合国大会第四委员会应成为各国沟通与商议太空安全问题的首要平台，一方面建立太空安全数据中心、太空合作磋商机制和太空争端解决机制等具体合作平台，另一方面推动专门性的太空安全机构的完善和有效力的太空安全协议的达成。

（三）天缘政治中共存性的正向转化

试图将国际关系理论加以融合统一的前沿理论强调，以复合结构和过程演化为分析焦点，依据阴阳互逐、互补共生、同圆共体等互补哲学理念重塑结构、施动者与进程三者之间的关系。太空军备控制事关复合结构的正向转化，利益认同导致太空主体选择和适应不同的社会化方式，施动者—结构—进程三者之间的同体共存推动着合作进程的演化和安全规范传播的生效。由此，维护好太空战略安全与合法权益，应把握好各国太空安全互动中由进化冲突转向进化合作的关键性条件，即各自的偏好在什么情况下易发生改变，以及这种改变是如何发生又是如何得以加强的。

1. 太空军备控制与复合结构的正向转化

聚合性认同多形成于体系暴力得以收拢或有效控制的时候，因此，通过太空军备控制来防止太空武器化和军备竞赛，既可减少产生太空武力冲突的可能性，也能促使太空主体形成合作安全的观念，导致一种聚合性政治认同与合作性偏好的形成。为此，中国应和俄罗斯加强联手，一方面，继续旗帜鲜明地反对太空武器化和军备竞赛，继续大力推动曾在2008年向裁军谈判会议提交的关于防止在太空部署武器以及防止威胁使用或使用武力攻击太空物体的条约草案（PP-WT）。另一方面，中国应在现有国际法不能有效控制太空军备竞赛的情况下，推动联合国主导制定控制太空军备竞赛的国际法律文书，弥补现有太空法律机制的漏洞，切实控制太空武器化，确保太空的和平利用。通过各种强制性的和非强制性的社会化进程，使得太空体系中的国家暴力获得某种程度的控制，使得相关国家不可能也不希望借太空武器相互敌视、相互攻击，增强各国合作安全的观念，而合作安全的集体认同有利于不断加强合作性偏好，从而推动复合结构的正向转化。

与此同时，中国应呼吁国际社会注意到太空行为规则的制定与防止太空武器化和军备竞赛的努力并行不悖的特征。美国试图主导打造一份美国版的"太空活动行为准则"，为此，中国应认真研究美国在这方面的实际关切——"美国版行为规则"不会以任何有效方式限制部署太空武器，甚至会保留在太空所谓的自卫权利。据此，我国应积极参与到太空行为规则拟制的各种讨论中，尽量将中国、俄罗斯等大多数国家关切的防止太空武器化和军备竞赛的内容巧妙地纳入其中，强调一个全世界认可的、对各缔约国具有强制性法律效力的行为准则，必须通过友好协商来找到一个各方都能接受的方案，以协调各国行动，反对霸权国家单方面主导规则的制定。我国应通过与美国在太空军控领域各种形式的互动，使美国充分考虑到太空武器效应逆序的后果，争取使美国决策者了解太空战的严重性，转而支持用合作的方式解决其安全关切的问题。

2. 太空利益汇合与互动进程的优化转向

国际关系前沿理论认为，结构存在于进程，进程塑造并支撑着结构，这两种分析层次都具有因果作用与建构作用，对于创造体系和平或冲突而言都是不可或缺的，同时也是相互依赖、相互影响的。进而，拥有特定身份并知晓其利益的施动者通过彼此之间的互动，反过来再造、加强或改变体系的结构。[1] 飞速发展的航天技术正以无与伦比的广度和深度将各国社会逐步地从微观、宏—微观和宏观层面融为一个呈现出混沌状态的整体，并形成一种"一荣俱荣、一损俱损"的关系团。技术进步、机制建构，以及公众支持都有可能为太空安全注入活力，并增强对人类共同利益观念的强烈支持。[2]

太空主体的多样化除体现为太空利用主体复合化外，太空活动的参与主体也越来越多元化。"联合国和平利用外空委员会的成员国由最初的 24 国增加到现在的 69 国，除了美、俄、欧洲国家等太空大国外，还出现了印度、以色列、巴西、日本、韩国、泰国等许多新兴太空国家。此外，各种政府间国际组织和私人实体也广泛参与太空活

---

[1]　董青岭：《复合建构主义——进化冲突与进化合作》，时事出版社 2012 年版，第145 页。

[2]　赵海峰：《外空武器化与国际法治》，《学习与探索》2011 年第 2 期。

动，并日益扮演重要角色。"① 在太空安全互动中，国际社会应倡导各太空主体沿着理性认知的战略思路，逐步树立、强化合作安全的观念。航天技术具有鲜明的军民两用属性，中国应审时度势，推进航天事业的融合式发展，通过提供不同形式的公共产品或商业服务，不断加强利益汇合，促进相互间的复合相互依存状态，寻求合作共赢的机遇。

3. 施动者—结构—进程三位一体与合作安全的持续进化

在太空安全领域，结构、施动者与进程同体共存，进程是结构与施动者互动关系的整体存在形态，而结构与施动性是进程的分形表述，因此，维护太空战略安全与合法权益既要关注同一层次体系进程中结构与施动者之间相互再造、相互建构的关系，也要关注不同层次进程之间的相互影响和相互嵌套关系，即施动者—结构—进程三位一体。在维护太空战略安全与合法权益方面，各国政府必须有认识、知识、承诺和行动，与所有利益攸关方一道共同加大对航天技术的研发与推广。② 为此，中国应在坚持自主创新的基础上，充分利用后发优势，争取参与航天国际合作，进一步提高在太空探索领域的技术与管理水平。与此同时，中国应积极拓展广大发展中国家一切有可能的航天国际合作，如以亚太空间合作组织为阵地，通过成员国之间的合作来扩大影响力。通过卫星领域的联合研发、制造、测试等活动，拓展我国在国际发射市场上的份额。中国应通过星箭一体出口，以"交钥匙工程"的形式向发展中国家提供卫星制造、发射、保险和应用培训的一揽子服务，开辟和拓展发展中国家太空应用市场，既展示自身和平利用太空的形象，又增进合作安全的意识和动机。

此外，太空利益汇合还包括排除安全威胁方面的共同利益构筑。

---

① 马新民：《国际外空法的现状及发展趋势》，赵海峰主编：《空间法评论》（第2、3卷），哈尔滨工业大学出版社2009年版，第4页。

② 程浩于联合国纽约总部报道《外空探索促进人类安全——专访联合国外层空间事务办公室主任》，联合国电台网站（http://www.unmultimedia.org/radio/chinese/archives/173602/），2012年10月4日。

中国应注意到太空环境问题已日益成为具有重大威胁的全球安全议题，其主要包括太空碎片问题和在太空使用核动力源问题，而这些问题的解决需要各国以互信、互利、平等、协作的新安全观为指导，展开切实有效的国际合作。中国应积极推动国际社会探索构建太空环境安全多边合作机制，扩大和完善地区性太空合作组织。中国应呼吁和加强与太空国家在太空碎片清理与回收、太空核电源安全性与持久性等新技术领域的交流与合作，推动太空探索与可持续开发的互惠互利，以强化在太空安全问题上采取合作的态度与观念。联合国应广泛倡导新安全观，强调太空和平开发、利用，从技术、立法及舆论等方面全方位地加大各国参与太空环境安全治理的力度，以推进更大范围的太空环境安全合作。在联合国等国际组织的主导下，中国应积极遵守《减缓指南》和《安全框架》等指导性文件的要求，建立太空碎片数据中心和监控机制，以及太空核动力源使用监管机制，以加强航天国家的信息交流并增进互信。

总而言之，维护太空战略安全与合法权益，需要积极参与和推动太空安全领域不同层次的施动者—结构—进程三位一体的相互影响、相互建构，以确保各国共存共生、持续进化，从而使得太空和平探索、利用能真正满足全球融合和人类共同发展的需要。在维护太空战略安全与合法权益的过程中，应充分认识到国家作为结构化施动者或施动性结构，应同时肩负起控制暴力和社会化行为体的双重责任。因此，各国在加强太空能力发展的同时，更应共同促进国际安全机制合法性与有效性的提高。

第四章　天缘政治的安全议程

　　天缘政治的主体内容是作为其高阶政治成分的太空安全议程，认识和把握其间的现实状况、重点问题、秩序创新和红利生成，是天缘政治学研究的重中之重。如何理性地分析内嵌于国际体系内的太空安全问题，把握主要矛盾，是天缘政治安全议程中破解太空安全治理困境的关键。21世纪以来，美国试图推进太空武器化和军备竞赛，以绝对实力追求绝对安全，维护其全球霸权。以中国、俄罗斯为代表的国际社会为防止太空武器化和军备竞赛所做的不懈努力，遭到美国的屡次否决。美国学界和相关决策者为了转移国际注意力和减轻自身所面临的国际道德压力，将太空这样的新战略空间描述为现行国际体系之外的新兴高地，通过平行处理的手法将太空安全问题与现行国际体系实行切割，从而转移国际社会对缘起于国际体系内"权力—利益"博弈的太空首要安全问题——太空武器化和军备竞赛威胁的注意力。与此同时，以美国为首的西方势力有意强调和夸大太空碎片所引起的太空环境安全问题，先后提出太空活动行为准则等没有实际法律约束力的倡议草案，使得太空安全治理在中心目标不明的情形下陷入踟蹰不前的困境。为此不难看到，全球化进程再平衡中的太空安全治理必须以防止太空武器化和军备竞赛为"主体"，以推进太空特定资源协调开发机制的完善和太空行为准则的制定为"两翼"，并以太空透明和信任措施的建立为起点，方能推进太空安全机制的顺利成长。在太空安全秩序的创新过程中，各国面对来自国际体系层面的刺激，其太空安全互动决策也受到太空力量功效、太空法意识、战略协调、国家互动情势、政治过程等中介变量的影响。随着国际社会过程的延伸，太空力量的强大功效和太空法意识使相关国家的安全决策更为谨慎和规范，而在全球化曲折推进中的战略沟通和政策协调使国家间的太空安全互动情势由进化冲突向进化合作转变。由于太空军事利用往往耗资巨大，军民融合式发展以资源节约的方式，构成太空军控安全红利的内部生成机制。在国家安全互动中，基于降低交易成本的多途径实施，构成太空军控安全红利的自然生成机制。由于太空相关装备和技术的军民两用性特征，对其进行出口管制，构成太空军控安全红利的外部生成机制。

一　天缘政治的现实安全状况 *

随着现代科学技术特别是航空航天技术的发展，世界各主要国家竞相进入太空拓展自身的国家利益，由此引发了国际社会对天缘政治安全议程的积极关注。"太空安全与太空武器化发展是当前国际社会高度关注的重大战略问题，也是国际军控和裁军领域出现的新课题。"① 确实，太空国际安全的外交努力能否顺利发展已成为国际社会继核安全、生物、化学军控和治理导弹扩散后，一个日益凸显的复杂而敏感的国际安全问题，急需有效调适天缘政治安全议程，以保证人类对太空的真正和平利用。

（一）天缘政治的安全挑战

在天缘政治的安全领域，存在着共同利益基础薄弱、外部强制力不足、基本理念和道义准则存异和权力分配结构失衡等困境。所有这些都决定了脱困之途只能走维护现有太空国际法框架，支持有关各方

---

* 本节内容以"太空安全外交努力的困境及其思考"为题发表于《外交评论》2007 年第 3 期。

① 杨乐平：《国际外空安全与外空武器化评述》，《2006：国际军备控制与裁军报告》，世界知识出版社 2006 年版，第 189 页。

积极努力，倡导新安全观和抑制太空武器化的外交努力优先的渐进性路径，以求在注意航天技术特点的基础上，营造共存共赢的合作局面。

1. 共同利益基础薄弱

在太空安全领域，不存在绝对的利益冲突，国家间的竞争也并不是完全的"零和博弈"。国家间不同程度地存在着共同的安全利益，如能通过国家间的合作来实现共同安全利益，就是太空安全外交努力进展的一个重要前提。这种共同安全利益可以是从正面进行规定的"肯定"利益，也可以是从反面加以规定的"否定"利益。肯定的共同利益是指国家追求一个共同的安全目标，包括抵御同一个外在的安全威胁，加强彼此的安全联系等，侧重于"追求、实现"某种可能性。而否定的共同安全利益则主要表现为"共同厌恶"（Common Aversion），即有关国家做出单方面行动的结局是彼此不愿看到的，或是不如通过协调来达到的结果理想，侧重于"防范、限制"某种可能性。这种共同利益将促使有关各方理性地通过"协调"或"协作"来管理彼此间的矛盾和冲突，而不是导致严格意义上的"合作"。

目前，太空安全领域有关各国对军备竞赛威胁的"共同厌恶"使各方在安全问题上拥有一系列的共同愿望和要求，大多数国家希望对太空武器化的趋势加以抑制，这就导致了太空安全外交努力的根本动力。但是，尽管世界各国在太空和平开发与利用问题上存在着共同安全利益，但实际中的太空安全合作却开展得并不顺利，特别是美国凭借其在太空发展方面"全能冠军"的绝对优势，极力谋求绝对安全和绝对霸权，总是处心积虑地为其全球战略的实现寻求更为有力的支撑。正是在这一利益上的歧义，使太空安全外交努力发展方面所需的"肯定"或"否定"的共同利益严重不足，因为美国在太空领域所占有的分量决定了没有它参加的太空安全的外交努力只会流于形式。

2. 外部强制力不足

正如"囚徒困境"和"捕鹿游戏"两个模型所揭示的那样，共同的利益并不一定能够超越对私利的追求，行为体存在着追求后者而牺牲前者的动机。而且，共同利益还与代价相联系，因为太空安全机制对参与的主权国家而言，一方面可能意味着实现共同利益，另一方面则意味着让渡出部分权力，如完全独立自主地做出太空开发、利用的决策权力，自由支配本国太空物件的权力，等等，总之，需要付出一定的自我牺牲。考虑到太空安全领域特殊的敏感性，国家在自我牺牲和获取利益之间的权衡和选择比在其他领域内更加困难。在这种情况下，往往需要有一定的外部强制力来保证主权国家去追求共同利益，哪怕付出必要的代价。

在对太空探索、开发和利用的过程中，无限广阔的太空和丰富的资源，不仅为新科技的发展提供了一个巨大的"科学实验室"，而且为解决人类日趋紧张的"资源危机"提供了新的途径。自 1957 年苏联发射第一颗人造卫星以来，航天科技不仅促进了天文、高能物理、材料、信息、制造工艺等新科技的不断发展，形成了大批高科技工业群体，而且产生了巨大的社会和经济效益。据资料统计，与太空有关的产业每年以 20% 以上的速度增长，到 2010 年，该数字至少增加了两倍，达 1600 亿美元以上。伴随着太空时代的到来，太空开发、利用越来越广泛地深入现代人类生产和生活的各个领域，并在人类社会的可持续发展过程中发挥着重要的作用。太空难以估量的开发前景引诱着各国竞相进入，但对未来威胁的认知上，远不如已发生过的核爆炸那种毁灭性后果令人震撼，这正好表明太空安全外交努力顺利进展所必要的"外部强制力"是积聚不足的。

同时，对太空安全外交努力而言，它更多的是一种意在协调和控制已经进入太空发展的相关国家间的可能冲突，或进一步寻求建立一个利益共同体。与核安全方面的外交努力相比，它明显缺乏先天的外部强制力。因此，形成太空安全的外交努力所需的外部强制力只能来自于相关国家的逐步认知，这需要一个较长的过程。①

---

① 这在很大程度上与国家从历史和经验中学习的能力有关，认知要素在其中起着相当关键的作用。

3. 基本理念和道义准则存异

天缘政治安全议程和所有其他的外交努力一样，需要某种共同的理念和道义基础。但是，在太空安全外交努力的现实进程中，时至今日，明显缺乏相同的基本理念和道义准则。

在太空开发、利用方面，其国际格局也可简约地被概括为"一超多强"，即美国作为唯一的超级大国在太空也同样拥有绝对的优势，其他进入太空发展的国家则构成了太空开发的主要战略力量。一个国家开发、利用太空的能力，从某种程度上决定着它在太空国际关系中的地位和在太空国际事务中的发言权，因此，对太空的开发、利用对于各国在国际政治方面而言具有重要的战略意义。目前，以美国为首的西方发达国家纷纷通过发展其航天事业，试图在太空中强化其优势地位，从而不断增强军事实力和经济实力，以便在国际政治斗争中争取更多的发言权。而部分发展中国家也积极努力，意欲或已经参与到太空领域的竞争之中，进而提升本国在国际政治方面的影响力。因此，可以断言的是，在不远的将来，太空一定会成为世界各国间政治斗争的大舞台。参与成员的广泛性和复杂性说明在太空安全领域引发合作所需的共同的理念或道义准则一时难以形成。诚然，这种基本理念和道义准则存异对天缘政治安全议程造成了现实的阻碍作用。

现在所能做的就是尊重这种差异性和多样性，寻求不同文化、不同意识形态国家之间尽量在一些非常有限、非常基本的理念（如相互尊重主权、互不干涉内政等）基础上建立起新的安全观。但是，形成较成熟的以建立共同体为目标的太空安全机制所需的理念基础要比这大得多，它不仅包括现实安全考虑，还涉及对安全价值的认同。从这一意义上说，基于确保太空和平开发、利用的目标，大力倡导太空领域的新安全观显得尤为重要。

4. 权力分配结构失衡

在国际政治领域，权力一直是一个不可回避的问题。作为与国家核心利益密切相关的国际安全方面的外交努力，更是与权力的分配紧密相关的。事实上，在很多情况下，权力大的国家拥有更大的发言权，使得外交努力更多地为其自身的利益服务，而"弱一些的国家可能就没有自主选择"①。克拉斯纳引入权力因素，用"性别战"模式②来解释为建立国际制度所做的外交努力。所谓"性别战"是指一对恋人在安排业余时间上的博弈：男的想去看足球，女的却想去看芭蕾舞，但是这两人又想共同度过这个夜晚。在这个博弈模式中不存在相互欺骗的可能，因而合作的成败与信息交易成本没有任何关系，有关系的只是权力因素。③换言之，是否合作和如何合作不再取决于两人如何更好地交流和建立相互信任，而取决于谁服从于谁的问题。

"权力可改变由选择途径的不同而产生的结果（收益矩阵）。"④克拉斯纳等人所引入的权力因素正好触及了太空安全外交努力最为核心的部分。对太空安全外交努力中的规则、决策程序的制定权、对其运作过程的影响力，也将按一定比例在成员国中进行分配。从这个意义上说，太空安全外交努力的本质就是要将各国在太空安全领域内的权力结构以一定的规则和程序等方式固定下来。但是，现实的太空权力结构表现出严重失衡的状态，与美国相比，其他国家的差距几乎比任何先进技术领域都要大。美国不愿意参与其中，太空安全的外交努力所需的权力分配结构认同就很难达成。

（二）天缘政治的安全努力

诚然，冷战后太空安全外交努力的困境是由多方面的原因造成的，并且仍然面临着巨大的压力，因此脱困之策就是通过渐进性的努

---

① Stephen Krasner, "Structural Causes and Regime Consequences: Regimes as Intervening Variables," in Stephen Krasner (ed.), *International Regimes*, Ithaca: Cornell University Press, 1983, p. 15.

② Stephen D. Krasner, "Global Communications and National Power: Life on the Pareto Frontier," *World Politics*, Vol. 43, 1991, pp. 336 – 66; "Sovereignty, Regimes, and Human Rights," in Volker Rittberger (ed.), *Regime Theory and International Relations*, Clarendon Press, Oxford, 1993, pp. 235 – 265.

③ Stephen D. Krasner, "Global Communications and National Power: Life on the Pareto Frontier," *World Politics*, Vol. 43, 1991, pp. 336, 362.

④ Ibid., p. 340.

力来逐步构建太空安全机制。制度的逐步构建是缝补太空安全"枪眼"（Loophole）的最有效方法。因此，最现实的出路是通过外交努力，一步一步地取得太空安全的成效。

1. 坚定地维护现有太空国际法框架

冷战期间，维持全球安全与战略稳定的基石是美、苏两个超级大国确保相互摧毁的核威慑战略，其核心是通过核威慑来达到遏制和制止战争的目的。虽然美、苏两个超级大国都将太空作为军备竞赛的重要战场，但是由于政治和技术原因，太空军事发展一直受到限制。太空军事对抗所带来的严重破坏性和两败俱伤的可怕后果，不仅使得双方重新思考太空对抗是否明智这一问题，而且促使双方同意禁止高空核试验，禁止将大规模杀伤性武器引入太空。

早在1957年10月，苏联发射第一颗人造卫星后不久，联合国即于1958年12月13日成立了和平利用太空特设委员会。1959年12月12日，联合国大会决定将该机构变为永久性机构，改名为和平利用外空委员会，专门处理太空事务。和平利用外空委员会下设法律小组，专门处理太空法律问题，在当时就形成了国际法中的一个新领域即太空法。它为人类开展太空活动，维护各国太空的合法权益，促进太空的国际交流与合作提供了保障。1963年，联合国通过了《禁止在大气层和外层空间进行核试验的条约》，包括美、苏在内的117个国家签署了该条约。1966年12月，联合国大会通过了促进太空和平利用，防止太空军事化的《外层空间条约》（即《关于各国探索和利用包括月球和其他天体在内太空活动的原则条约》）。《外层空间条约》于1967年10月10日起无限期有效，目前已有96个国家批准加入。该条约对确保太空安全，防止太空武器化提出了一系列国际法原则和规定。1972年，美、苏两国又签署了《反弹道导弹条约》，双方承诺不研制、试验和部署天基反弹道导弹武器系统。

这些外层空间条约和有关文件既是指导各国太空活动的依据，又是太空国际法框架的主要组成部分，至今，仍然是维护太空安全的基本依据。值得警惕的是，冷战后，某些强国在太空军事化方面稳步发展，太空武器化的威胁日益临近，维持和发挥现有太空国际法框架的约束作用，既是一种最为现实的选择，又是太空安全外交努力进一步推进的起点。

2. 积极支持有关各方推进太空安全的外交努力

太空被誉为是继陆地、海洋、大气层之后人类生存和发展的第四环境。伴随着人类对太空的进一步探索、开发和利用，太空对主权国家的生存和发展也具有越来越重要的意义。为了促进太空的和平开发、利用，有关各方积极参与太空安全外交努力。国际社会愈来愈重视防止太空军备竞赛和太空武器化问题。

2000 年，中国向裁谈会提交了题为"中国关于裁谈会处理防止太空军备竞赛问题的立场和建议"的工作文件，指出防止太空军备竞赛应成为裁谈会最优先的议题之一，建议重建特委会，谈判缔结一项有关国际法律文书。2002 年 6 月，中国、俄罗斯、白俄罗斯、印度尼西亚、叙利亚、越南、津巴布韦联合向裁谈会提交了关于"防止在太空部署武器、对太空物体使用或威胁使用武力国际法律文书要点"的工作文件，就未来国际法律文书的主要内容提出了具体建议，得到了许多国家的支持。

2003 年 1 月 23 日，比利时裁军大使以阿尔及利亚、智利、哥伦比亚、瑞典大使的名义，向裁谈会全体会议提出"五国大使工作计划建议"（CD/1693），其中专项提出"防止太空军备竞赛"的议程项目，主张设立一个特委会来处理防止太空军备竞赛问题。2004 年 8 月，中国与俄罗斯在裁谈会上联合散发了关于"现有国际法律文书与防止太空武器化"和"防止太空军备竞赛的核查问题"两份专题文件。2005 年裁谈会第一期会议 2 月 24 日全会上，荷兰大使桑德斯在"五国大使方案"的基础上提出了工作计划的具体设想，被简称为"荷兰非文件"，其内容是分别设立四个特委会，其中太空、核裁军特委会职权采取"五国大使方案"。

2006 年 3 月，中国与俄罗斯、联合国裁军研究所和加拿大西蒙斯基金会联合举办了"确保太空安全：防止太空军备竞赛"的国际研讨会。6月，中国和俄罗斯代表团在裁谈会全会上联名散发了题为"防止太空武器化法律文书的定义问题"的专题文件。7月，中国在裁谈会全会二期散发了关于"确保太空安全：防止太空军备竞赛"国际研讨会的总结报告。

积极支持有关各方在太空安全方面的外交努力，应充分考虑太空安全领域的技术特点。人类探索太空的卫星应用技术，如卫星通信、卫星气象遥感、卫星导航、卫星侦察、载人航天太空站等，对太空资源的开发及其对主权国家国际地位的影响，都具有鲜明的特色。这种技术特点赋予各国不同于在地球表面的一些特殊权力因素。虽然总体来说，航天技术要求有国家综合实力作为支撑，但不排除一枝独秀的跨越式发展。所以，航天技术的优势地位，不仅令一国可能占领太空开发、利用和国际传播的制高点，而且将大大提升其国际地位，改变其对于太空安全外交努力的态度。

3. 倡导新安全观来增进太空安全外交努力的政治意愿

太空安全外交努力的现状急需国际社会重构自身在太空安全领域的国际政治意愿。当前的国际局势是"整体和平、局部战争，整体缓和、局部紧张，整体稳定、局部动荡"①。据此，中国提出以"合作、相互依存和尊重世界多样性"为核心的国际战略思想②，极力倡导新安全观——"国际社会应树立以互信、互利、平等、协作为核心的新安全观，努力营造长期稳定、安全可靠的国际和平环境"③。以此作为推进包括太空安全外交努力在内的国际安全领域外交所需的共同理念和道义准则。

妥善应对太空安全领域可能出现的威胁和挑战，进行太空安全外交努力，构建一个和平、公正、有效的太空安全机制，是国际社会面

① 《江泽民论有中国特色的社会主义》，中央文献出版社2002年版，第522页。
② 熊光楷：《江主席"七·一"重要讲话对国际战略思想的新发展》，《国际政治研究》2002年第3期。
③ 江泽民：《在庆祝中国共产党成立八十周年上的讲话》，人民出版社2001年版，第48页。

临的共同而紧迫的任务。为实现这一目标，国际社会"应树立以互信、互利、平等、协作为核心的新安全观。世界是一个大家庭，和则共赢，合则同安。各国在安全上应相互信任，通过互利合作维护地区和国际安全。要摒弃以军事实力谋求安全优势的思维模式，以协商化解矛盾，以合作谋求稳定"①。

太空和平利用的价值有目共睹。国际能源危机凸现了太空能源的经济意义；正在形成的新兴太空产业——以太空生物工程、太空材料加工业、未来航天技术为核心的高科技工业群体；太空的商业应用；世界各国对太空的开发对本国、本地区乃至世界经济的影响等。但要持续取得这种和平利用的价值，就需要有合作安全的理念和制度框架做保证。但现有的国际太空法所存在的问题及其面临的挑战，太空使用核动力源的原则及其蜕变危险，太空普遍公约、太空法与某些国家国内法的冲突，民间进行太空开发活动缺乏管制等相关问题，均有可能引发意想不到的灾难。面对探索太空能力的极端失衡、现有外交努力滞后和国际合作障碍重重，急需以和平利用为目标，构建共存共赢的合作大框架。正如中国领导人所指出的："世界是丰富多彩的。世界上各种不同文明、不同的社会制度和发展道路应彼此尊重，在竞争比较中取长补短，在求同存异中才能共同发展。"②

4. 抑制太空武器化是外交努力的重中之重

作为现代科技革命中的制高点之一，太空探索对于一国的国家安全有着极其重要的地位。有的军事专家甚至预言，哪个国家要是控制了太空这个制高点，哪个国家就能夺取制天权、制信息权、制空权和制海权，进而控制整个地球。在过去的几十年中，谋求研发和部署太空武器系统的努力在一些国家从未停止过，只是受特定的历史条件限

---

① 《中国代表团团长胡小笛大使在第60届联大一委一般性辩论中的发言》，中国军控与裁军协会编：《2006：国际军备控制与裁军报告》，世界知识出版社2006年版，第310页。

② 江泽民：《全面建设小康社会，开创中国特色社会主义事业新局面》，人民出版社2002年版，第48页。

制而未能成为现实。目前，世界上一些军事大国纷纷为组建天军，建立太空军事基地，争夺"制天权"做着积极的准备。随着科技的不断成熟，太空面临着武器化的危险。这种趋势的发展不仅会阻碍太空的和平利用，还会引发太空的军备竞赛，进而对国际安全格局造成严重的消极影响。由此可见，防止各国在太空活动方面的武器化已是十分现实和紧迫的问题。

习近平主席在 2017 年 1 月世界经济论坛年会上指出，实现全球化进程再平衡，应正确选择融入全球化的路径和节奏。[1]后金融危机时代国际政治演变的碎片化趋向日益明显，国际体系权力格局分化重组则有利于平等化基础上的全球化进程再平衡，这种"再平衡"内含着大力推进太空安全的再治理。随着太空领域技术的快速发展，世界各国竞相进入其间发展，纷纷从经济、军事以及信息的角度出发，寻求自身国家利益的拓展。一方面，应该肯定人类对太空进行和平开发、利用，具有巨大的进步意义，是历史发展的必然趋势。但另一方面也应考虑如何在共存共赢的目标牵引下，探求人类怎样通过开发和利用太空来维护世界和平，促进世界发展。这就需要从航天技术发展和国际关系互动的现状出发，加快促进太空领域国际安全机制的成长，以抑制太空武器化的危险，确保人类对太空的长久和平利用。

二　天缘政治体系的暴力控制 *

人类太空探索、利用是其社会实践活动的扩展与延伸，各国太空安全互动是内嵌于现行国际体系中的"新生成分"。太空安全问题源于国际体系内复杂的矛盾运动。国际体系内"权力—利益"博弈的矛盾加深了太空武器化和军备竞赛，而太空特定资源开发、利用中的利

---

* 本节内容以"国际体系视角下的太空安全治理：缘起、逻辑与策略"为题（徐能武、刘杨越）发表于《社会科学》2018 年第 6 期。

[1]　参见《历史是勇敢者创造的——记习近平主席出席世界经济论坛 2017 年年会并访问在瑞士的国际组织》，《人民日报》2017 年 1 月 20 日。

益争夺引起了国际体系内矛盾的加剧。与此同时，国际体系内围绕太空利益争夺的负外部性导致了太空环境安全问题。处于特定社会过程中的国际体系内诸因素的复杂作用影响着太空安全进化合作抑或进化冲突。冷战时期，国际体系内两极抗衡的格局造就了弱纳什均衡的太空安全治理总体框架。冷战后，国际体系内的权力失衡与观念错位不但使太空安全治理停滞，而且突显了利益争夺中原有太空安全治理机制的漏洞。在后金融危机时代，国际体系加速分化、重组孕育着平等化基础上太空安全再治理的契机。审时度势，积极推进全球化再平衡中太空安全治理，亟须锲而不舍地推进防止太空武器化和军备竞赛这一主体工程，同时循序渐进地推进太空特定资源开发、利用制度的完善，以及并行不悖地推进太空活动行为准则的制定。

（一）国际体系内太空安全问题

马克思指出："世界史不是过去一直存在的；作为世界史的历史是结果。"[①] 人类政治文明演进到今天，由主权国家构成的现行国际体系总体来说，仍然处于缺乏类似中央政府权威体系的"无政府"状态，当然，这里的无政府并不等同于无秩序，随着人类社会生产力，特别是现代科学技术的发展，这种秩序呈现出波浪式加强的趋势。当人类实践活动拓展到太空这一全球公域后，不同太空主体（特别是国家）在国际互动中所产生的安全问题，显然是现行国际体系内复杂矛盾运动的衍生物。与此同时，从某种意义上说，太空因其自然环境特征和太空技术的特点，是唯一真真切切、完完全全的全球公域[②]，使得这种缘起于国际体系内的太空安全问题又呈现出地缘政治与天文政治交错的景象，其实质是基于科技基础上权力和观念实践建

---

① 《马克思恩格斯选集》（第 2 卷），人民出版社 1995 年版，第 28 页。

② 这主要基于以下理由：（1）并不是整个海洋都是公海，各国领海基线 12 海里内是领海，200 海里内是专属经济区。（2）空中公域也只是大气层内空间的一部分，因为各国领土、领海之上是其领空。（3）网络空间严格地说，只是虚拟空间，它与实体空间是迥然有别的，从物理学的角度来说，它是不是与海洋、太空并列的空间，也是高度存疑的。

构的产物。

1. 国际体系内"权力—利益"博弈的矛盾加深了太空武器化和军备竞赛

人类政治文明的发展表现为在一定生产力水平上，人们利用"权力"这样一种建立在一定利益基础之上的内在化的强制性社会关系，确立和维护某个社会共同体秩序的社会实践活动过程。[①] 时至今日，各国内部政治具有金字塔式权力结构，用以调节各种利益矛盾，保持国家的秩序和稳定，而由主权国家组成的现行国际体系总体上仍然处在无政府状态。因此，在自助的国际体系中各国竞相发展自身实力来维护和拓展国家利益，而现代科学技术的进步恰恰是国家实力增长和国家利益拓展的重要来源。世界各国凭借技术进入太空，是人类社会实践活动空间的拓展和延伸。太空技术作为现代高科技的主要代表之一，既是国家间权力迅速增长的支柱，又是国家利益拓展的重要动力。国际体系内"权力—利益"博弈的矛盾加深了各国对太空技术发展和运用的依赖，特别是其军事利用，往往意味着立竿见影的权力功放效应。太空探索、利用所显示出的战略地位和价值，使得各国很容易将其作为权力的倍增器，从而延伸和放大现行国际体系内的矛盾，太空军事化进程不断加深。正是由于各国对于太空开发、利用的依赖性不断增强，太空逐渐成为国家赖以正常发展的命脉，凝聚着越来越大的国家利益，从而使太空成为军事活动新的前沿和斗争焦点。[②] 由此可见，国际体系内"权力—利益"博弈的矛盾必然加深太空军事化。

太空军事化主要包括以下两个层面的内容："首先它是指为军事目的增加利用人造地球卫星，以支持和增强以地球（包括陆地、海洋

---

① 历史地看，这些政治共同体主要有城邦、王国、帝国等诸形式，其间出现过联盟体系、朝贡体系等区域性国际体系。1648 年在欧洲一隅出现了由主权国家所组成的现代国际体系，其后随着帝国主义的侵略扩张和 20 世纪亚非拉的民族解放运动，这一国际体系逐步扩展到全球。

② 陶平、王振国、陈小前：《论空间安全》，国防科技大学出版社 2007 年版，第 1 页。

和大气层）为基地的武器系统和地面部队的效能；其次是指太空武器的发展，既包括发展以太空为基地的武器系统，打击或摧毁对方在陆地、海洋、大气层以及太空的目标，或损害其正常功能；也包括发展以陆地、海洋、大气层为基地的武器系统，打击或摧毁对方的太空物体或损害其正常功能"①。第二个层面的太空军事化又称为太空武器化，其结果必将加剧太空军备竞赛。太空武器化和军备竞赛是由人为、故意的系统性损害所引起的太空战略安全问题，属于典型的国家安全问题。太空不仅是获取、传输和发送信息的"高地"，未来还可能发展成为力量投送的"高地"，在战略、战役和战术等各个层次都可以发挥重要作用。太空还是部署各种武器的场所，可以直接从太空对敌方在空中或地面上的目标进行军事打击，为己方的地面、海上和空中战斗提供火力支援。一旦失去太空优势，己方重要的战略、战役目标和陆、海、空等部队的作战行动将直接暴露在敌方太空侦察、监视和火力打击之下。对太空军事利用的不断增加必然会打破全球战略平衡与稳定，并加剧地面、海洋及空中的军备竞赛，破坏国际军控与裁军进程，损害各国相互信任，给地区和国际安全环境造成深远的消极影响。② 美国、俄罗斯等国加大了反卫星武器、技术的研发力度，技术水平与实战能力不断提高。2008 年 2 月，美军从海上发射"标准－3"舰对空导弹，摧毁距地面 200 多千米的失控卫星，全面验证了美国的反卫星作战能力，说明美国已具备太空攻防实力。

2. 太空特定资源开发、利用中的利益争夺引起国际体系内矛盾加剧

国际体系内各国太空技术的发展，使得各种行为主体进入太空的门槛日渐降低。一方面，除发达国家外，譬如印度、巴西等发展中国家也逐步具备了一定形式的进入太空的能力；③ 另一方面，在诸如美

① 贺其治：《外层空间法》，法律出版社 1992 年版，第 295 页。
② 黄惠康：《中国努力促进空间非武器化》，《中国航天》2001 年第 8 期。
③ James Clay Moltz, *Asia's Space Race: National Motivations, Regional Rivalries, and International Risks*, Columbia University Press, 2011.

国这样的太空强国，除了美国政府直接支持的军方和国家航空航天局（NASA）以外，涌现了像 Space X、蓝色起源等一批私营太空公司。随着太空主体的数量增加和多元化，国家间争夺太空资源的竞争日益激烈。这主要表现为各国在航天商业竞争、频轨资源争夺、月球资源开发等方面日益激烈的较量。太空由于其独特的环境和位置而具有巨大的开发、利用价值，蕴含着丰富的资源，是人类未来赖以生存和发展的"富矿"。太空资源一方面可以作为地球资源的重要储备和支撑，另一方面是人类深入太空所需要的能源和材料保障。商业航天领域的竞争日趋激烈，以商业发射市场为例，20 世纪 90 年代商业运载火箭迅速发展，多种火箭类别、型号大量出现，全球商业发射服务商数量逐渐增多，在商业发射服务市场上形成了运载火箭供过于求、发射服务竞争激烈的局面。太空无线电频谱和地球静止轨道位置对一个国家的政治、经济和国防建设具有重要的战略意义，各国对卫星发展的日益重视使得对卫星频率/轨道的需求日益增长，而在一定的现实技术条件下，太空中可供利用的无线电频段、地球静止轨道上的位置等资源利用具有排他性，加上月球和其他天体的资源具有不可再生性，导致各太空主体间的争夺不断加剧。各国对太空无线电频谱和静止轨道位置分配这些宝贵战略资源的争夺最为激烈和典型。深空的探索、开发和利用，正成为世界主要国家未来发展的战略取向，体现出"需求牵引面向地球，技术推动面向深空"[①] 的新的航天发展理念。各主要航天大国在制定未来 10—20 年航天发展规划时，纷纷将载人和不载人探测的目标从近地轨道转向月球和火星，并使载人和不载人的两大探索目标相互融合于月球和火星。

　　各种类型的太空资源利用属于典型的技术性级差空租[②]，各国的实力特别是航天实力决定着有效获益，因此，太空特定资源开发、利用中的权力关系是现行国际体系中权力关系的投射与放大。太空无线

---

　　① 孙来燕：《中国航天的发展战略和重点领域》，《中国工程科学》2006 年第 10 期。

　　② 徐能武：《论技术性级差空租与外空安全机制的成长》，《东南亚纵横》2008 年第 5 期。

电频谱和静止轨道位置分配中的"先登先占"原则在国际社会中已经引发了广泛而长久的争论。"先登先占"办法受到太空大国和发达国家的支持和维护。它们认为,这种办法有助于促进无线电频谱和地球静止轨道最有效和经济的使用,并且符合"共同利益"原则。同时依据"自由利用太空"原则,对无线电频谱和地球静止轨道的利用不应加以限制,登记和使用有关无线电频谱和静止轨道的国家应有权获得最大的国际保护。但是,发展中国家则持相反意见,认为"先登先占"办法是不公平的,只能有利于技术先进的太空大国,要求国际电信联盟为其预留频谱,这遭到了发达国家的反对,理由是预留频谱不符合频谱资源经济有效利用的原则,会使本来已十分紧张的频谱资源闲置浪费。围绕太空无线电频谱分配问题的争论实质上是"公平"与"效率"之争,在当前的国际政治经济格局下,问题不可能很快得到公正合理的解决。太空资源利用所蕴含的巨大的政治、经济、军事、科技价值,吸引着各国竞相参与太空资源的争夺,以赢得国际体系内竞争所需的先机。由于太空力量与技术能力具有压倒性优势,美国明确提出要全面控制太空,在需要时会阻止其他国家进入和利用太空,并为此投入巨资,研制开发各种先进的太空系统与武器。[①]根源于现行国际体系内的矛盾被投射与放大为太空特定资源开发中的安全问题,这是由人为的、故意的伤害所引起的安全问题,具体来说,是属于零星的还是属于系统性的,取决于人们的认定,不存在一般意义上的划分,有时属于公共安全问题,有时属于国家安全问题。

3. 国际体系内围绕太空利益争夺的负外部性导致太空环境安全问题

科学技术作为第一生产力,在国际社会中它自身的发展呈现出不断创新中的进步倾向,但其物理效应和社会影响则往往显现出"双刃剑"般的功能。国际体系内的各国进入太空这一新战略空间展

[①] 陶平、王振国、陈小前:《论空间安全》,国防科技大学出版社 2007 年版,第 14 页。

开探索、利用活动，在给自身以及相关利益、服务的购买方带来好处的同时，也有可能会给予这一活动没有直接关系的其他国家、行为主体、社会整体造成消极或积极的影响，这是典型的外部性现象。积极的影响谓之正外部性，如美国的 GPS、中国的"北斗"等在一定范围内向国际用户免费开放使用；消极的影响则是负外部性，它会使他国或其他行为体的利益受损，如太空利用活动增加过程中所出现的各种太空环境安全问题。太空环境安全是由人为的、非故意的（事故性）、零星的、随机的伤害所引起的安全问题，在大多数情形下属于公共安全问题。但值得注意的是，因太空探索、利用中的负外部性所造成的太空环境安全问题与前述国际体系内争夺地球和太空资源所导致的太空武器化和军备竞赛，以及对太空特定资源争夺所引发的安全问题相互交织，往往放大、加剧了国际体系内的利益矛盾。太空开发、利用所具有的战略意义使得各国一方面利用太空作为国际体系内利益博弈中新的权力来源，从而导致太空军事化不断加深，太空武器化和军备竞赛的威胁日益临近；另一方面，对太空各种资源的争夺放大和加剧了国家间的各种利益矛盾。由此，国家间争夺地球和太空资源利益的权力较量在太空这一新战略空间会使负外部性的消极影响愈发严重，带来更多的殃及池鱼的太空环境安全问题。"太空的核污染及生物污染加剧，太空环境日益恶化，太空资源受到了严重的威胁，加剧了太空自然体系失衡。"① 由于太空具有典型的全球公域性质，各国在太空开发、利用中对地球、环地球轨道以及星际空间所造成的环境污染问题，是以国际社会共同受损、难以追责为特征的，如不加以限制或治理，往往会导致一发不可收拾的后果。

从人类利用、开发太空的现实情况来看，国际社会较为关注的太空环境安全问题主要集中在太空碎片和太空核动力源问题上。太空碎

---

① 仪名海、马丽丽：《外空非军事化的意义》，《2009：国际军备控制与裁军报告》，世界知识出版社 2009 年版，第 142 页。

片的主要来源是太空物体的爆炸和碰撞①，两者都可以是意外的或有意的行为所造成的。② 此外，近地轨道的太空碎片还来自弹道导弹防御系统或其他太空武器试验。③ 太空碎片数目的增多导致碰撞产生的碎片引起更多碰撞的级联过程，形成越来越多的太空碎片。④ 此外，太空碎片还能形成光污染和电磁污染，妨碍天文观测。在现有科技条件下，各国在太空探索活动中使用核能成为不可避免的选择。当前，许多带有核动力的卫星正在轨道上运行。⑤ 核动力卫星失事可能会造成放射性物质泄漏，对地球及其大气层形成放射性污染。一旦地球生物圈被核动力卫星泄漏的放射性物质所污染，人体将可能会直接遭受外辐射或因呼吸而使人受到内辐射的危害。⑥

（二）社会过程中的太空安全进化

世界各国太空探索、利用活动作为源于国际体系内的新生成分，主体间的安全互动实践既深受国际体系演变的社会过程的重大影响，又因太空作为新战略空间所具有的诸多新特征而打上鲜明的新烙印。国际体系"是由能动者或行为体（即个人和集体）、系统层面的'突

---

① D. Mehrholz, L. Leushacke, W. Flury, R. Jehn, H. Klinkrad, M. Landgraf, "Detecting, Tracking and Imaging Space Debris," February 2002, 109ESA Bulletin at 128.

② 意外的爆炸是由于推进系统的故障或卫星、火箭剩余燃料自爆产生；有意的爆炸则是由于空间的军事活动所制造的，如以自爆方式销毁完成任务后的军用卫星、反卫星武器试验等。有意的碰撞包括动能反卫星武器试验，无意的碰撞包括空间碎片之间的碰撞和空间碎片撞击运行中的航天器等。参见 William J. Broad, "Orbiting Junk, Once a Nuisance, Is Now a Threat," *New York Times* (6 February 2007), online: http://www.nytimes.com/2007/02/06/science/space/06orbi.html? ei = 5070&en = 52e4fd924f69b8b9&ex = 1179374400&page wanted = print.

③ Jeremy Singer, "Space-Based Missile Interceptors Could Pose Debris Threat," *Space News*, 13 September 2004.

④ 由于多数太空碎片的撞击速度极快，即使非常小的微粒也可产生相当大的动能，能够造成比这些微粒本身大得多的损害。例如，1998 年，一个 0.3 毫米的漆粒在航天飞机的散热器上撞了一个直径 1 毫米的洞；在 2000 年的一次飞行中，一个 0.1 毫米的铝微粒撞击在航天飞机玻璃上造成一个 2 毫米的弹坑。参见《各国对空间碎片、核动力源空间物体的安全以及这些物体与空间碎片的碰撞问题的研究》，联合国文件编号 A/AC.105/770。

⑤ 尹玉海：《国际空间立法概览》，中国民主法制出版社 2005 年版，第 45 页。

⑥ 贺其治：《外层空间法》，法律出版社 1992 年版，第 178 页。

现'属性（无论怎么定义都包括结构）以及物质环境（包括时间和空间）所组成的系统"。从社会过程来看，国际体系"包含了系统内所有可能的进程和结果（如观念、行为、互动、关系、机制化、社会化以及内化等）。此外，互动不仅指单元（包括其行为）之间以及能动者和结构之间的互动，单元与物质环境之间的互动也构成了系统内的关键进程。系统内的互动还进一步产生了系统内的突现趋势，而这些趋势都是至关重要的系统属性"①。处于社会过程中的国际体系通过不同的渠道和形式，形塑着太空安全进化合作抑或进化冲突；太空安全互动中出现的国际关系的"新生段"，进一步深化了国际体系内融合发展的社会过程。

1. 国际体系两极抗衡造就弱纳什均衡的太空安全总体框架

马克思指出："一切历史冲突根源于生产力与交往形式之间的矛盾。"② 因此，从生产方式中寻找国际关系冲突性与矛盾性的根源，是马克思主义观察、分析国际关系的主要理论精髓，也是历史唯物主义方法论的体现。第二次世界大战结束前后兴起的以核技术、太空技术和信息技术等为标志的第三次科技革命推动着战后生产力的飞速发展，也从根本上影响着战后国际关系的变动。由现代科学技术推动的综合国力增长，助推了战后两极格局的到来。核技术运用于安全领域所产生的潜在破坏力，史无前例地改变了大国关系的状态。冷战时期，美国和苏联基于核武器相互确保摧毁的恐怖对峙，不断调整着相关各方的军备格局，以维护国际安全层面的战略稳定性。与此同时，太空技术、信息技术（特别是网络技术）作为跨域技术的快速发展，一方面成为美苏核威慑体系的补充性力量，进一步固化了两极对峙的国际政治格局，另一方面推动着生产的社会化程度不断提高，甚至越出国家的边界，从而使得世界经济全球化进入新一轮深化发展的阶段。涵括太空技术在内的现代科学技术发展从根本上推动着全球化的

---

① 唐世平：《国际系统的影响：六大渠道》，《世界经济与政治》2016 年第 8 期。
② 《马克思恩格斯全集》（第 3 卷），人民出版社 2002 年版，第 83 页。

进程。"政治是经济的最集中的表现。"① 现代科学技术发展在推动生
产社会化达到临界点之际，全球融合发展的客观需求应运而生，由此
与国际政治层面的两大阵营对峙形成了深刻的矛盾，推动着在此期间
国际体系发展的社会过程。当时，内嵌于国际体系内的太空安全互动
同样折射出这一性质的矛盾关系，太空既是大国权力角逐的竞技场，
也是大国利益合作新的试验田。在此背景下，太空安全治理的框架体
系初步形成。

　　在国际体系两极核恐怖对峙中太空技术起着重要而与日俱增的辅
助作用。在美、苏两极争霸的大背景下，太空技术及其应用被两个超
级大国看作现代战争的关键赋能器，因此，双方都将太空军事利用放
在极端重要的位置上。但从当时各自的战略威慑体系来看，军事航天
远未达到独立威慑的功效，在很大程度上只起到监视、核查对方的核
力量和核部署的目的。加之，航天器遵循着天体动力学规律运行，太
空是无国界的全球公域。在太空探索、利用中保持自由进入太空的权
力是各国日趋重要的国家利益，同时，在维护不给他方带来任何威胁
的前提下自由发展太空技术的权利也是各国的合法权益。因此，国际
社会太空安全治理的关键就是既要鼓励和保护各国自由、和平、公正
地开发、利用太空，又必须预防、制止、惩罚任何给他国主体或自然
环境带来损害的行为。在太空安全领域的利益博弈中，美苏双方都认
识到，基于空间技术并不能保证其绝对安全，但双方都担心对方的技
术突破有可能损害其安全利益。因此，双方最好的选择是停止发展空
间军备，实行军备控制，从而推动一系列太空安全治理机制的建构。
这些包含、涉及太空安全治理机制的国际条约与国际法律文件，主要
有《部分禁止核试验条约》《太空原则宣言》《外层空间条约》《月
球协定》《关于登记射入太空物体的公约》（即《登记公约》）、《反
弹道导弹条约》《禁止为军事目的或其他敌对目的使用改变环境技术
公约》等，其中有关条款不同程度地对各国的太空军事利用行为进行

_____

① 《列宁选集》（第4卷），人民出版社1995年版，第416页。

了直接的法律规制。但由于这个博弈的均衡是弱纳什均衡，如果任意一方对空间技术可行性的认识有所改变，其平衡就容易被破坏。①

2. 国际体系内权力失衡和观念错位突显利益争夺中原有太空安全治理机制的漏洞

在国际社会中，"技术—权力—观念"的辩证互动具体来说，是通过六大各具特色且相互作用的渠道影响其内部主体——国家的。"这六个渠道分别是：纯物质力量的约束与帮助、学习、物质和观念双重作用下的约束与帮助、人为选择、构建或建构、反社会化。"②当然，在不同的具体情势下，这些渠道影响特定行为主体的方式和程度是不一样的。各国太空安全互动实践作为国际体系内的新生成分，在社会过程的不同阶段，作为其主体的国家受到这些渠道影响的程度是明显不同的。这些不同渠道中影响因素的复杂组合构成了太空安全领域国际交往实践中进化冲突抑或进化合作的关键性社会条件。冷战后太空国际安全领域出现了严重的权力失衡，加上美国在空间技术方面所取得的某些突破，尤其表现在弹道导弹防御技术方面，由此导致太空安全治理的理想局面不但没有出现，形势反而急转直下。针对后冷战时期国际体系演变中太空安全形势的恶化，太空武器化和军备竞赛威胁日益临近，国际太空安全治理出现了停滞乃至倒退的现象。与此同时，现有太空安全治理机制作为冷战时期太空大国相互妥协的产物，在内容规定和条款设计上就存在着"牛栏关猫"的不足，加之太空利益争夺的加剧使得其漏洞和缺陷更为突显。

国际体系内的利益矛盾是引起太空安全问题最根本的缘由，原有的太空安全治理框架体系则是由冷战时期物质技术条件和社会关系所共同框定的，现在看来，国际体系内权力失衡和观念错位所突显的利益争夺中太空安全的漏洞主要包括以下方面。一是《外层空

---

① 参见李彬《军备控制理论与分析》，国防工业出版社2006年版，第64页。
② 唐世平：《国际系统的影响：六大渠道》，《世界经济与政治》2016年第8期。

间条约》作为太空安全治理中一个宪法性文件，明确规定了"为和平目的探索利用太空"，其他国际太空法也不同程度地强调了这一原则，但没有对"和平目的"进行明确的界定。以美国为代表的少数国家则认为，"和平目的"仅禁止侵略性的太空军事利用，而非侵略性的太空军事利用是可允许的，并因此大力研发和实验太空武器。二是《外层空间条约》只禁止在太空部署核武器和其他大规模毁灭性武器，其他武器并不在明文禁止之列，美国因此大钻法律空子，研发 HTV - 2、X - 37B 等太空武器。三是现有太空安全治理机制并没有禁止各国经过太空向打击目标发射武器，更没有对使用卫星、导弹拦截或激光武器攻击他国太空物体加以限制，美国趁机大力发展弹道导弹防御系统和其他太空武器。四是《登记公约》虽规定了强制性的太空物体登记要求，但只登记航天器的"一般性功能"，因此，登记信息中并没有区分军用卫星、太空武器和其他航天器，导致无法监控和限制太空武器。五是现有关于太空频率轨道资源分配管理的规定主要是"先申请先使用"的原则，导致"纸面卫星"、技术封锁、特定频轨资源争夺激烈、太空后发国家机会短缺等一系列问题。此外，由于现有规定不足，对于国际上个别国家购买商业或民用航天资源并将之运用于战争，也缺乏必要和有效的规制。六是国际社会对太空环境安全的治理亟须加强其可操作性和有效性。随着太空碎片和核动力源污染危害的加剧，现有的《缓解太空碎片问题指导方针》《关于在外层空间使用核动力源的原则》《外层空间核动力源应用安全框架》等文件不具有法律拘束力，也不适用于没有通过国际太空法实施的国家活动。

　　3. 国际体系加速分化重组孕育在平等化基础上太空安全再治理的契机

　　处于一定社会过程阶段的国际体系内多种影响因素的组合决定着太空安全治理状况。当前，"世界经济正处在动能转换的换挡期，传统增长引擎对经济的拉动作用减弱，人工智能、3D 打印等新技术虽然不断涌现，但新的经济增长点尚未形成。世界经济仍然未能开辟出一条新路。"① 加之，冷战结束到 2008 年国际金融危机爆发，国际体系内的权力失衡和观念错位等多重因素的复杂影响，使得原有太空安全治理机制的缺陷和漏洞暴露无遗，其根本无法有效遏制太空武器化和军备竞赛。国际社会推动太空安全治理的诸多努力受到美国的一再阻挠，各国对太空爆发武力冲突的担忧与日俱增。美国为了达到其不可告人的目的，往往借口太空现有国际条约完全足够，而屡屡反对任何建构新的太空安全治理机制的动议。在 2000 年、2001 年联合国裁军谈判会议上，中国政府提出的防止太空军备竞赛法律文书的要点草案，就受到来自美国政府对太空武器化问题谈判的抵触和反对。② 在后金融危机时代，"一方面，物质财富不断积累，科技进步日新月异，人类文明发展到历史最高水平。另一方面，地区冲突频繁发生，恐怖主义、难民潮等全球性挑战此起彼伏，贫困、失业、收入差距拉大，世界面临的不确定性上升。"③ 国际体系现阶段呈现出的复杂矛盾并不是由经济全球化所造成的，经济全球化作为一柄"双刃剑"，当遇到全球增长动能不足、全球经济治理滞后和全球发展失衡等问题时，则意味着国际体系处于"转危为安"的关键时期。一方面国际体系内部裂解和碎片化趋向日益明显，英国"退欧"、地区经济一体化受阻、国际贸易中保护主义抬头、美国新政府上台带来的不确定性，国际秩序加速分化重组；另一方面，在全球化和网络化的巨大推力下，有些国家出现"身份或民族认同"危机，这特别表现在裂解和碎片化最严重的中东地区，以及危机继续发酵的乌克兰等，从而给全球稳定带来了严峻的挑战和难题。

现代科学技术发展推动生产社会化达到新的高度，国际关系的分化、组合日益复杂深刻，国际体系内部裂解和碎片化意味着在平等化

---

① 习近平：《共担时代责任 共促全球发展——在世界经济论坛 2017 年年会开幕式上的主旨演讲》，新华社 2017 年 1 月 18 日电。
② 牛姗姗：《外层空间非军事化法律制度构建思考》，《江苏警官学院学报》2009 年第 24 卷第 6 期。
③ 习近平：《共担时代责任 共促全球发展——在世界经济论坛 2017 年年会开幕式上的主旨演讲》，新华社 2017 年 1 月 18 日电。

基础上全球再融合的时机正在来临。面对全球化带来的负面因素影响，国际经济政治秩序出现裂缝，民族/民粹主义倾向上升，国际体系权力格局分化重组急需平等化基础上的全球再融合。内嵌于国际体系内的各国在太空这一新战略空间所展开的安全互动呈现出空间的无疆域性、特定资源的相对有限性、天缘和地缘关系的相互交织性、主要功能载体信息流的虚拟性等新特征，急需各国主动作为、适度管理，在平等化基础上实现全球再融合的大背景下，大力推进太空安全再治理的进程。鉴于现行太空安全治理机制只是限制在太空部署核武器和其他大规模杀伤性武器，而太空开发、利用的特殊战略意义，又使得太空军事利用难以避免，并且从人类进入太空始便带着浓浓的军事意蕴并成为至今的现实，因此，太空安全治理并不可能完全去军事化，而主要是防止太空武器化和军备竞赛，以维护太空战略安全与各国的合法权益。随着太空技术的不断发展，太空安全威胁日益多元化，太空冲突或安全事故隐患增加。太空设施的重要性及其固有的脆弱性，使其越来越成为未来敌对双方攻防对抗的目标，解决太空安全问题的紧迫性更加突出。为此，各国纷纷加快太空技术发展，出台太空政策，调整太空安全战略，太空利益方面的国际竞争所面临的战略压力和安全风险持续增大。顺应现阶段国际体系深刻调整变化的态势，针对太空安全领域利益博弈加剧的现实，积极推进太空安全的再治理，必须审时度势，高扬实现人类共同利益的大旗，确保各国对太空和平自由开发、利用的权益，反对一切形式的强权政治，推动包容、普惠、和谐的太空探索、利用，促进人类社会未来融合发展进程。

（三）"一体两翼"太空安全治理

在国际社会中，各国总体科技水平、经济实力和组织大科学工程能力等诸多要素决定着其太空技术水平。人类太空探索、利用活动作为最为雄心勃勃的伟大事业之一，至今体现为各国太空技术水平的纯物质力量的约束与帮助仍然是最为根本性的影响因素，它决定了一定时期太空安全领域的物质权力结构。除此之外，"学习、物质力量与观念力量相互作用下的约束/帮助、人为选择以及构成/构建，这四个渠道组成了我们通常所指的广义上的'社会化'"①，加上与之相对应的"反社会化"渠道，"都需要观念力量和物质力量的输入，因此也就需要能动者以观念、行为以及互动的形式进行输入"②。在国际体系内各国太空安全领域的交往实践中，影响进化冲突与进化合作的关键性社会条件大致可以概括为权力与观念耦合中控制体系暴力、社会化进程中增强政治认同、"反社会化"中新权威规范的内化和遵循，只要抓住重点、顺势而为，就可以积极推进现阶段国际体系内"一体两翼"太空安全的再治理。

1. 锲而不舍地推进防止太空武器化和军备竞赛的主体工程

在现行国际体系仍然主要处于由主权国家所组成的政治层面，各国太空安全战略必然是使本国太空力量得以充分发挥其潜力，最终达到自身的政治目标。因此，世界各国若要真正摆脱源于现有国际体系内的太空安全困境，就需要摆脱"地球中心论思维，不再将太空作为解决现在地球上各类问题时所考虑的因素，这种转变对于当下的航天活动、太空力量发展，具有特别重要的影响"③。各国太空力量的发展应有利于维护和巩固国际体系内国家间的安全与稳定，并最终促进人类共同利益的实现。要达此目标，就需努力推进太空安全领域包容、普惠、和谐的国际秩序的构建。显然，各国围绕太空展开互动所需的国际秩序的建立和维持的首要条件必然是对太空安全领域体系暴力的有效控制，即防止太空武器化和军备竞赛可能引起的太空冲突乃至太空战。面对太空武器化和军备竞赛威胁的日益临近，任何国家或集团都不可能单独有效地承担和应对其严重后果。因此，防止太空武器化和军备竞赛，就需要国际社会确立共同的太空安全理念。太空安

---

① 唐世平：《国际系统的影响：六大渠道》，《世界经济与政治》2016 年第 8 期。

② 同上。

③ 聂春明、王志波、毛翔、吴志丹编译：《太空力量与国家安全》，航空工业出版社2016 年版，第 154—155 页。

全是人类的共同安全，其一旦遭受破坏，受害的将是全人类，没有任何一国可以独享太空安全，也没有任何一国可以逃避太空安全受损的后果。因此，加强相关国家之间的合作，共同应对太空武器化和军备竞赛的威胁将成为一个重要趋势。国际裁军的实践表明，主要太空大国的共同努力，将对太空非武器化目标的实现起着决定性的作用。所以，国际社会应在"构建人类命运共同体"这一目标的牵引下，积极促进太空多边安全对话与合作共赢，共同努力防止太空武器化和军备竞赛，促进人类和平与发展事业。

从现阶段国际体系内太空安全互动的态势来看，其最大的威胁来自于个别国家妄图利用太空力量优势以追求太空绝对权力，肆意推进太空武器化和军备竞赛。[①] 为此，对国际社会而言，一是要加强国际沟通协调，力争使推进太空武器化和军备竞赛的一方认识到，太空武器效应逆序，不符合对太空技术依赖的该国国家利益。重新审查现行的《外层空间条约》等防止太空武器化相关条约适用的充分性与明确性，进一步完善太空安全治理机制的相关内容和规定，修改完善在太空中应禁止研发、实验、部署的太空武器。二是通过非对称性制衡，改变国际政治权力格局，迫使其坐下来谈判，实行军备控制。发展太空技术制衡太空军事霸权，遏止太空武器化和军备竞赛，霸权国之外的其他国家必须先拥有强大的太空技术实力，形成一定的均势，这样才有可能制衡个别太空强国的霸权企图，才有可能使之坐到谈判桌前。同时也应注意到，此种制衡必须是在兼顾已有太空安全治理机制现实作用的基础上，强调以太空军事实力为后盾，兼顾国际体系内各种力量的综合制衡。三是中俄应继续联手，以各种形式磋商、讨论、汇集有关完善 PPWT 的意见，推进有效法律文书的达成。国际社会应就禁止对太空物体使用武力或威胁使用武力问题进行谈判，最终达成一项关于禁止对太空物体使用武力或威胁使用武力的国际公约。四是应旗帜鲜明地主张利用联合国等集体安全机制来推进太空安全治

①　蒋建忠：《太空武器化与中国国家安全突围》，《世界知识》2015 年第 18 期。

理。进一步加强太空物体的登记制度，增加发射国对太空物体的登记内容，应明确规定如果太空物体载有任何类型的太空武器，就必须立即通知联合国。在联合国框架下，国际社会应该就禁止在太空部署一切武器进行国际协商，争取通过一项关于禁止在太空部署任何类型武器的国际法律文书。

2. 循序渐进地推进太空特定资源开发、利用制度的完善

人类对高远而浩渺的太空的向往和敬畏可谓由来已久，各个民族不约而同地都将最权威的力量认定为来自头顶的上天，古代历法源于对天象的观测。只是囿于生产力的限制，直到最近 60 年来，人类征服自然改造自然的能力才最终克服地球的引力，展开史无前例、蓬勃发展的太空开发、利用。现行国际体系内各国进入太空的首要推动力正是来自于对太空军事、政治、经济和科技等资源的探索、利用。"太空是战略资产，其重要性从技术与安全方面来说怎么讲都不过分。"[1] 任何资源利益虽然都有其客观存在的一面，但其价值意义也都源于一定主体的自我需要。总体来说，由主权国家组成的现行国际体系仍然是一个以自助为主的体系，因此，生存和发展利益是各国向太空拓展所追求的主要国家利益。时至今日，太空既是大国安全利益博弈的战略枢纽，又是一国经济实力的集中展示与主要来源之一，还是国家软实力的体现与大国地位的象征。在现有太空技术条件下，各国在太空开发、利用中对特定资源利益的博弈，主要集中在频轨资源争夺、航天商业竞争、月球资源开发等方面。在太空特定资源的国际管理方面，国际社会已经达成一系列多边条约，既是指导对各国太空特定资源和平开发、利用的依据，又是太空安全治理框架体系的重要组成部分。[2] 因此，对于太空主体在一定技术条件下，对某些特定有限资源争夺中所出现的安全问题进行管控，各国应该立足于现有制度

---

① Space and Security Policy in Europe, Occasional Papers, No. 48, December 2003, ht-tp：//www. iss-eu. org/occasion/occ48. pdf.

② 滕建群：《2008 年国际军控与裁军形势综述》，《2009：国际军备控制与裁军报告》，世界知识出版社 2009 年版，第 11 页。

基础，在逐步培育各国太空活动透明和信任措施（TCBM）的基础上，通过循序渐进地推进太空特定资源开发、利用制度的完善，引导选择性社会化、优化施动者—结构—进程，不断加强这一太空安全领域的契约合作。

这就要求首先应根据太空技术发展的实际情况，区分各国在不同太空资源竞争中的冲突程度，依照轻重缓急来循序渐进地推进太空特定资源开发、利用制度的完善。当前，人类对太空资源的开发、利用还主要集中于近地空间，深空探测更多地属于科学探索领域，尚谈不上竞争性的资源开发、利用。其次，对于日益突显的频轨资源争夺问题，应在国际电信联盟的主导下，本着公平正义、合理高效的原则，通过完善频轨资源分配机制的形式加以解决。国际电信联盟应秉持公正的理念，向所有国家均等地提供频轨资源，同时考虑发展中国家的特定需要和特定国家的地理位置。国际社会应严惩未向联合国登记、未向国际电信联盟申请频轨资源，就擅自发射卫星的行为。再次，对于商业航天市场应进行适度规范，制止恶性竞争和不公平竞争所带来的安全隐患。在太空技术飞速发展、巨额资本推动和市场开发的竞争合力下，商业航天呈井喷式发展，在可能创造空前利益的同时，也可能带来难以承受的太空安全压力。如诸多以"千"为量级的庞大星座计划，一旦无序实施，很容易导致发射窗口压缩与冲突、太空碰撞事故增加、基础科学研究卫星受冲击等。此外，国际政治领域的利益，可能会影响商业航天市场的公平竞争。如 20 世纪 90 年代末美国抛出"考克斯报告"以来，肆意对中国航天进入国际市场进行多方打压，甚至连美国私营商业航天公司发射卫星，也只能选择发射技术处于"二流"的印度这类所谓"盟国"，不能与中国航天进行接触合作。诚然，这也需要从国际体系内部通过协调合作来解决问题。最后，对于月球等近地天体资源的开发利用，也要未雨绸缪，要通过国际谈判建立和完善有关机制，并设法增强《月球协定》的实际有效性。

3. 并行不悖地推进太空活动行为准则的制定

在太空武器化和军备竞赛，以及太空特定资源争夺得到约束和规范的同时，应将由太空主体单方面制造或由国家间冲突或战争引起的太空环境安全问题视作太空活动所引起的负外部性，并行不悖地推进太空活动行为准则的制定，将相关国家纳入太空安全治理机制中来。太空活动行为准则主要涉及的是太空环境和太空秩序。国际体系内围绕太空利益争夺的负外部性导致太空环境安全问题，要求相关国家确保在其管辖范围内或在其控制下的太空活动不致损害其他国家或在各国管辖范围以外地区的环境和资源。由于现有的太空安全治理机制往往只有原则性规定，缺乏实施细则和监督执行机制，需要进一步制定、完善太空活动行为准则。根据太空活动的形势，各国应特别注重积极支持有关各方推进太空活动行为准则的制定。[①] 欧盟于 2008 年 12 月主导制定并在 2010 年对其进行修改的《太空活动行为准则（草案）》，旨在通过解决太空交通管理和太空碎片等问题，"增强所有太空活动的安全、平安和可持续性"。该准则所确立的原则、目的及相关措施，直接反映了欧盟对太空活动及太空资产安全的关注，提升了欧盟在太空领域的国际影响力，但对于太空安全治理中最紧迫的防止武器化问题没有起到应有的作用。美国曾一度准备接受《太空活动行为准则（草案）》，既有太空探索利用活动的增加所导致的太空碎片风险对其自身安全威胁方面的考虑，又隐含着美国希望和其盟友通过共推太空活动行为准则制定的方法，转移国际社会对防止太空武器化和军备竞赛这一太空安全领域焦点问题的注意力，减轻来自中俄联合推动 PPWT 所带来的国际压力。可惜的是，美国原打算将欧洲版改造成美国版"太空活动行为准则"的短暂考量，后竟因美国国会保守势力的反对而未果。

　　针对国际体系内美国借用其盟友，为转移国际社会对防止太空武器化和军备竞赛这一重点问题的注意力，在向所有国家开放但没有实际法律约束力的太空活动行为准则制定方面所做出的"华而不实"

---

　　① 李彬、吴日强主编：《国际战略与国家安全——科学技术的视角》，中国传媒大学出版社 2008 年版，第 70 页。

的举措，中国应继续表明推进太空活动行为准则的制定与防止太空武器化和军备竞赛并行不悖的立场，同时，从以下方面大力推动太空环境安全的综合施策。一是强调由联合国和平利用太空委员会制定统一的减缓太空碎片的标准和要求，以及由相关国际组织规范核动力源使用标准和审核流程。为此，联合国有关机构应在 2002 年由主要太空国家（机构）共同完成的《IADC 空间碎片减缓指南》的基础上，吸收美国的《国家宇航局限制太空碎片的技术标准过程》《太空大国示范行为规范》、欧盟通过的《太空活动行为准则（草案）》、中国颁布的《太空碎片减缓要求》等相关内容，结合科学技术发展与太空探索利用实际，制定综合、统一、实用的标准和要求，并实质性地考虑在太空设置国际空中交通管制，以避免绕地球运行的卫星和其他飞行器受到碰撞。在 1992 年《关于在外层空间使用核动力源的原则》和 2009 年《外层空间核动力源应用安全框架》等软法基础上，由各国将其纳入国内法律及执法体制中，逐步形成统一的太空核动力源国际规则。二是由联合国和平利用太空委员会向所有太空主体建议集资收缴类似于"太空环境税"的费用，以备维护太空环境安全之所需。具体来说，相关费用应主要用于太空碎片清理技术研发、国际合作协调、太空可持续利用建设等的实际需要。三是由联合国和平利用太空委员会牵头制定太空透明和信任措施，在条件成熟时，制定太空活动行为准则，形成有约束力的法律文书。四是由联合国和平利用太空委员会在加拿大等国建议的基础上，加快组织和平卫星（PAXSAT）体系建设，对太空环境和相关太空安全治理机制的执行进行有效监控和核查，以便追责，维护和巩固太空安全治理机制的权威性与有效性。

三 天缘政治安全秩序创新*

冷战后国际体系内因苏联一极的瞬间坍塌，国际权力结构严重失

＊ 本节部分内容以"太空安全秩序构建中的体系压力与战略指向"为题发表于《国际安全研究》2020 年第 2 期。

衡，美国将太空能力纳入其新的"三位一体"威慑战略①，以绝对实力护持绝对霸权，使得太空威慑与反威慑游戏不断升级，对太空安全秩序造成了严重的冲击和威胁。正视危机，危中寻机，在太空安全秩序创新中各国应对来自体系层面的刺激所做的太空政策选择，会受到太空力量功效、太空法意识、战略协调、国家互动情势、政治过程等中介变量的重要影响。首先，面对来自国际体系内权力变动给太空安全秩序所带来的体系刺激，大多数国家基于太空安全功效日益增强的意向和现有太空法意识这一战略文化因素的影响，对太空安全问题的认知既高度敏感又有一定的规范认识。其次，从短期来看，虽然从技术本质上看，航天技术应是助推全球化的重要力量，但由于其日益增大的安全功效和缺乏权威约束机制，太空力量成为各国权力的倍增器，在短期内各国太空安全决策较易出现效率竞争型社会化。最后，随着国际社会过程的拉长，太空力量安全功效的进一步增强使各国决策更为谨慎，太空国际法漏洞和不足的凸显会促使国际社会形成修法的共识，太空力量在全球化曲折发展中导致太空权力结构出现分散化、均衡化，各国太空领域的战略沟通和政策协调有助于太空安全互动的政治过程"向善"的方面发展。因此，国际社会有关国家保持战略审慎，沿着观念规范和物质权力耦合的路径，积极推动建构持久和平、普遍安全太空治理体系，维护环境友好、清洁美丽的太空新疆域，最终有助于推动人类命运共同体建设，共同创造人类的美好未来。

（一）太空安全面临的体系刺激

冷战的结束意味着国际体系内权力格局的流变，"两极格局的终结为新格局的形成提供了历史性的机遇，世界各种力量对比消长造就了'一超多强'的格局"②。太空安全秩序作为内嵌于现代国际体系

---

① 徐能武：《空间政治学——政治文明新高地的复合建构之道》，中国社会科学出版社 2016 年版。

② 孙关宏、胡雨春、任军锋主编：《政治学概论》，复旦大学出版社 2015 年版，第297 页。

内的新生成分，首先受到来自体系层面权力结构失衡的严重冲击。美国强化日渐独立的太空威慑功效，必然导致俄罗斯等其他主要太空国家的反威慑应对。这种威慑摩擦升级又必然导致冲突危险程度的加深。国际航天技术的迅猛发展，各国太空竞争的日趋激烈，太空主体和飞行器急剧增加，太空环境安全面临着严峻的挑战。航天技术的成熟和市场化的深度发展，太空商业化、跨国化趋势导致太空特定资源争夺加剧，这些都日益成为不能忽视的现实挑战。

1. "一超多强"国际体系中威胁和机遇的清晰度

冷战结束后，国际体系格局从"两极"朝"多极"方向发展，但时至今日，多极化并未真正到来，说得具体点，现今国际体系呈现出"一超多强"的格局，即美国依然保持着唯一超级大国的身份，中国、俄罗斯、欧盟、日本构成"多强"，印度、巴西等紧随其后。当然，这种大国或地区力量所构成的国际体系格局是以各自的综合实力作为基础复合建构出来的，这种"一超多强"格局反映了国际体系层面的物质实力分布和观念主导的强度状态。以航天技术为基础的太空力量是这种国际体系中典型的"结构性调节因素"，该因素"调节了基本结构要素的影响，但它并不是互动本身"①。这些内嵌于国际体系中的结构性调节因素是体系的、外部的，会潜在地影响单元层次的国家。②

"一超多强"国际体系内因权力一度过于严重失衡的状态，使美国作为霸权国并没有沿着"霸权稳定论"所谓的理性思路去维护现有的国际秩序，反而妄想通过追求绝对实力来护持其绝对霸权。从安全层面来说，美国试图逐步减少对核武器作为威慑手段的过分依赖，逐步加入太空系统作为威慑手段这一新的明显占有优势的部分，而"在美国引进导弹防御、太空雷达等项目之后，战略稳定性考察的不确定性增大"①。美国2002年《核态势审议报告》②和随后通过的NSS和NPR等战略文件，强调对由携带核弹头的战略轰炸机、核潜艇和陆基弹道导弹组成的旧"三位一体"国家威慑战略进行调整，提出建成由攻击性（常规和核）打击系统、导弹防御和反应灵敏的国家安全基础设施组成的新"三位一体"国家威慑战略。

为此，美国在保持核威慑力的同时，迅速提升太空在美国威慑战略中的地位，以太空快速打击系统补充其常规打击能力，而导弹防御系统则构成其防卫能力的主要支柱，太空指挥控制系统更是其反应基础结构不可或缺、不可替代的核心组成部分。美国逆时代潮流而动，大力推进太空武器化和军备竞赛，构成了第二太空时代来自国际体系层面日益清晰的威胁。虽然，当前并没有任何国家在太空安全互动中有能力对美国构成实质性威胁，甚或展现出敌意，但和平的机遇并没有出现。反而，因美国咄咄逼人的进攻姿态，构成了对国际和平清晰可见的威胁。美国从海湾战争开始，不断加大将太空系统运用实战的力度，从时间上看，这种威胁的清晰度已不是迫在眉睫的问题了，而成为撬动攻防平衡的杠杆，现实地威胁着全球的战略稳定。美国施加的威胁留给其他太空力量可供采取的选择越来越少，除了发展非对称性和平反制手段，以及外交上的联手防范外，合乎逻辑的理性选择的余地并不多。

2. 美国加大太空威慑营造出约束性战略环境

冷战后，由于苏联这一"极"的突然消失，美国失去与之抗衡的对手，各国理应进入一个机遇和威胁并不清晰的包容性战略环境。"因为美国的实力远超任何其他国家——美国远不清楚中国是应该予以遏制的迫切威胁，还是应该进行接触和拉拢的伙伴。"③从世界各

---

① 李彬、聂宏毅：《中美战略稳定性的考察》，《世界经济与政治》2008年第2期。

② Ronald H. Rumsfeld, "Nuclear Posture Review Report," http://www. defenselink. mil/news/Jan2002/d20020109npr. pdf, Nuclear Posture Review [Excerpts], http://www. globalsecurity. org/wmd/library/policy/dod/npr. html.

③ ［加拿大］诺林·里普斯曼、［美］杰弗里·托利弗、［美］斯蒂芬·洛贝尔：《新古典现实主义国际政治理论》，刘丰、张晨译，上海人民出版社2017年版，第49页。

国所面临的战略环境来看，"威胁（或机遇）越迫在眉睫，威胁越严重（或者机遇越诱人），国家的战略环境越具有约束性"①。第二太空时代美苏抗衡的太空均势发生了根本性的变化，美国占压倒性优势的地位更为突出。至 2018 年 4 月底，太空在轨卫星达 1886 颗，美国在轨卫星为 859 颗，占比约为 45.5%，包括商用卫星 495 颗、政府/民用卫星 198 颗、军用卫星 166 颗；中国、俄罗斯分别为 250 颗和 146 颗；其他国家共计 631 颗。② 在太空军事应用方面，美国遥遥领先于其他国家。在航天能力与战斗力的整合方面，美国做得比其他任何国家都要彻底和成功。实际上，只要美国不"发难"，各太空主体将置身于典型的包容性战略环境里。但由于美国沿着冷战的思维追求后冷战时期的绝对霸权，调整和强化国家战略威慑体系，美国大力推进太空武器化和军备竞赛的威胁，从国际体系层面营造出压抑的约束性战略环境。

美国日益加大对太空威慑的依赖除了受"身体已进入 21 世纪，而脑袋还停留在冷战思维、零和博弈的旧时代"③ 这一落后观念的影响外，核力量的恐怖抗衡和信息技术、航天技术的突飞猛进及其交相融合等物质因素同样不可忽视，观念因素和物质因素两者的耦合使得美国在海湾战争中运用太空力量尝到甜头后，急不可耐地抛出"太空珍珠港"等说辞，退出《反弹道导弹条约》，加快地区导弹防御系统（TMD）和国家导弹防御系统（NMD）的实际部署。2006 年，美国新的太空政策突出地强调：美国享有绝对太空自由行动权；不让"敌国"进入太空；鼓励参与合作，扩大军方的太空权力；抢占太空优势，着眼部署武器；拒绝签署任何限制美国太空发展的国际协议等。

美国试图凭借其在进入太空发展的"全能冠军"的绝对优势，极

---

① ［加拿大］诺林·里普斯曼、［美］杰弗里·托利弗、［美］斯蒂芬·洛贝尔：《新古典现实主义国际政治理论》，刘丰、张晨译，上海人民出版社 2017 年版，第 47 页。

② 参见 New Update of the UCS Satellite Database, https://www.ucsusa.org/nuclear-weap-ons/space-weapons/satellite-database#. W53GF_ZuLIU.

③ 习近平：《积极树立亚洲安全观 共创安全合作新局面——在亚洲相互协作与信任措施会议第四次峰会上的讲话》，新华网，2014 年 5 月 21 日。

力谋求绝对优势和绝对霸权。随着科技的不断成熟，美国不断推动太空军事化走向武器化，引发进一步的太空军备竞赛，导致其他武器特别是大规模杀伤性武器的扩散，对太空安全造成严重的消极影响。美国已将提升太空作战能力列为美军今后的重点发展方向。为确立太空霸权，美国特朗普政府和国会向导弹防御局提供 115 亿美元的拨款，其政府计划将陆基导弹拦截器的数量从 44 枚增加到 64 枚，并购买额外的区域导弹防御拦截器。① 2018 年 3 月，美国总统特朗普提出，在美军现有军种之外组建独立的"太空军"。5 月 1 日，特朗普再次重申要组建所谓的太空军，并强调还将"认真考虑"与之配套组建一个全新的军事部门。6 月 18 日，特朗普下令美国国防部立即启动组建太空军的进程。当日，特朗普在白宫会见国家和平利用外层空间委员会成员，特朗普强调，建立太空军对于维护美国的国家安全而言至关重要。为此，美国即将组建的太空军将成为美国陆军、海军、海军陆战队、空军和海岸警卫队外的第六军种。2018 年 8 月 9 日，美国副总统彭斯宣布，美国军方已开始筹建"太空军"，到 2020 年将建立美国太空部队。②

3. 在不确定性影响下其他国家反威慑的复杂应对

冷战结束以来，太空武器化和太空军备竞赛的趋势对太空安全构成严重威胁。美国独霸太空的企图使太空安全困境进一步加剧，引起了全世界的不安与公愤。美国以外的其他太空主体面临着来自美国高清晰度太空威胁的约束性战略环境，各自的反应依然是复杂的。由于无政府国际体系的固有特征，"国家通常在评估实力对比、他国意图和时间范围时面临一定程度的不确定性"③。但总体而言，太空安全关系作为内嵌于现行国际体系的新生成分，其状态属性依然体现为国

①　知远战略与防务研究所客座研究员温百华译：《美国导弹防御计划概览》，参见 https://www.armscontrol.org/factsheets/usmissiledefense。
②　《将中俄视为对手！美国国防部拟 8 月起组建 3 支太空军》，环球网军事 8 月 1 日报道，http://mil.huanqiu.com/world/2018-08/12620096.html。
③　［加拿大］诺林·里普斯曼、［美］杰弗里·托利弗、［美］斯蒂芬·洛贝尔：《新古典现实主义国际政治理论》，刘丰、张晨译，上海人民出版社 2017 年版，第 46 页。

际体系投影的特征。日本依循其"与强者为伍"的简便决策思路，冷战后进一步深化日美军事同盟。2003 年 6 月，日本和美国发布了题为"21 世纪合作框架"的太空安全政策报告①，主旨是要扩大日美太空安全合作。2008 年 5 月，日本通过《太空基本法》，公然宣布放弃其自 1969 年以来奉行的"非军事"原则，为太空军事化松绑，从而加大了太空安全威胁，给地区安全与稳定带来复杂的不利影响。

"即使有完全清晰的判断，由于存在新古典现实主义所指出的单元层次的中介变量，一些国家的某些行为者也仍然会感到存在不确定性。"②对于欧盟范围内的太空主体而言，国际体系下的多层次主体对于来自美国太空威慑的压力，其反应更显复杂。大多数主体与美国有着同盟性质的关系，因此，并没有任何反威慑的意图和战略，有的不过是避重就轻地强调"面向地球"的太空政策取向。2003 年，欧盟（EU）与欧洲空间局（ESA）③联合发表《欧洲太空政策绿皮书》草案，以及《欧盟太空安全政策行动计划白皮书》④，努力提高其国际竞争力。2018 年 6 月，欧盟委员会建议在欧盟 2021 年至 2027 年的下一个长期预算中投资 160 亿欧元（约合 188 亿美元）来维持并进一步提升太空领域的领先优势。委员会的提案建立在 2016 年 10 月《欧洲太空战略》和 2017 年《工业政策战略》的基础之上，确保欧盟太空活动的投资连续性，支持欧盟在安全等领域的行动。与此同时，欧洲国家，特别是法国、德国、意大利、英国均在独立发展其军用卫星

① *US-Japan Space Policy：A Framework for 21st Century Cooperation. International Security Program*, Center for Strategic and International Studies, Washington, D. C., July, 2003.

② ［加拿大］诺林·里普斯曼、［美］杰弗里·托利弗、［美］斯蒂芬·洛贝尔：《新古典现实主义国际政治理论》，刘丰、张晨译，上海人民出版社 2017 年版，第 46 页。

③ 欧洲空间局亦称欧洲航天局，是欧洲国家联合进行航天活动的组织和实施机构，1975 年成立，总部设在巴黎。到 1995 年已有 14 个正式成员国，加拿大为协作国。其任务是制定欧洲统一的航天政策、规划、计划，组织与协调成员国的航天活动，促进欧洲航天工业的发展，下设 4 个研究机构：欧洲空间研究与技术中心（设在荷兰）、欧洲空间操作中心（设在德国）、欧洲空间情报资料研究所（设在意大利）、欧洲航天员中心（设在德国）。

④ White Paper, *Space：A New European Frontier for an Expanding Union*, *An Action Plan for Implementing*, *The European Space Policy*, Published by the European Commission, 2003. SEE：http：//europa. eu. int.

系统。由此可见，欧盟范围内的太空主体与美国相向而行的程度远不及日本，而是在极力增强自主性的前提下谋求自身安全利益的最大化。

国际体系对太空国家的约束，使得除美国以外的太空国家既面临着实力超强国家的战略压力，又面临着自身定位、国际责任、与发展中国家关系等一系列决策难题。美国与俄罗斯太空威慑与反威慑的较量，除要将其置于国际体系层面权力抗衡的视野来看之外，还应将其纳入各自的国家战略威慑体系来度量。"饿死的骆驼比马大"，虽然俄罗斯相对于苏联而言，已今非昔比，但俄罗斯仍是世界上唯一能与美国并驾齐驱的太空大国。俄罗斯针对美国的新的"三位一体"威慑战略，提出俄罗斯版的"三位一体"反威慑战略。俄罗斯不仅很快重启和改进了"白杨" – M 洲际弹道导弹的发射，而且是最早组建太空防御部队的大国之一。对于 2018 年美国特朗普政府宣布欲建太空军一事，俄罗斯警告称，美国计划建立"太空军"可能会导致灾难。如果美国胆敢违反《外层空间条约》，将大规模杀伤性武器送入轨道，莫斯科方面会准备好进行"强烈报复"。此外，美国从护持绝对霸权的野心出发，1999 年《考克斯报告》出笼后给中国太空安全施以种种压力和威胁，其中包括禁止转让航天技术、禁止美国公司参与中国商业发射活动等。[1] 对此，中国既要警惕"星球大战"魔影的重生[2]，又应大力推进自身航天事业的发展和国际太空安全合作。至于印度匪夷所思地以所谓"中国威胁"为借口，加快太空军事化的步伐，同样应置于美国主导的国际权力格局中来解释和观察。

（二）太空秩序创新的政策选择

在第二太空时代，国际体系权力结构正进行着深刻的调整，全球

---

[1]　Departments of Defense and State, Final Report to Congress Section 1248 of the National Defense Authorization Act for Fiscal Year 2010 (Public Law 111 – 84), p. 4, http://www. defense. gov/home/features/2011/0111_ nsss/docs/1248_ Report_ Space_ Export_ Control. pdf.

[2]　杨莲珍：《警惕"星球大战"魔影重生》，《学习时报》2018 年 1 月 31 日第 6 版。

化和逆全球化交相涌动，置身于其中的国家出于对太空力量与日俱增的国家安全功效的感知，对太空安全认知呈现出敏感性和规范性并存的局面。在太空安全这一特定议题领域，在国际体系给国家带来的约束和机遇面前，各种单元和次单元层次的中介变量影响着太空安全互动决策并呈现出明显的效率竞争型社会化，各自都选择发展太空力量是这个博弈问题的占优策略均衡，是唯一的纳什均衡。[1] 航天技术作为第一生产力最前沿的组成部分之一，具有不可阻遏的发展趋势，各国争先恐后地竞相发展太空力量，必然会改变物质层面的权力结构，任何妄想以绝对太空实力来护持全球霸权的企图都不可能得逞。物质权力结构的趋向均衡和构建人类命运共同体的观念相耦合，必然会导致体系进程朝着进化合作的正向演进。

1. 国家对太空安全认知的敏感性和规范性

在现行的国际太空法框架下，国家仍然是太空安全互动最重要的行为主体。太空安全互动作为内嵌于国际体系的新生成分，体系刺激的压力对国家太空安全方面的认知、决策和政策执行产生着极其重要的影响。在航天技术加速进步、国际关系错综复杂的情况下，找准国家利益并据以制定政策、确定相应的立场是一项艰巨而复杂的工作。国家作为国际体系下的单元层次，围绕国家这一主体的各种中介变量，"将限制国家是否对体系层次压力做出应答，同样也会限制国家如何应答体系层次的压力"[2]。对于国家太空安全认知产生影响的两个明显的中介变量是太空力量的安全功效和现有太空法规意识。国家太空安全决策和政策制定均是建立在一定认知基础之上的，而"认知不仅受国际因素影响，还受到领导人意象和战略文化的影响"[3]。太空力量在国家安全中的作用会影响国家安全决策者的意向，而太空国

---

① 纳什均衡指的是这样一种策略组合，这种策略组合由所有参与者的最优策略所组成。或者说，这个均衡是可以预测到的唯一的均衡。这是静态博弈的求解结果，反映的是追求短期效应时主体间的互动决策关系。

② ［加拿大］诺林·里普斯曼、［美］杰弗里·托利弗、［美］斯蒂芬·洛贝尔：《新古典现实主义国际政治理论》，刘丰、张晨译，上海人民出版社2017年版，第58页。

③ 同上书，第60页。

际法律法规意识则构成影响国家安全决策者的战略文化因素。

对于认知具有过滤作用的国家安全决策者的"意向"虽然有着个性化的一面，但因考虑到国家安全决策关涉国家的生死存亡，在这一方面，追求国家利益最大化的理性主义思路仍然是最令人信服的。因此，决策者的意向并不是完全主观随意的，而是基于太空力量在维护国家安全中的物理效应和价值。当前，航天技术、核技术和信息技术"三位一体"正在成为确保有利战略威慑态势的关键，并引发了军事领域的新变革。太空力量已显现出巨大的战略威慑功能，发展航天技术、开发利用太空已成为各国增强国力、争夺有利战略态势的重要途径。因此，各国对太空安全问题都高度重视，内嵌于国际体系中的太空安全互动活动及关系属于高度敏感的高阶政治范畴。由此不难看到，各太空国家对自身的国家战略、军事战略都实施了调整：由针对确定的敌国，侧重于战略威慑转向应对不确定威胁，侧重于战术的应用；由政府一枝独秀进行航天活动转向多主体航天主导下的多方面协调发展，并充分利用民用尤其是商业太空设施为国家安全服务。

对国家太空安全认知具有重要影响的另一个中介变量是战略文化因素，"它能影响国家感知、适应体系刺激和物质实力的结构性转变的方式"①。当然，各国因历史传统和民族文化等不同特征，具有各自不同的国内战略文化，影响着关于太空安全方面的认知。对于国家间太空安全互动具有普遍约束力的战略文化因素则有关于太空法规方面的意识。总体来说，这是一套形成于冷战时期美苏两极抗衡国际体系中有关太空战略安全的法律规范，并通过基本成功的实践而制度化社会化，扎根于无政府的自助环境中，逐渐形成为政治领导人、社会精英甚至公众的战略理解。这一法规体系的主体部分是"联合国和平利用外层空间委员会"（COPUOS，简称"外空委"）颁布的5个国际

---

① ［加拿大］诺林·里普斯曼、［美］杰弗里·托利弗、［美］斯蒂芬·洛贝尔：《新古典现实主义国际政治理论》，刘丰、张晨译，上海人民出版社2017年版，第63页。

条约，即《外层空间条约》（1967）、《营救协定》（1968）、《责任公约》（1972）、《登记公约》（1976）和《月球协定》（1984）。[1] 此外，还包括《联合国宪章》及联合国通过的相关决议[2]，以及一些涉及太空活动的相关国际协定。[3] 作为规范太空安全秩序的战略文化因素，它们确立起的人类共同利益原则、平等共有原则、和平利用原则、国际责任原则、资源分配原则等，已外化为第二太空时代安全秩序创新不可忽视的前提要素，这些影响深远的规范和解决冲突的惯例，影响着国家太空安全决策者的认知取向。

2. 国家间太空安全决策的效率竞争型社会化

由于太空力量在国家安全领域与日俱增的战略意义，在国家安全互动中，国家太空安全决策除了受决策者对体系刺激的接受、认知影响外，还受到战略协调、国家互动情势以及政治过程的综合作用。"当今国际政治基本的时代特征是全球化（Globalization）。"[4] 现代科学技术的快速发展使世界各地更为紧密地联系在一起，通过市场机制对各种资源禀赋进行最优配置，充分发挥各自的比较利益优势。航天技术作为现代科技前沿的集成体现之一，"实质是通过全球进入和全

---

① 这些条约确立了人类太空活动的基本法律原则，初步建立了 4 项基本太空法律制度：太空物体登记制度、损害赔偿制度、太空营救制度和国际合作制度。

② 《联合国宪章》是处理国家间关系的基本法律，也是各国在太空活动的基本原则。联合国还通过了一系列决议，包括《各国探索和利用外层空间活动的法律原则宣言》（1963）、《各国利用人造地球卫星进行国际直接电视广播所应遵守的原则》（1982）、《关于从外层空间遥感地球的原则》（1986）、《关于在外层空间使用核能力源的原则》（1992）、《外层空间的利益宣言》（1999）、《联合国空间碎片减缓指南》（2007）等。

③ 主要包括《部分禁止核试验条约》（1963）、《关于播送由人造卫星传播载有节目的信号的公约》（1974）、《禁止为军事目的或任何其他敌对目的使用改变环境的技术的公约》（1976）、《国际无线电规则》（1982）、《导弹及其技术控制制度》（1987）、《防止弹道导弹扩散的国际行为准则》（2002）、《国际电信联盟公约》（1989）等。另外，还有一些双边、多边或区域性协定。如 1972 年美苏《反弹道导弹条约》（2001 年美国宣布退出），1975 年《欧洲空间局公约》，1988 年中美《关于卫星商业发射服务的协议书》，1998 年《加拿大、欧空局成员国、俄罗斯联邦、美国政府关于民用国际空间站合作协议》，2006 年中国、孟加拉国、印度尼西亚、伊朗、秘鲁、蒙古国、巴基斯坦和泰国等国家签署的《亚太空间合作组织公约》，2010 年美俄签署的《削减战略武器条约》等。

④ 孙关宏、胡雨春、任军锋主编：《政治学概论》，复旦大学出版社 2015 年版，第279 页。

球存在快速、同步地影响地面活动"①，从技术本质上看，应是助推全球化的重要力量。但由于以航天技术做支撑的太空力量作为内嵌于国家力量体系中的新型力量，它在国家安全互动中具有战略意义。加之太空作为典型的全球公域、存在诸多特殊位置点、具备高远位置、无疆域性和真空的环境特征，进一步放大了其安全功效，因此，各太空国家加大了对有关太空力量建设方面的严格保密做法。当生存与安全忧虑成为国家间太空安全互动决策的首要考量时，相关国家必然在防范他国威胁的前提下优先发展自身的太空力量以追求相对获益。

在低政治认同的国家互动情势下，如果有权威国际机构或强大物质力量的约束，抑或太空国际法完备有效，能使太空军事化高度受控，就极易导致权威强制型社会化。国家间太空安全决策鉴于对物质权力或制度力量的畏惧，要么照顾彼此利益以求合作共赢，要么通过自我约束来切实遵守太空和平利用原则，以减少其在国家安全方面的功效。但实际的情形恰恰相反，联合国有关机构和现有国际太空法均无法有效地防止太空武器化和军备竞赛。在国际太空安全领域，这种低度政治认同与低度暴力受控的复合结构极易导致各国太空安全决策的效率竞争型社会化。"在此种结构情势下，'以力假仁者霸，以仁假力者亡'，利己主义较利他主义更易为体系行为体所学习和内化，生存竞争更有利于那些类属身份和团体身份再造型规范的扩散与传播。"② 从短期来看，国家间太空安全决策的效率竞争型社会化必然导致各国竞相发展自身太空力量，有些国家甚至会铤而走险、肆无忌惮地推进太空武器化，挑起军备竞赛，太空安全关系朝着进化冲突的方向演进。

在这样的政治过程中，基于太空力量的权力成为国家安全互动追逐的目标。为了适应战略环境与形势的变化要求，各太空国家大力发

---

① ［美］斯科特·梅斯纳：《从海洋到空间：空间力量理论的思想渊源》，《空间力量理论与战略研究文集》，杨乐平、彭望琼编译，国防科技大学出版社2013年版，第108页。

② 董青岭：《复合建构主义——进化冲突与进化合作》，时事出版社2012年版，第134页。

展应用卫星，拓展应用范围，把有限且适用的和平反制手段作为近期装备发展的重点，进一步发展航天高技术群，掌握一批太空核心技术，增强技术储备，建立和发展强大的太空力量，提高核心竞争力。太空大国则在载人航天、月球探测等技术基础上，适时地将有关能力隐性地转化为有效的太空威慑能力，以便在国际竞争格局中，既能威慑对手，又不怕对手威慑，为维护和拓展自身的国家利益提供充分且安全的屏障。面对美国咄咄逼人的太空威慑战略，中国和俄罗斯被迫以展示太空实力的方式展现国家实力，以求在尽可能的范围内避免直接宣示武力的消极后果。譬如，一国能将相当质量的物体射入轨道，并进行难度较大的交会对接，则具有显而易见的反威慑效果，有利于在全球范围内树立大国的形象。①

3. 国际社会过程中变量关系转化与政策调整

在第二太空时代安全秩序的创新主要取决于国家间太空安全决策能否由进化冲突转向进化合作。对于现代科技发展推动着整体化程度不断加深的当今世界而言，国际体系对于国家安全决策具有越来越明显的首要因果作用。如前所述，在由两极向多极演化的"一超多强"的国际体系结构中，由于唯一超级大国美国在垄断资本追求不断扩张的本性驱动下，其霸权野心日益膨胀，现实表征更接近于华尔兹所预计的一极独大下的竞争性，因为霸权国有极强的动机按照掠夺的方式行事，而其他国家由于害怕遭到掠夺便会寻求制衡霸权国。② 由此，冷战后的太空安全秩序建构不但一度陷入停滞状态，而且出现了较明显的倒退，2001 年，美国正式宣布单边废除《反弹道导弹条约》即可作为佐证之一。不过，"由于因变量的范围随时间的变化而扩展……每个中介变量在特定时间对特定因变量的影响会发生细微变化"③。扩

---

① Roger Handberg and Zhen Li, *Chinese Space Policy: A Study in Domestic and International Politics*, Routledge, New York, 2007, p. 17.

② Kenneth N. Waltz, "The Emerging Structure of International Politics," *International Security*, Vol. 18, No. 2 (1993), pp. 44 – 79.

③ ［加拿大］诺林·里普斯曼、［美］杰弗里·托利弗、［美］斯蒂芬·洛贝尔：《新古典现实主义国际政治理论》，刘丰、张晨译，上海人民出版社 2017 年版，第 89 页。

展时间范围，便可以发现国际体系中的社会过程成为连接自变量、中介变量和因变量的逻辑链条。确实，随着国际社会过程的延伸，太空力量功效、太空法规意识、战略协调、国家互动情势、政治过程等中介变量中积极一面就会逐步显现出来。

随着时间的延长，在航天技术发展基础上太空力量对国家安全的作用会进一步增加，甚至彻底改变第一太空时代有关航天技术作为象征政治的刻板印象。太空力量国家安全实际功效的增强作为中介变量，会提升太空安全决策者认知敏感性的同时，也会使其因兹事体大的原因而变得更为谨慎。现在，太空安全问题已引起国际社会的高度关注，世界上广大爱好和平的国家均对此表示深刻的关切和警惕。[①]第二太空时代到来快 30 年了，作为战略文化层面的中介变量——太空法规意识也因太空法所存在的漏洞和不足的凸显而愈发强烈起来。对于太空国际法的不足和所面临的挑战，国际社会有了愈来愈广泛的认识与了解，越来越多的国家形成了利用政治、法律等和平手段来维护太空安全、防止太空军备竞赛的共识，要求进行新的太空条约谈判、制定新的太空活动行为准则、建立信任措施和透明度措施的呼声也日益上升。中俄等国反对太空军备竞赛的立场也得到了发展中国家和其他国家的广泛赞同。[②] 2017 年 11 月，"第七十二届联大负责裁军和国际安全事务第一委员会（联大一委）会议通过了'防止外空军备竞赛进一步切实措施'和'不首先在外空放置武器'两份安全决议，'构建人类命运共同体'理念再次载入这两份联合国决议，这也是这一理念首次纳入联合国安全决议"[③]。

虽然全球化深入发展正遭遇逆全球化的挑战，但新兴国家群体性的崛起已成为不可逆转的潮流。从长期来看，随着太空国家数目的不

---

① 陶平、王振国、陈小前：《论太空安全》，国防科技大学出版社 2007 年版，第 49 页。

② 潘菊生、陈银娣：《太空国际条约及军备控制情况》，《外国军事学术》2005 年第 3 期。

③ 马建国：《中国理念再次写入联合国决议》，新华社联合国 2017 年 11 月 1 日电。

断增加，国际社会共识和舆论正逐步引导着国家间太空安全互动决策"向善"的方面转化，积极推进国际立法，争取实行太空非军事化的做法正得到越来越多国家的正面回应。在国家安全互动中，太空力量你追我赶的发展所导致的权力分散化、均衡化，使得有关尽早缔结一项全面禁止太空武器的条约，禁止在太空试验、部署和使用武器和武器系统及其部件，并力争销毁现有的太空武器正逐步成为国际社会的广泛共识。① 中俄等国一如既往地高举防止太空军备竞赛的旗帜，占据了太空安全政策高地。同时，积极加强同其他国家在太空军备控制领域的合作，呼吁"日内瓦裁军谈判会议"（Conference on Disarmament—CD，简称"裁谈会"）这个唯一的多边裁军谈判机构将其纳入议程上最优先的项目之一。国际太空安全互动政治过程中的积极趋势表明，虽然太空探索和利用与国家的核心利益紧密相关，是典型的"高阶政治"领域，目前很难开展大范围、宽领域、多层次的国际合作，但基于太空力量功效增强与太空法规意识强化所导致的决策审慎，国际政治多极化趋势中权力分散与制衡，以及各个国家之间的战略沟通与政策协调等因素的影响②，未来国际社会缔造一个没有武器、远离战火、安全洁净的太空③是有可能的。

（三）太空人类命运共同体的前景

"因变量的选择直接来自于研究者确定的研究问题或（经验性）困惑。"④ 第二太空时代安全秩序创新受哪些因素影响？前景如何？这些问题所涉及的因变量是各国在国际安全互动中的太空安全政策反

① 张泽：《太空安全战略研究——兼论中国太空安全战略框架设计》，博士学位论文，外交学院，2012 年。

② 在 2015 年 6 月第七轮中美战略与经济对话中，中美双方讨论了与太空探索相关的事宜，决定建立双边政府间民用航天合作定期磋商机制。据悉，这是自 2011 年美国"沃尔夫条款"限制与中国太空合作的法案生效后中美首次在太空领域采取的合作举措。

③ 《中国代表团团长胡小笛大使在第 60 届联大一委关于太空问题的专题发言》，《2006：国际军备控制与裁军报告》，世界知识出版社 2006 年版，第 316 页。

④ ［加拿大］诺林·里普斯曼、［美］杰弗里·托利弗、［美］斯蒂芬·洛贝尔：《新古典现实主义国际政治理论》，刘丰、张晨译，上海人民出版社 2017 年版，第 108 页。

应，最终关注的落脚点则是这些政策反应相互作用在国际上所导致的结果，即第二太空时代安全秩序创新前景如何的问题。前面我们从国际体系这一自变量研究开始，继而分析了围绕国家单元层次的一组中介变量如何影响各国太空安全政策反应。沿着"由因及果（Effects-of-Causes）"路径，大致可以展望出太空作为人类活动的新兴领域，也是国际政治发展的新高地，更是构建人类命运共同体新的试验场。

1. 建构持久和平、普遍安全的太空治理体系

作为国际结果的因变量范围沿着时间范围和分析层次两个维度扩展，太空安全秩序创新的前景依"安全决策—环境调整—体系变迁"而铺展开来。创新、构建面向未来时代的太空安全秩序应以太空探索、利用的发展与规制为主题，形成可以维持持久和平、普遍安全的太空治理体系，包括以安全为核心的机制价值目标、以太空伦理为先导的社会规范调控体系和以技术、法律为主导的风险控制机制。冷战结束以来，美国推动的太空武器化和军备竞赛对包括中国在内的其他国家的太空资产安全与合法利用构成了最直接的严重威胁。可以肯定，在一定时期内，各国难以在航天技术领域与一流强国直接抗衡，只有最大限度地避免自身劣势，尽可能地发挥自身的相对优势，才能在若干领域实现赶超，促进各国航天事业的发展和进步。① 加之，太空正在成为新的作战领域，防止太空军备竞赛已刻不容缓。国际社会应继续坚持反对太空武器化和军备竞赛的坚定立场，努力遏制太空武力倾向，推动太空的和平利用。

太空安全治理在锁定防止太空武器化和军备竞赛这一目标的同时，也必须明确太空国际安全本质上是国际社会关系的产物，各国在这方面努力的首要重点就是保障各国太空资产安全和合法利用的权利与利益，排除他国施加的外部威胁，以保障本国作为主权独立平等国家实现利益分配的政治资格。众所周知，太空资产格外脆弱，极易遭

---

① 胡锦涛：《坚持和平开发利用太空》，2008 年 11 月 7 日，http：//news. sina. com. cn/c/2008 – 11 –07/112516608771. shtml。

受他国的动能或定向能攻击，航天器上的镜头、太阳能电池板受损就会威胁到整个卫星的性能。通信链接和地面指挥控制系统也容易成为被攻击的目标。航天系统及其部件可能会被逐个袭击，而它们在轨道上的位置也会使它们成为单个被打击的目标，从而损害或摧毁多个平台。① 现有太空国际条约虽然确立了太空和平利用的原则，但太空系统极端重要而又极其脆弱的特点，决定了太空力量较弱的一方应当以捍卫国家的核心利益为根本目的，坚持有限、适用的原则，有所侧重地发展防御性的太空预警、保护、和平反制系统，以更好地维护自身和国际安全。

太空安全治理在禁止太空武器化和军备竞赛的同时，应处理好各国自由、和平发展航天事业的权利。航天技术具有突出的"军民两用"性质，在实践中往往很难加以严格区分，既可用于建设各行各业的信息网络系统，又可用于建设太空武器装备系统。在未来太空事业的发展中，各国将进一步把军民两用技术提到战略高度，既发展民用航天科技，又利用航天技术的军民两用性和先进性，充分利用先进航天技术来满足国家发展战略实施的需求，将强大的太空力量蕴藏于国家安全体系之中。针对航天技术典型的"军民两用"性特征，为了防止个别国家借此偷偷推进太空武器化，一方面应在严格、动态界定太空武器的基础上，具体限制、禁止相关武器装备的研制、部署和使用，并要有相关核查、惩罚条款。另一方面，国际社会应提倡、促进通过太空国际合作，研发包括遥感、气象、导航定位、通信在内的两用卫星，推进军民结合航天技术的研发和产业化发展，有效促进相关国家太空事业的优化升级，大幅度提高国际开放透明、互利共赢的航天技术产业的安全和经济效益。

2. 维护环境友好、清洁美丽的太空新疆域

各国太空安全决策除必须控制体系暴力外，还应针对太空开发、

---

① Abraham M. Denmark and James Mulvenon, *Contested Commons: The Future of American Power in a Multipolar World*, Washington, D. C.: Center for a New American Security, 2010.

利用中日益严重的环境问题，加大维护环境友好、清洁美丽的太空新疆域的力度。随着各国对太空探索、利用步伐的加快，太空的人为活动也带来了太空环境污染问题。现如今地球轨道充斥着越来越多的太空碎片。太空碎片在太空以极高的速度运行，其冲击力将造成严重的伤害。[①] 在太空安全领域，轨道中大量高速运动的太空碎片使得太空公域本身就十分脆弱。[②] 太空碎片对太空安全的危害主要有：威胁航天员的安全，撞毁太空飞行器，影响太空的观察等。与此同时，"太空的核污染及生物污染加剧，太空环境日益恶化，太空资源受到了严重的威胁，加剧了太空自然体系失衡"[③]。人类的太空探索、利用活动所造成的高空化学污染给太空生态环境安全带来的威胁更是让人防不胜防。

太空环境安全问题从性质上讲，与太空武器化和军备竞赛所引起的太空战略安全问题不同，太空环境安全问题更多的是太空主体活动负外部性的表现，反映的是一种人与自然的关系；而太空战略安全问题则属于太空主体间人为故意伤害所引起的安全问题，往往表现为国家间的安全关系。当然，归根到底，反映的是人与人之间的关系。对于太空环境安全问题的防治，一方面，由于航天技术的发展，太空主体和太空物体的急剧增加，出现了"拥挤"（Congested）、"对抗"（Contested）与"竞争"（Competitive）的"3C"问题。[④] 另一方面，由于国际体系层面的原因，以美国为首的西方国家在国际政治层面占有明显的主导性优势，中俄等国就太空安全所面临的最大威胁提出了防止太空武器化和军备竞赛（PPWT）草案，面对这一压力，美国等

---

① 2009 年 2 月 10 日，美国"铱 33"卫星和俄罗斯的"宇宙 2251"军用通信卫星相撞，造成至少 600 多枚较大碎片。

② Abraham M. Denmark and James Mulvenon, *Contested Commons: The Future of American Power in a Multipolar World*, Washington, D. C.: Center for a New American Security, 2010.

③ 仪名海、马丽丽：《外空非军事化的意义》，《2009：国际军备控制与裁军报告》，世界知识出版社 2009 年版，第 142 页。

④ 参见 U. S. Department of Defense, Office of the Director of National Intelligence, National Security Space Strategy: Unclassified Summary.

西方国家有意夸大太空环境安全，由欧盟出面力推太空活动行为准则（COC），试图转移国际社会对防止太空武器化和军备竞赛方面的注意力。对此，包括中国在内的大多数国家对上述两类安全问题均持积极态度，强调应并行不悖地推进有关国际努力。

因此，防止太空武器化和军备竞赛的国际努力因美国等极少数国家屡加反对而艰难前行，与之相对应，在太空环境安全问题方面，虽然太空活动行为准则（COC）制定进展缓慢，但在绝大多数国家的支持下，联合国主导的外空活动长期可持续性工作组（LTS）和外空透明与建立信任措施（TCBM）政府专家组会议（GGE）这两个太空安全国际合作平台的相关工作均有较明显的进展。虽然，由联合国有关机构主导推进的相关规定多为软法性质，但其国际影响不容低估。中国等大多数国家对此表示欢迎，也在努力推进其作为防止太空武器化和军备竞赛的有益补充，同时应特别强调，它不应代替太空军控条约的谈判。概而言之，无论哪一方面先取得进展，只要国际社会始终坚持并行不悖地推进太空安全综合治理原则，那么，朝着太空人类命运共同体相互促进、波浪式前行的进程总是令人鼓舞的。

3. 助推共同繁荣、开放包容的新国际体系

太空安全关系作为内嵌于现代国际体系中的新生成分，不但"国际体系的诸多进程、规范和结构，使得新的战略领域从形成伊始便受到特定理念和实践的塑造，其战略意义的产生和发展离不开传统空间的政治活动"，而且"这些本质上由技术变革推动的新空间也具有自身独特属性，从而进一步为国际体系的演化提供了动力"[1]。第二太空时代安全秩序的建构既是世界各国维护太空战略安全与合法权益所做的努力，同时又是各国协调太空安全政策的举措，为国际体系内其他全球议程的创新和设置提供了借鉴和启示。一是作为基础设施的

---

① 刘杨钺、徐能武：《新战略空间安全：一个初步分析框架》，《太平洋学报》2018年第2期。

相关机制建设，包括建立健全太空安全法规体系，建立太空活动行为准则，在太空建立信任措施以及增强透明度等。二是通过多边太空项目为太空和平开发、利用设置全球太空议程。① 三是具备国际应急协调能力，针对一些重大的太空安全动向，及时为国际社会提供应对预案，避免陷入战略被动。② 这些做法对于国际体系进程中其他方面的国际合作具有重要而现实的参考和促进作用。

"新战略空间作为人类探索实践的产物，理应被视为国际体系多维特征的重要组成部分。在这些新领域展开的政治、安全、经济、文化等方面的互动，不仅极大地提高了国际体系的交往密度，改变了空间和时间维度的政治意义，也影响着行为主体的功能分化和能力分配。"③ 太空安全秩序创新是人类在太空寻求可以相互依存的、有尊严的乃至宽容的生存与交往方式的努力。承认太空战略安全与合法权益也意味着要将"利己而不损人"作为其太空行为和他国交往的基本准则，给他者一个与自己一样的太空探索、利用环境，努力推进太空平等互惠的国际合作。在太空国际安全合作中，各国理应享有的太空平等互惠的权益，需要各国通力合作，共同推进。国际社会通力合作反对霸权国对太空的垄断，推进航天技术的普及共享，增进全人类的共同利益；反对部分国家"搭便车"的不合理要求，维护各国的合法权益等，都对国际体系整体进程朝着互利合作、共同繁荣方向发展具有明显的带动和示范效应。

---

① 比如，阿尔法磁谱仪（Alpha Magnetic Spectrometer）是一个安装于国际空间站上的粒子物理试验设备。其目的在于探测宇宙中的奇异物质，包括暗物质及反物质。2011 年 5 月 16 日，阿尔法磁谱仪随"奋进"号航天飞机升空。该项目是美国、中国、法国、意大利等国科学家通力合作的多边太空项目，仅中国参加的单位就有中国科学院高能物理研究所、中国运载火箭技术研究院、中国科学院电工研究所、上海交通大学、东南大学、山东大学、中山大学，以及中国台湾的"中研院"物理研究所、中山科学研究院等。

② 参考张泽《外空安全战略研究——兼论中国外空安全战略框架设计》，博士学位论文，外交学院，2012 年。

③ 刘杨钺、徐能武：《新战略空间安全：一个初步分析框架》，《太平洋学报》2018 年第 2 期。

作为新生成分的太空安全关系与国际体系发生着持续的互动，前者在受到体系结构影响的同时，反过来也影响着国际体系的价值取向和观念进化。太空是人类共有的万代疆域，和平开发、利用太空是人类的长期伟业。在现实的太空国际关系中，包括商业利用在内的各种太空活动只有在其所带来的实惠和利益由全人类共享的情况下，才被认为是符合"共同利益"原则的。为全人类谋福利，必然反对通过军事对抗而使太空的利益只为部分国家甚至一个国家所享有。大多数国家认同并坚持和平探索、利用太空，努力维护全人类的共同利益，甚至在《月球协定》（《指导各国在月球和其他天体上活动的协定》）中提出"人类共同遗产"概念。各国在太空领域形成的人类共同利益原则这一价值取向，对于国际社会加强合作与协调，有效管控利益分歧和冲突，公平分配各国权益，尽力避免和防止战争，从而助推开放包容的新国际体系具有重要的启示意义。

冷战的结束意味着国际体系格局的变换，作为内嵌于国际体系的新生成分的太空安全关系也随之进入一个新阶段。由于"一超多强"国际体系中作为唯一超级大国的美国试图利用其太空力量方面的"代差"，强化其国家战略威慑体系以护持其全球霸权，不断推进太空武器化和军备竞赛，对国际安全形势造成了日益严重的威胁。国际体系层面太空安全压力和战略威慑体系刺激、影响着各国对太空的安全认知、决策和政策执行，构成了影响21世纪安全秩序创新的自变量。面对来自国际体系层次的太空安全压力，世界各国的安全互动决策受到太空力量功效、太空法意识、战略协调、国家互动情势、政治过程等中介变量的影响。这些中介变量将限制国家是否对体系层次的压力做出应答，同样也会制约国家如何应答体系层次的压力。[1] 随着国际社会决策过程的拉长，太空力量在国家安全中与

---

① Gideon Rose, "Neoclassical Realism and Theories of Foreign Policy," *World Politics*, Vol. 51, No. 1 (1998), pp. 144 – 177.

日俱增的功效使相关国家安全决策者采取更为谨慎的行事方式，而现有太空国际法的缺陷和不足的日益凸显，使各国认识到构建和完善太空安全机制的必要性和紧迫性。在全球化曲折推进的时代，各国安全互动中太空力量的发展所呈现出的你追我赶态势导致权力分散化、均衡化，各国太空安全互动情势由进化冲突向进化合作转变，太空人类命运共同体的前景渐趋清晰。

为此，在21世纪安全秩序创新中各国必须保持战略定力，谨防战略透支①，在反对霸权国挑起的太空武器化和军备竞赛的过程中不要意气行事、迎头相撞地落入星球大战式的战略陷阱，而要适时进行战略调整，通过战略沟通和政策协调来实现可能的权力转变。国际社会应为建构持久和平、普遍安全的太空治理体系，继续旗帜鲜明地反对太空武器化和军备竞赛，确保各国和平自由探索、利用太空的权力，鼓励各国在不给他方带来任何威胁的前提下发展航天技术，逐步改变太空安全领域权力严重失衡的状态。国际社会应为维护环境友好、清洁美丽的太空新疆域，主张在联合国框架下并行不悖地推进《太空活动行为准则》的讨论和制定，综合考虑包括太空碎片、核动力源污染，积极参与联合国和平利用外空委员会政府专家组和科学技术小组中有关透明和信任措施建立的讨论，以及其他可能影响太空环境安全的问题。"新战略空间的实践活动既受到国际体系内在特征的影响，也推动着国际体系的变化发展。"② 世界各国在太空安全领域所形成的"人类共同利益"理念，反过来对于共同繁荣、开放包容的新国际体系构建起着积极的示范和推动作用，使和则共赢，合则同安更为深入人心，以协商化解矛盾，以合作谋求稳定，推动国际社会努力构建人类命运共同体，维护国际体系的和平稳定，促进未来世界的融合发展。

---

① 参见时殷弘《传统中国经验与当今中国实践：战略调整、战略透支和伟大复兴问题》，《外交评论》2015年第6期。

② 刘杨钺、徐能武：《新战略空间安全：一个初步分析框架》，《太平洋学报》2018年第2期。

四　天缘政治安全红利的生成 *

在国际军控理论文献中，减少军备发展会带来经济上的好处，即所谓的安全红利（Security Dividend）。由于太空军事利用往往耗资巨大，而且太空军备与经济社会发展关系密切，太空军控所带来的安全红利非比寻常。为了全人类的共同利益，限制、减少太空军备的数量和质量，促进安全红利的生成，具有重要的现实意义。

（一）安全红利的内部生成

经济因素是一个国家经济社会发展与太空军事利用投资权衡中必须考虑的一个重要因素。经济与安全的平衡问题是国际政治经济学的主要关注对象之一。不同流派的学者对经济与安全的关系有相当不同的看法。不同国家之间的军备互动以及军民两用品的出口管制属于典型的既涉及军备又涉及经济的问题。

1. 航天技术军民两用性的影响

当今世界以航天技术为代表的高科技，充分显示出其军民两用技术的特征，能同时为国防和经济建设与科学技术的发展带来强大动力，因而为世界各国所重视。航天工业很多都是由军民两用技术来支撑的，与航天有关的，如卫星及其应用、无人机、各类探测雷达等都是典型的军民两用技术和产品。因此，各国都十分注重军民两用航天技术（或系统）的开发和应用，在积极发挥军用航天技术的民用和商业用途的同时，还注重充分挖掘民用和商业太空系统的军用价值。例如，在开发多种用途的太空系统时，执行航天技术的通用性政策，坚持相同的技术、实验设施和地面太空基础设施，这样就可以既为民用、商用，又可以为国防目的的太空系统服务。航天技术军民两用性

---

　　* 本节内容以"论军民融合式外空军控和平红利的生成机制"为题发表于《求索》2012 年第 11 期。

是指既具有军事用途，又有很大民用潜力，可以维持一定工业规模的技术。譬如，导弹虽然不能直接作为民用，但导弹作为太空飞行器，其通信、侦察、运输的功能和很多其他技术都是可以军民两用的。再如无人机、地效飞行器、超空泡、高超音速飞行器、雷达等，均可充分利用航天技术的军民两用性，既强化航天工业能力、降低成本，又能提高军事能力。

航天技术发展一方面担负着发展军用高新技术和武器装备的任务，为维护国家安全提供保障；另一方面利用其技术和产业优势，促进国家的科技进步，增强国家的工业基础，推动国民经济的发展。太空军民两用技术有着良好的军用价值和显著的商业价值，在统筹兼顾军用和民用双重目标的基础上进行开发和产业化，可以最大限度地满足航天工业建设和国民经济建设的双重需求。因此，实行太空军控，遏制纯太空武器的研发、生产，转而大力发展太空军民两用技术，既可使航天工业融入国民经济建设之中，促进国民经济的发展，也可使航天工业摆脱因国防预算削减、军品订购不足所带来的发展困境，通过产业化来提高航天工业自身的基础能力、技术实力、经济实力，以及市场竞争能力，使航天工业和国民经济都得到发展。

2. 航天技术和产业的军民融合式发展

航天技术的军民两用性特征也诱使越来越多的国家强调走军民融合式的发展道路，在国际形势相对缓和的情势下，也有利于太空军控安全红利的形成。马克思曾深刻地指出："军队虽不生产谷物，但生产安全。"简而言之，谷物与安全的需求，必然推动军民融合式发展。冷战结束后，世界各国纷纷调整国家安全战略，摒弃传统的"军民分立"的国防建设模式，在发展经济和国防建设之间寻找最佳平衡点，以期实现双赢。军民融合发展战略正是在这种背景下应运而生的。

国家从战略上高度推进航天技术和产业的军民融合式发展，一方面要求其积极参加太空国际军控，遏制单一的太空武器生产、部署的危险趋向；另一方面，要求其积极考虑发展军民两用技术，充分、足够地为国家安全提供必要保障。太空军控主要是反对太空武器化和军备竞赛，尤其是反对纯太空武器的开发、利用。从国家安全的角度考虑，航天技术和产业只有将军用、民用技术及产业统一起来，使其平战结合，相互促进与协调健康地发展。太空军控客观上要求航天技术发展应尽可能地走军民融合式的道路，将军民两用技术的研究从军工企业拓展到民用企业，从军转民拓展到军民互转，从技术研究拓展到产业化。优先发展适宜军用、民用且市场前景好的军民两用技术，加速实现产业化，使航天技术和产业在军、民两用上获得最大的综合效益。

3. 军民融合式发展中的自行军控

太空军事项目往往需要大量的人力、物力和财力的投入，是典型的长线投资，因此，在一定时间和技术条件下，有些国家可能基于经济原因实行单边军控，从而节约资源用于太空的民用开发。众所周知，太空军备竞赛需要消耗巨额资金。美国导弹防御计划开始时的总预算不过六七百亿美元，后来发现这点钱根本不够，也许最终要耗费3000亿美元。更有美国科学家预测，待计划全部完成，可能会耗资上万亿美元。从太空军事化的需求方面看，导弹防御计划仅是其中很小的一个方面，各种类型的动能武器、定向能武器，以及天基武器系统、空天飞机等，研制所花费的钱肯定大大超过导弹防御计划。如此巨额的投入，对强国的经济发展也是一个沉重的负担，更遑论一般国家了。可以预言，随着太空武器化和军备竞赛的加剧，世界经济发展将会遭遇巨大的负面影响。

由于太空军备发展耗资巨大，基于经济约束的自行单边军控更容易出现。

在一段时间里面，一个国家能够支配的资源是有限的，因此，决策者需要考虑如何最优地利用这些资源。……民品数量、军备数量和可用资源之间存在着约束关系，即民品和军备投资合在一起不能超过总的财政支出。……在财政总预算的限制下，决策者会选择一个最优的策略，或者说，选择偏好值最大的决策。……这表明，即使一个国家没有受到国际压力，出于国防与经济建设的平衡考虑，它也可能限制其军备发展。这种单边军控源于资源的限制。在这里，资源的限制并不一定表示这个国家没有任何多余的资源可用于军备发展；通常的情况是部分资源需要用于其他目的，例如，民品的生产，因此，不得不对军备的发展进行限制。[①]

（二）安全红利的自然生成

在天缘政治合作安全观念的积极引导下，除了由于资源节约所导致的单边军控以外，在国家安全互动中，为避免太空武器化和军备竞赛的威胁，相关国家可能会遵循"利益—权力"的理性博弈原则，从降低交易成本的考量出发，实行太空的多边（含双边）军控。由于在太空军控谈判中，基于降低太空军控的交易成本考虑，可通过多种途径来保证太空军控机制的有效实施，从而增加太空军控的安全红利。

1. 军民融合式发展中降低交易成本的太空军控的战略考量

如果参与太空军控比不参与太空军控更加有利，国家就会参与太空军控。这样，不参与太空军控条约的预期收益一定不能超过遵守这一太空军控条约的预期收益。当这一条件得到满足时，太空军控就可以达成。在太空军控中，如果缔约方在国际制度中有效地使用抵押（Hostage）、互惠（Reciprocity）和问题联系（Issue-linkage）的办法，就可以降低实施太空军控的交易成本。

从理性主义的视角来看，如果单方面追求航天技术性级差空租并不会必然获取近期的安全收益。因此，在太空领域存在着军控机制先行构建的历史契机和理论逻辑。冷战后太空军控的困境表明：要确保太空的持久和平利用，就应加紧构建合理有效的太空军控机制，但在此方面仍然面临着巨大的压力。因此，由于条件限制，在太空军控条

---

① 李彬：《军备控制理论与分析》，国防工业出版社 2006 年版，第 137—138 页。

约一时难以达成之际，就应寻求降低太空军控交易成本的有效之途，以此作为化解太空军控"困境"的最有效方法，并确保有限的太空军控的有效实施。

2. 军民融合式发展中降低交易成本的太空军控策略

威廉姆森认为，这样的抵押既可以在事前起到防患未然的作用，也可以在事后起到利害与共的作用。从这个意义上说，抵押是防止机会主义行为的一种重要手段。如果一方向另一方提供了抵押，那么其承诺就会变得更加可信。如果某国违反了太空军控机制，其他成员国将关闭与这个国家的某些合作项目，从而使该国所需的航天技术或设备无法获得，太空利益受损。这些航天技术或设备供应由于其专用性质而具有了抵押的功能，减少了成员国违反太空军控机制的收益，从而使成员国采取机会主义行为的概率大为降低。

太空没有国家所有权的问题，太空开发、利用的收益也不是绝对空租。任何国家进入太空追求的都是技术性级差空租，为了防止技术先进国家捷足先登而擅自垄断航天技术性级差空租，就必须制衡任何称霸太空的企图。太空不同于领空，也不存在天然性级差空租。因此，任何国家在开发、利用太空的过程中，都没有"经营权垄断"的问题，不能擅自独占技术性级差空租。太空领域的问题联系作为双边（或多边）交易的重要手段可以形成对国家行为的制约，从而弥补限于单一领域的互惠在上述情势中的不足。问题联系，即通过政策手段将不同的问题联系起来，可提高太空军控实践的效率。譬如，由于在航天技术上与其他国家的实力差距巨大，美国强硬地拒绝国际社会关于抑制太空武器化和军备竞赛谈判的邀约，国际社会既要清醒地记住国际政治斗争中"实力才是和平的基础"，也可以有意利用航天技术军民两用模糊的特点，采用问题联系策略，将太空军控与美国所关心的其他防扩散问题联系起来，逼其就范。

3. 军民融合式发展中降低交易成本带来太空军控的安全红利

太空军控通过控制或减缓太空武器化和军备竞赛的趋势，可以促使降低军事开支，消融紧张局势和鼓励国与国之间的相互信任，帮助制止太空武器的发展和支出，并降低太空冲突的风险和严重性，从而增进稳定和释放资源做其他活动之用。通过促进经济和社会进步来协助消除贫穷，促进社会稳定，从而为增进安全和福祉创造条件。研制或维持太空武器的财政、人力、环境、机会的成本极高，意外或故意使用这些武器的代价和影响不可估量。各种形式的太空军控都有利于减少国与国之间的紧张关系，建立信任措施，从而有利于发展军备水平较低、军事支出较少的安全合作。

太空军控能够以多种方式释放或增加用于发展的财政、人力或有形资源，这些方式主要包括降低军事支出、军转民、通过建立信任加强安全，为经济、科学和技术合作创造条件，预防冲突与维持和平。削减军事开支和对抗程度较轻的国际环境将会释放出财政、技术和人力资源用于发展目的等安全红利。这包括扩大贸易、有效利用资源、减债和转让技术。用于太空武器化研究、发展和维持高科技武器及新方案的技术与人力资源会强加给社会沉重的机会成本，因此，太空军控可使科学家和研究人员从事非军事工作，促进经济社会的发展。太空军控可以促进透明度、信任和核查活动，同时实现诸多实际目标。太空军控领域的其他合作包括帮助国家立法、共享最佳做法、商定共同最低标准及制定行为守则等。

（三）安全红利的外部生成

出口管制作为一种防扩散手段，是一国或者多个国家为达到特定的政治、军事和经济目的，利用行政和法律的强制手段，以限制和禁止某些物质、技术出口流向和规模的行为。因航天技术具有典型的军民两用性特征，军民融合式发展中对太空相关装备和技术进行出口管制是太空生产性权力在太空军控中发挥作用的一种重要表现形式，也是太空军控安全红利的重要生成机制。

1. 军民融合式发展中太空相关装备和技术管制

由于国际安全形势的变化和全球化的进一步发展，太空国际安全合作日趋紧密，太空相关装备和技术出口管制对太空活动的影响越来越大。"国际空间站已经成为防扩散的一个项目，用来让那些失去了工作的俄罗斯科学家有活儿干，这样就不会有导弹来捣蛋的可能性了。"① 太空相关装备和技术出口管制不但对太空探索、利用中的重大技术研发、技术创新、技术改造具有直接的制约作用，而且对太空相关市场培育、平台建设、人才引进与培养等都有着重要影响。当一项出口所带来的经济利益较大，而安全利益损失较小（图 4 - 1 中的 MN）时，出口是可取的；当一项出口会导致安全利益明显受损，而经济利益不大时（图 4 - 1 中的 MP）时，往往会执行出口管制。在军民融合式发展中要强化对太空相关装备和技术出口的管制，应积极研究应对规避太空相关装备和技术出口管制措施对原料、技术、产品、服务等的阻碍影响，充分、有效地利用全球化过程中广阔的国际市场。

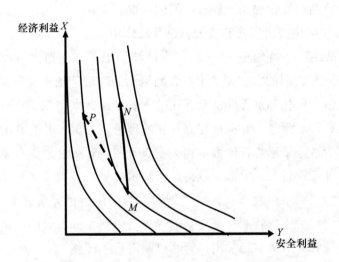

图 4 - 1　军民两用品出口的经济与安全利益

资料来源：李彬《军备控制理论与分析》，国防工业出版社 2006 年版，第 158 页。

---

① ［美］琼·约翰逊—弗里泽：《空间战争》，叶海林、李颖译，国际文化出版公司 2008 年版，第 79 页。

太空相关装备和技术出口管制既是出于国际社会维护世界和平与稳定的根本需要，也是确保自己国家安全利益以及在新的市场经济条件下规范敏感物项与技术的必然选择，更是太空军控又好又快推进的迫切要求。太空相关装备和技术出口管制既要进一步加强和完善相关法规和管理机制，加大执法力度和对政策、法规的宣传力度，又要进一步加强国际合作，以达到"多赢"的目标。为此，相关国家应从宏观上通过完善预警机制，强化认证工作，推进太空相关装备和技术出口管制改革，加大国际安全合作。作为太空相关装备和技术出口管制中的企业，应熟悉、研究和利用有关规则，立足于自身，通过提高产品和技术质量来提升企业自身的创新能力，积极争取认证资格。国际组织和政府管理部门应就太空相关装备和技术出口管制的各类条约、政策对各类产业所产生的不同影响，进行分门别类的分析，为太空军控机制的完善提供一些有价值的依据。

2. 太空相关出口管制政策调整及其作用

冷战结束，特别是"9·11"事件和美国单方面退出《反弹道导弹条约》后，旧的太空相关出口管制机制的政治基础不复存在。随着国际政治多极化和世界经济全球化的发展，建立太空相关出口管制机制势在必行。而且，它应该建立在新的理论基础上，并有新的特点和效能。为适应新形势，使太空相关出口管制机制更好地服务于国家安全和对外政策目标，争取或维持航天技术优势，各国政府对出口管制机制进行了一系列改革和调整。例如，美国作为世界头号太空大国，为使太空相关出口管制机制在新的形势下仍然发挥有效的政策工具作用，美国政府对太空相关出口管制机制进行了调整。

2010 年 6 月 28 日，奥巴马公布了美国新的太空政策，将"合作"定为其太空政策的主调。美国将不仅在太空碎片处理问题上谋求国际合作，还将开放遥感卫星项目，合作保护环境和进行气候监测。美国还将首次在 GPS 导航卫星系统上打开合作之门。奥巴马政府承诺将更清晰地界定军用和民用科技，以有利于非军事用途产品的出口。同时，新的出口管制机构将整合目前分散在美国国务院、财政部和商务部的审查权力，制定详尽的评估体系，放开对那些非敏感产品的出口管制。在有关航天技术与产品的出口管制问题上，新政策大部分沿用了过去的做法，表明将依照"国际武器贩运条例"（ITAR）等美国现有法规对相关出口进行个案审理：对已经在美国以外的国际市场上出售的技术与产品基本上不加管制，但是将严格防范先进的航天技术落入未经授权的用户手中。

3. 在磨合中塑造国际太空相关出口管制体系

随着世界呈现出多极化趋势和国际关系民主化潮流的发展，有希望逐步建立几个太空大国之间的多边战略稳定机制，在国际社会成员特别是广大发展中国家广泛参与的基础上，形成太空相关出口管制体系。为此，国际太空相关出口管制的调整和重构应以现有的各种太空相关出口管制所形成的相辅相成的关系为基点，共同为推进太空军控服务，并成为其中重要的组成部分。新的国际太空相关出口管制体系的形成应有利于维护世界各国发展所需要的长期和平稳定的太空安全环境，从而有利于所有国家的全方位利益。"9·11"事件后，美国也认识到太空相关装备和技术出口管制重构的重要性。布什总统就曾说："我们得到了百年不遇的最佳时机，建设一个各大国之间和平合作、不再持续备战的世界。"[1] "我们将用在大国之间建立良好关系的方法来维护和平。"[2] 这些都表明，那时布什政府就有建立国际安全合作来保持和平的太空相关装备与技术出口管制的意图。

国际安全形势正在发生深刻变化，推进太空军控要求对现有国际太空相关出口管制体系进行全面、深刻的改革，这样才能既应对安全挑战，又反映世界经济及技术变化的现实，增强各国航天企业的全球竞争力。各国政府要严格履行所承担的国际义务、国际承诺和联合国安理会有关制裁决议，按照国际通行的准则，建立健全政府、集团公

---

① U. S. President George W. Bush, "The Assurance of Freedom," *New York Time*, September 12, 2002.

② The White House, "The National Security Strategy of the United States," September 20, 2002, http://www.whitehouse.gov/nsc/.

司和出口企业各个层面的防扩散机制，以审慎态度对待太空相关装备和技术出口。按照有利于提高接受国正当自卫能力，不损害地区与世界和平、安全和稳定，不干涉接受国内政等原则，对太空相关装备和技术出口企业实行特许经营制度，对太空相关装备和技术出口实行许可证管理，严格执行防扩散政策及法律。如俄罗斯政府高级官员所指出的："唯有通过密切的国际合作，才能真正地获得地区和全球稳定，才能解决俄罗斯面临的诸多问题。"① 这些主张也有利于太空军控安全红利的外部生成。

---

① 俄罗斯副外长阿列克谢·梅什科夫：《战略稳定学说——21 世纪初的俄罗斯外交和安全政策》，《独立报》2002 年 8 月 8 日。

第五章　天缘政治的国际规制

　　天缘政治作为利用基于现实太空技术而形成的内在化强制性社会关系，调节太空主体尤其是太空国家间的利益矛盾与冲突，维护太空战略安全与合法权益的社会活动、形式及其关系，它对朝着文明方向的发展有着强烈的规范性要求。各国太空探索、利用的实践推动着人类文明的进步，从天缘政治层面来看，这一切不会自然而然地到来，按照唯物辩证法，它离不开国际规制的逐步发展与完善。① 因此，既应注意到不同国家在太空领域的安全互动无法超越权力政治，又应认识到不同类型权力的相互作用影响着太空安全的状态，积极运筹使用各种类型的权力，实行动态制衡战略，努力维护中国太空战略安全与合法权益。联合国太空安全治理体系对外层空间安全起着不可或缺的权威建构作用。联合国"和平利用外层空间委员会"（COPUOS）是凝聚安全共识，深化安全议题探讨，倡导太空安全辩论，草拟安全法规的重要机构。联合国安全机制的内在不足也使核查中集体行动的逻辑困境难以获得有效权力的化解。目前似宜暂时搁置核查，待今后条件成熟时，可考虑为军控条约增加核查议定书。在太空探索、利用实践中主体间关系的运行无法排除物质因素和观念因素所组成的复合结构的影响。当前，在太空国际安全互动实践中，出现了明显的权力失衡现象。美国试图通过太空绝对优势来谋求绝对霸权，使得分离性认同加剧，国际安全合作机制建构与完善的步伐踟蹰不前。到实践中找

---

① 黄惠康：《中国努力促进太空非武器化》，《中国航天》2001 年第 8 期。

答案，从可操作层面把握机遇，通过太空信任措施先行，增进聚合性认同，从而维护和促进太空安全"向善"关系的演进与发展。通过推动对太空活动行为准则和军备控制并行不悖的建构，最终走向高政治认同与高暴力受控的复合结构，从而推动国际安全合作机制的顺利成长。

一　天缘政治的多向规制*

　　天缘政治作为国际体系内的新生政治成分，对国家政治、经济、军事、文化、科技、社会等的发展产生着直接而重大的影响。一方面，由于太空的无疆域性，太空开发、利用作为人类共同利益的理念被以太空法的根本原则确定下来，因此，任何太空强国都无法将其由航天技术实力所获得的权力转化为所有他国均能接受的"合理霸权"。另一方面，由于太空系统的脆弱性，使用太空军备来消除安全威胁，其作用从一开始就与军备数量不成正比，在太空也无法通过类似冷战时期核安全领域的"相互确保摧毁"的恐怖均衡来保持战略稳定性。根据权力运行于互动还是社会建构中，以及互动或建构性社会关系是直接具体的还是间接扩散的两个维度进行组合分类，可将太空安全领域的权力分为强制性权力（Compulsory power）、制度性权力（Institutional power）、结构性权力（Structural power）和生产性权力（Productive power）四种权力类型。① 太空安全外交中积极运筹使用各种类型的权力，实行动态制衡战略，有助于促进太空的安全合作。

（一）军民融合式航天力量
　　当前美国凭借其强大的综合国力和无与伦比的航天技术，加快了

---

　　* 部分内容以"论中国太空安全外交中的动态制衡战略"为题发表于《社会科学》2016 年第 12 期。

　　① 焦兵：《现实建构主义：国际政治的权力建构》，《世界经济与政治》2008 年第 4 期。

太空武器化步伐，谋求太空的绝对优势和绝对安全，导致各国在太空直接互动中实力对比的严重失衡。美国拒绝任何可能束缚其手脚的太空国际军控谈判，太空安全困境难以得到缓解和消除。因此，包括中国在内的其他主要太空国家加快自身航天力量建设，并以适当形式展示实力的"不对称制衡"战略，是维护太空战略安全与合法权益的紧迫之举。

1. 充分认清非对称性和平反制也是太空强制性权力的重要来源

国际社会大多数国家在联合国、裁谈会上均始终强调防止太空武器化和军备竞赛，这与大多数国家在相当长的时间内尚不具备发展太空武器来捍卫自身安全的能力有关。同时，越来越多的国家认识到，非对称性和平反制是一个更好的排除威胁的手段。非对称性和平反制是指在面对来自安全相关方发展、测试、部署太空武器的威胁时，有关国家通过发展针对敌方弱点的军民两用航天技术来进行和平慑止、反制太空武器化和军备竞赛的威胁。在太空安全问题上，由于太空武器系统的脆弱性和敏感性，它很容易受到对方"非对称战略"的反制，因此，任何国家都无法通过太空武器来获得真正的安全。我国应注意除了太空军备所带来的强制性权力外，太空武器化和军备竞赛极易引发的非对称性和平反制也是太空强制性权力的重要来源。例如，天基导弹拦截系统最大的一个技术障碍就是它极容易受到攻击破坏。天基导弹拦截器的位置很容易被确定，也很容易被地面发射物所攻击。如果摧毁了整个拦截系统中的几颗卫星，在系统上打开了一个缺口，那么导弹就可以从这个缺口飞过，进行发射。[①]

在太空国际安全互动中，当某一国家试图通过追求绝对太空优势来扩展自身权力时，就很容易出现其他国家不约而同地采取非对称性和平反制行动。两类来源不同的强制性权力的抗衡，在一定条

---

① ［美］戴维·瑞特（David Wright）、劳拉格雷格（Laura Grego）、丽贝思·格隆伦（Lisbeth Gronlund）：《太空安全物理学》，美国艺术科学学院，2005 年，第 107 页。

件下，就可转化为维护太空战略稳定性的有效力量，从而导致出现合作共赢的安全局面。① 针对美国退出《反弹道导弹条约》，连续多年在联合国裁军大会和联大会议上拒绝讨论、签署限制在太空部署任何类型武器条约的事实，俄罗斯强调会进行针锋相对的回应。"如果任何一个国家在太空部署武器，那么战争法则就是这样的，即报复性武器肯定会出现。"② 如果美国再想利用所谓的进攻性"否决"计划应付非对称反制，那么，对方的现实选择可能是继续进行非对称报复反制，舍此难觅他途。基于制止这种"以暴易暴"可怕危局的发生，我国应通过加强军民融合式航天力量建设，不断提高太空非对称性和平反制能力，承担起自身所负的维护太空安全的使命和任务。

2. 注重把握、利用非对称性和平反制能力维护太空战略稳定

由于太空的强制性权力既来自航天技术实力，又来自太空武器化和军备竞赛所引发的非对称性和平反制，因此，维护太空战略稳定性的强制性权力建构需要全新的思路。太空军备有严重的自杀伤效应，容易出现军备逆序。太空战会导致太空碎片增加，并可能出现碰撞级联过程。"进行太空战会产生强烈的自杀伤效应，所有相关各方都是失败者，没有战胜者。"③ 为了遏止这种危险局面的出现，非对称性和平反制施加的是一种更易于产生的维护太空战略稳定性的权力。一方面美国凭借冷战后超越其他所有国家的航天技术实力，固守绝对安全的理念，为了维护美国的现实利益而拒绝接受对其太空防御系统的任何限制；另一方面，以俄罗斯为代表的其他主要太空国家，为了能够在不断变动的国际军事大环境下维护自身的竞争力和防御能力，则不得不采取某些非对称的反制措施。俄罗斯通过重点发展能够突破其

---

① Mudassir Rizwan, US Rejects Russian Call for New Space Treaty, http://www.afp.google.com/article/ALeqM5i5tcxzknPolRDkobyZztkxF-RUA.

② "Russia Issues Warning on Space—Based Weapons," The Associated Press, September 27, 2007, http://www.iht.com/articles/2007/09/27/asia/russia.Php.

③ 李彬：《军备控制理论与分析》，国防工业出版社 2006 年版，第 128 页。

防御网的战略、战术导弹，增加多弹头洲际导弹数量，重启三位一体的核值班项目等措施，用非对称手段进行反制威慑。[①] 因此，为了维护太空战略稳定性这一共同目标，还需要破解如何将这一共同目标与各国现实利益相协调的难题。[②]

以航天技术实力差异获得的强制性权力几乎必然为对方通过非对称战略施加的强制性权力所抵销。因此，明智的做法是各国都不发展、部署太空武器，实行可查、互信的太空军备控制。这正是太空强制性权力对战略稳定性的建构作用，最有利的选择或许是通过必要的非对称性权力来迫使各国的太空强制性权力维持在相互都很低的情况下获得合作共赢，相互确保安全。[③] 现实情况是，美国妄图以绝对雄厚的太空能力追求相对获益，以太空超常能力护持其全球霸权，因而它屡次拒绝太空安全国际合作，并加快了太空武器化和军备竞赛的步伐。这也意味着，以全面禁止一切太空武器，即以禁止试验、生产、安放、部署和使用一切太空武器并销毁现有的太空武器为主要内容的国际太空条约的达成，将是一项长期而艰巨的任务。针对这一点，越来越多的国家开始考虑发展太空反制力量来获得强制性权力。[④] 新兴太空国家力量的上升，使太空军事化有加速发展的趋势。[⑤] 面对日益复杂的太空安全形势，我国应注重把握、利用来自非对称性和平反制的强制性权力，维护太空战略稳定，促进太空的和平开发、利用。[⑥]

---

① 何奇松：《俄罗斯对美国太空武器化政策的回应》，《俄罗斯中亚东欧研究》2008年第5期。

② 李滨：《国际裁军实践中的太空非武器化问题分析》，《国际观察》2010年第5期。

③ 同上。

④ Setsuko Aoki, "Current Status and Recent Development in Japan's National Space Law and Its Relevance to Pacific Rim Space Law and Activities," *Journal of Space Law*, Vol. 35, Number 2, 2009, p. 387.

⑤ 2007年初，印度讨论设立太空司令部；2009年5月，日本通过首部《宇宙基本法》，允许研发防御性卫星来支持包括弹道导弹防御系统在内的地面自卫行动。

⑥ I. H. Ph. Diederiks-Verschoor, V. Kopal, *An Introduction to Space Law*, The Netherlands: Kluwer Law International, 2008, pp. 137, 135.

3. 切实加强非对称性和平反制所需的中国特色军民融合式航天力量的发展

在航天技术力量上获得优势地位，将是在太空国际安全机制发展过程中占据主导地位的关键因素。因此，我国必须抓住太空军事化在短期内难以逆转的机遇期，在积极推进太空安全机制建设的同时，加快中国特色军民融合式航天力量的发展，推动对军、民两用资源的统筹利用，推动军、民两用产业的相互促进、相互融合、协调发展，以更好地服务于国防武器装备现代化建设，维护国家太空安全和利益。我国应从国家安全和国家整体发展战略的高度，统筹谋划航天事业的发展，进一步加强航天工业基础能力建设，超前部署前沿技术研究，注重航天技术综合运用，加大航天人才培养力度。加强航天运输系统建设，在快速响应的"长征六号"首飞，以及"长征七号"首发成功的基础上，推进更大推力的"长征五号"的相关工作；加大各型应用卫星研发、部署力度，研发新型对地观测卫星，发展移动通信业务卫星，研制新一代地球静止轨道通信广播卫星平台，加快建成"北斗"卫星导航系统；加紧"天宫二号"空间实验室、"嫦娥五号"探测器的发射工作，完善航天发射场、航天测控网建设。

与此同时，以适当展示太空实力的形式进行"非对称均衡"威慑。对于固执地谋求部署太空武器的国家，还应以航天器机动变轨技术、航天器交会对接技术、红外天文观测技术等两用航天技术的形式适当展示太空实力，使谋求太空霸权的国家看到"非对称均衡"的威慑力，迫使它放弃太空武器研发部署行为。当然，应当注意，这种展示要高度慎重，需要国内各方面的充分沟通协调，防止授人以柄，造成尴尬和不利影响。"美军备战太空是全方位的，不单是在大气层外部署武器系统，同时还包括导弹防御在内的地面武器系统，用美军术语说，这就是'全频谱能力'，目的是保证美国拥有'全频谱优势'。"[①] 我们必

---

① 滕建群：《太空实力竞争与限制太空武器化》，《2009：国际军备控制与裁军报告》，世界知识出版社 2009 年版，第 132 页。

须清醒地认识到，对于美国偏执地推进太空武器化，对其进行的最有力遏制来自于我国太空实力的增长，只有缩短跟美方之间的实力差距，才有可能迫使对方回到谈判桌上来，推进太空国际军备控制和安全规则制定。为此，我国必须全面实施"太空优先"战略，加快健全太空力量体系，全方位地培养造就太空安全人才，高度重视太空安全软实力建设①，充分发挥中国特色军民融合式航天事业发展所具有的战略作用。

（二）多边太空力量的制衡

航天技术作为现代高科技综合集中最为鲜明的领域之一，有能力加入太空俱乐部的国家数目虽然近年来增加较快，但总体数目并不多。基于航天技术及其应用能力的不同，太空领域呈现出明显的金字塔式权力结构。为了遏制处于太空权力金字塔"塔尖"的美国一意孤行地推进太空武器化和军备竞赛的行径，构成权力金字塔"塔身"的其他国家应采取联手制衡的策略，维护太空和平与稳定。

1. 在继续与俄罗斯保持战略协作的同时争取团结更多国家推进太空安全合作

目前太空安全领域的热点之一，就是国际社会普遍关注遏止太空武器化问题。一直以来，一些国家努力谋求研发和部署太空武器系统，只是受特定的历史条件限制而未能成为现实。现在，一些军事大国正在组建天军、建立太空军事基地，为争夺"制天权"做积极准备。随着科技的不断成熟，太空军事化将走向武器化。美国借口加强自身防御能力而追求绝对太空优势，加快进行一些技术的研发，如导弹防御中的碰撞杀伤（Hit-to-kill）技术、用于探测地面机动目标的太空雷达技术都可能会削弱其他国家的核报复能力，而它们本身又是高

---

① 杨乐平：《加快推进国家太空安全体系建设》，《国防参考》2016 年 4 月 20 日。

新技术，其他国家肯定会对这些技术进行研究，找到应对措施。① 譬如，反卫星系统有很多不同的形式和目标攻击范围。此系统在形式上，可以是公开的，也可以是隐藏威胁的；可以是地基的，也可以是天基的；可以是相对简单的，也可以是与国家技术相匹配的复杂的系统。反卫星系统的目标攻击范围，可能是只适合攻击近地轨道卫星的系统，也可能是攻击静止轨道卫星的系统；可能是对目标卫星造成可恢复的暂时干扰，也可能是造成不可恢复的永久破坏；可能是卫星、地面站，也可能是它们之间的通信链路。② 不管具体是哪种情形，诸如此类的太空系统的竞相研发，势必导致太空武器化程度加深。

太空武器在本质上属于战略武器，并和战略核力量有着密切的联系。太空武器化不仅阻碍太空的和平探索、利用，还将进一步引发太空军备竞赛，导致其他武器特别是大规模杀伤性武器的扩散，对国际安全格局会造成严重的消极影响。太空武器化会削弱太空和核军控领域脆弱的互信，一旦太空爆发战争，其影响绝不仅限于太空，它将成为全面核战争的导火索，并威胁到全人类的生存。因此，防止太空武器化已是十分现实和紧迫的问题。目前，能与美国在太空决一高低的国家只有俄罗斯。为维护太空的战略力量平衡，俄罗斯对美国太空战准备保持着较高的警惕。"中俄联手提案，对于促进我国凝聚在太空问题上的共识将会产生积极影响，得到世界大多数国家响应。"③ 中俄应继续加强在太空国际安全方面的战略协作，旗帜鲜明、坚持不懈地推进反对太空武器化和军备竞赛的各项能力。中俄在加强反对美国在韩国部署"萨德"系统的立场基础上，一方面应进一步揭露美韩举动与其宣称的目的明显不符的事实，它严重破坏了东北亚地区乃至全球层面的战略稳定性；另一方面，应综合

---

① 李彬、聂宏毅：《中美战略稳定性的考察》，《世界经济与政治》2008 年第 2 期。

② 戴维·瑞特（David Wright）、劳拉·格雷格（Laura Grego）、丽贝思·格隆伦（Lisbeth Gronlund）：《太空安全物理学》，美国艺术科学学院，2005 年，第 127 页。

③ 滕建群：《太空实力竞争与限制太空武器化》，《2009：国际军备控制与裁军报告》，世界知识出版社 2009 年版，第 138 页。

协调采取各种手段来现实地反制美国在韩国部署"萨德"系统。与此同时，我国应继续在平等互利、和平利用、共同发展的基础上，积极与相关国家、国际组织共同研讨确保太空安全，防止太空军备竞赛的相关对策和措施。

2. 继续以各种形式磋商、讨论、汇集有关维护太空战略安全的意见

当前，国际社会对禁止太空武器化能够达成较为广泛的共识，但是，对"和平利用太空"（"太空武器"）等基本概念的界定却模糊不清，导致美国钻有关国际条约和法律的漏洞，用不断变换方式的隐蔽手段推进太空武器化和军备竞赛。美国将军事太空战略目标继续定位于有效控制太空、充分利用太空赋能作用上，针对现实作战中的打击对象与战略防范对象，重点发展实战型军事太空力量，主要应对"反介入/区域拒止"行动①，并屡次否决太空军备控制倡议，由此导致防止太空武器化已成为十分现实和紧迫的问题。针对此种危机情况，中俄两国早在 2002 年就联手提出《防止在外空放置武器、对外空物体使用或威胁使用武力条约（草案）》（简称 PPWT）。但美国却以该方案没有核查机制为由拒绝进行谈判。2014 年，中俄两国再度向裁军大会提交了 PPWT 的修改稿，但美国仍然顽固地坚持反对态度，否决有关动议。

针对太空军控的现实困局，特别是有效核查机制的建构存在政治、技术和经济等方面的难题，草案倡议国应继续强调指出这一可能的选择："当前最重要的是以法律承诺和法律文书的形式达成共识，防止太空武器化和军备竞赛。为使这一共识早日达成，目前似宜暂时搁置核查以及其他可能有争议的问题。随着科技的进步，今后条件成熟时，可考虑为条约增加核查议定书。"并且强调，对核查问题"还可从另一个角度来看。1967 年《太空条约》尽管没有核查机制，但仍重要且有效。……新的条约如果有可靠、有效的核查机制最为理

---

① 唐笑虹：《试析奥巴马政府的军事太空战略》，《外交评论》2013 年第 2 期。

想。但按照 1967 年《太空条约》，新的太空条约即使没有核查条款，也能发挥其作用"。继续呼吁国际社会认真、清醒地看待这一问题，"新太空条约的核查问题十分复杂，涉及很多因素，值得各方进一步认真探讨和考虑"①。

3. 明确反对霸权主导，多渠道寻求各方都能接受的有关太空安全合作方案

长时间以来，美国基于自身的国家利益和战略考量，提出了一系列太空行为准则，"实际上就是为美国在太空安全治理上保留了军事手段和单边主义的空间"②。这种霸权主导所带来的后果，必然是使问题长时间的搁置，共识难以达成。因此，在现实情况中，中国需要反对霸权主导，并且要擅长利用外交手段、谈判机制、学术沟通等方式开展与各国的友好协商，发出"中国声音"。当前太空环境安全问题集中体现在太空碎片呈指数级增长，太空核动力污染的威胁难以降低上。2009 年 2 月 10 日，美国铱卫星公司的"铱 33"卫星和俄罗斯的"宇宙 2251"军用通信卫星在西伯利亚上空相撞，这是太空中首次发生的在轨卫星相撞事件。美俄卫星相撞事件使太空合作安全观念得以凸显。③ 在新的体系观念结构下，各国认识到共处于太空的恶劣自然环境下，他者并不必然是自我生存意义上的敌人，反而成为可以合作共荣的伙伴。太空环境安全有利于太空和平利用的深化，如卫星通信、遥感以及太空旅游的发展等。④ 所以，维护太空环境安全要求相关国家确保在其管辖范围内或在其控制下的太空活动不致损害其他国家或在各国管辖范围以外地区的环境和资源。

---

① 《中国、俄罗斯代表团联合向裁军谈判会议提交的关于"防止太空军备竞赛的核查"的工作文件（CD/1781）》，中华人民共和国外交部网站（http://www.fmprc.gov.cn/mfa_chn/ziliao_611306/tytj_611312/zcwj_611316/t309185.shtml）。

② 程群、何奇松：《国际太空行为准则——博弈与前景》，《国际展望》2013 年第 9 期。

③ 李滨：《美俄卫星相撞事件中的国际法问题探析》，《北京航空航天大学学报》（社会科学版）2011 年第 4 期。

④ David Koplow, "International Safe Standards and the Weaponization of Space," *Space: The Next Generation-Conference Report*, 31 March – 1 April 2008, Geneva: UNIDIR, 2008, p. 64.

由于现有的太空安全国际法往往只有原则性规定，缺乏实施细则和监督执行机制，需要进一步加以完善。根据目前太空活动的形势，我国要特别注重积极支持有关各方推进太空活动行为准则的制定。[①] 太空活动行为准则主要涉及的是太空环境和太空秩序。强调太空活动行为准则既要确立关于太空飞行器的交通规则，以避免发生太空碰撞和事故，也要制定如何处理事故的程序和规则。由此，太空活动行为准则应重点规范以下两个方面的内容：一是确立太空飞行器的交通规则，以避免发生太空碰撞和事故，就像在陆地上行驶有交通安全法，在海洋上行船有海洋交通法一样；二是如果出现事故，该如何处理。"我们在国际政策上要尽可能地机动灵活，最坚决地贯彻我们既定的方针，并随时准备应付一切事变。"[②] 面对不同太空主体基于不同考量所提出的方案，应当在慎重考察分析的基础上，采取机动灵活的策略予以妥善应对。

（三）太空安全机制的建构

太空安全机制的建构对于相关国家而言，是一个高度复杂而敏感的问题。在坚持维护现有太空安全机制框架体系的前提下，我国应主张运用灵活有效的"软法"形式和不断完善国际法院司法机制，先着力建构安全互信的合作机制，以开启太空国际安全合作的新局面。我国应继续强调制定 PPWT 与 COC 等其他努力可以并行不悖，积极参与联合国主导的太空安全机制建构与完善。

1. 运用灵活有效的"软法"形式和不断完善国际法院司法机制

目前，各国对是否以及如何发展太空安全机制存在严重分歧。在这种困境中，很多国家更倾向于接受非条约义务，因而太空安全机制将更多地以灵活有效的"软法"形式出现。大多数国家通常会认真

---

① 李彬、吴日强主编：《国际战略与国家安全——科学技术的视角》，中国传媒大学出版社 2008 年版，第 70 页。

② 《列宁全集》（第 38 卷），人民出版社 1986 年版，第 276—277 页。

地对待联大备忘录、决议、宣言、技术标准等非条约文件所规定①的义务，各国在国内、双边和多边国际文件中通常会引用这些原则作为权威性根据，这对太空实践及太空立法活动均起着重大的指导作用。因此，我国也应尽快提出与国家利益相符合、与他国政策相融通、对太空安全具有实际意义的"软法"，争取行为准则的主动权，争夺话语权和道义制高点，展现大国担当，扩大国际影响力，也可以在舆论上给美国以压力。同时，还可以借助国际和区域领导人会议、对话合作论坛以及"一带一路"倡议的实施，宣传我国的太空安全构想，积极谋划"软法"的推行，引导国际舆论，寻求更多国家的支持。

国际法院是联合国的主要司法机关，有权裁决当事国提交的法律争端。在解决相关的太空活动争端中，积极发挥国际法院司法判决的作用，能为现行太空安全机制的完善提供条件；同时，国际法院有权就有关太空法律问题做出咨询意见，虽然这种咨询意见没有法律拘束力，但对于有关问题的解决以及太空安全机制的发展具有重要的影响。如联合国大会可就太空的"和平目的利用"问题请求国际法院发表咨询意见，通过国际法院的咨询意见来对现行国际太空立法中的"和平目的利用""大规模杀伤性武器"等问题进行澄清。我国应利用国际法院这一机构，熟悉相关法律条款，擅长使用司法判决手段，促进司法机制的不断完善，保障太空安全机制的合理发展。要使国际法院成为我国争取太空安全利益的权威依据和有效来源。

2. 推进联合国主导的 PPWT 与 COC 制定等其他努力并行不悖的发展

在世界头号太空强国美国对 PPWT 的坚决反对，使得冷战后太空安全机制的制定与军控实践建构暂时受挫的情形下，我国积极参与太空活动行为准则的制定显得更为重要而紧迫。我国应继续强调反对太

---

① 从 1998 年到 2006 年，联大共通过了 100 多项关于太空活动的决议，涉及关于卫星广播电视、遥感和核动力源问题的法律原则等内容，并解释了一些基本概念。如 1996 年《国际合作宣言》明确《外层空间条约》第一条"共同利益原则"的含义；2004 年《适用发射国概念的决议》明确了对太空物体和发射国概念的理解。

空武器化和军备竞赛的 PPWT 制定与 COC 等其他努力可以并行不悖的展开。在太空武器化和军备竞赛得到约束的同时，从相对较易达成的太空活动行为准则制定入手，以参与太空活动行为准则制定作为国际努力的突破口，有利于将相关国家纳入国际太空安全合作机制中。"国际局势往往是错综复杂的，任何时代，对任何一个国家来说，国际局势都不会是完全有利的、应愿的。所以，必须善于机动灵活地妥善应对，努力化解不利因素，争取对自己更为有利的条件。"① 根据目前太空活动的形势，我国应特别注重积极支持有关各方推进太空行为规则的制定。②

与此同时，我国应在关于制定全面统一的法律文书的谈判陷入僵局之际，寻求制定双边协定或建立地区太空军事活动机制，谋求其他可能和可行的对太空武器加以某些限制的办法和措施，这或许是一种比较现实的选择。一些双边协定在很大程度上会在整个国际社会中形成多边协定或成为太空习惯法。2010 年 4 月 8 日，美俄两国还签署了新的核裁军条约，这似乎表明相关的国际实践开始朝着积极的方向发展，并在一定程度上改善了太空立法环境。我国应关注和力促类似有利于推进太空安全规则与军控发展的国际谈判，继续推动"裁军谈判会议"来强化太空军事活动谈判，尽快缔结一项有效的国际法律文书。为此，我国应联合相关国家推进"和平利用外空委员会"根据航天技术的发展和太空军事活动形势的变化，加快探讨完善和发展相关法律，弥补现行法律的不充分性和不明确性。③ 大力促进"联合国大会及第一、第四委员会"重视对太空军事活动的立法审议，加强对发展、部署、使用太空武器的监督和核查机制的建设；④ 尽快领导建

---

① 李爱华：《马克思主义国际关系理论专题研究》，人民出版社 2013 年版，第 186 页。

② 李彬、吴日强主编：《国际战略与国家安全——科学技术的视角》，中国传媒大学出版社 2008 年版，第 70 页。

③ 牛姗姗：《太空非军事化法律制度构建思考》，《江苏警官学院学报》2009 年第 24 卷第 6 期。

④ 仪名海、马丽丽：《推进太空军备控制发展的必要途径》，《中国海洋大学学报》（社会科学版）2008 年第 6 期。

立全球共享的太空监视系统，以增加国际太空军事活动方面的合作。①
另外，由于国际太空法的规定大都比较原则，其实施常常需要国内法
作为中介和补充②，我国应加强国内太空立法。

3. 推动建立太空透明与信任措施和太空特定资源的国际管理
机制

拟订建立太空透明和信任措施（TCBMs）建议，是加强太空安全
较为简单的第一步。如获成功，就会使下一步达成一致变得容易一
些。"太空 TCBMs 可以为实现太空军备控制、达成新太空条约创造有
利的气氛。"③ 为拟订建立太空透明和信任措施建议而共同努力本身，
也有助于加深对各国意图以及现在和将来太空形势的理解。因此，就
建立太空透明和信任措施而共同工作本身将促进相互信任。同时，建
立太空透明和信任措施所带来的太空军事活动可预见性，将从客观上
降低太空中或来自太空的突然军事威胁出现的可能性，消除太空战略
形势的模糊性，并最终排除各国为应对威胁而做提早准备的必要性。
2012 年到 2013 年，根据联合国大会通过的 65/68 号决议成立的政府
专家组（GGE）召开了三次会议，提交了《有关建立太空透明和信
任措施报告》。报告强调要建立增加太空活动透明的信息共享机制和
行动措施。2013 年联合国外空委员会科学技术小组提出了确保太空
安全与可持续和平利用的《太空长期可持续性倡议》（LTSSA）。2014
年联合国外空委员会对草案进行了评估，并成立四个专家组对其中的
特定主题进行研究讨论，并提交了四个报告。到目前为止，联合国两
个机构虽提出了有关倡议，但还没有制定出正式文本。我国应积极参
与联合国外空委员会这两个机构有关透明和信任措施建立中相互补充
和激励的讨论，毕竟，两方面努力的目标相同，即确保太空安全

---

① Detlev Wolter, "Common Security in Outer Space and International Law: A European Per-
spective," p. 19.

② 王孔祥:《国际太空法和国内太空法的关系》,《中国航天》2006 年第 11 期。

③ 何奇松:《太空透明与信任建设机制刍议》,《社会科学》2012 年第 12 期。

合作。①

在太空特定资源的国际管理方面，国际社会已经达成了一系列多边条约②，它们确认了太空资源为全人类所共有的观念，各国都可以对其进行自由勘测、利用和开发；对于太空环境，全人类都有保护其不受破坏的义务。③ 但由于国际上各国对太空资源的开发和利用，其动机、目的和技术水平、国内政策有极大差别，其中含有政治、军事等因素的影响。由此可以预见，只有国际社会在合作共赢的实践中达成共识，才能使国际合作机制得以发展完善。④ 我国应继续促进国际社会在坚定维护这些太空条约和有关文件的基础上，蹄疾步稳地制定、完善保护太空资源与环境的国际条约，实行太空天体资源的国际开发制度。⑤ 譬如，频率轨道资源是一种有限的、不可再生的自然资源，而且卫星轨道位于世界各国共处的太空，是全人类共有的国际资源⑥，因此，我国支持频率轨道资源的获取不能完全机械地执行"先到者先接受服务"这一原则主张，强调必须保护随着航天技术的发展，越来越多地逐步踏入太空的发展中国家的利益。

（四）多样化太空国际合作

随着太空科技和人类太空活动的不断发展，太空科技竞争的事实

---

① 《中国、俄罗斯代表团联合向裁军谈判会议提交的关于"太空活动建立太空透明和信任措施与防止在太空部署武器"的工作文件》（CD/1778），中国外交部网站。

② 如《禁止在大气层、外层空间和水下进行核试验条约》（简称《部分禁止核试验条约》）、《外层空间条约》《太空物体所造成损害的国际责任公约》（简称《责任公约》）、《禁止为军事目的或其他敌对目的使用改变环境技术公约》《指导各国在月球和其他天体上活动的协定》（简称《月球协定》）等。

③ 滕建群：《2008 年国际军控与裁军形势综述》，《2009：国际军备控制与裁军报告》，世界知识出版社 2009 年版，第 11 页。

④ 徐祥民、王岩：《太空资源利用与太空环境保护法律制度的完善》，《中国人口·资源与环境》2007 年第 4 期。

⑤ 贾海龙：《太空自然资源开发制度的缺陷和展望》，《北京航空航天大学学报》（社会科学版）2010 年第 6 期。

⑥ 欧孝昆、李勇、张日军：《卫星频轨资源极为紧张，美俄已占 80% 黄金导航频段》，《解放军报》2010 年 5 月 7 日。

使得太空国家不可避免地要求制定法律规则，以维护其既得利益。其他还没有参与太空探索的国家也越来越意识到太空国家对太空的先行开发、利用可能会严重损害它们的权力和利益，对制定新的国际条约产生了愈发迫切的要求。不过，国际社会能否达成多样化的太空国际合作，最终取决于各国能否达成政治共识。为此，我国必须有认识、知识、承诺和行动，多管齐下地推动所有利益攸关方，加大太空国际合作的力度，既展示自身和平利用太空的形象，又增进合作安全的意识和动机。

1. 多管齐下地迫使包括美国在内的各方认识到太空国际合作关乎其切实利益

国家利益是各国政府处理对外关系的最高准则，是国际关系的"通用语言"。推进太空安全机制制定与军控的前提是使国际社会尤其是主要太空国家认识到，这种合作有利于实现和维护各自的国家利益，其中美国的态度最为关键。从太空力量发展已走过的路线图来看，从技术—权力—观念实践建构的分析框架中把握航天发展战略制定的内在规律要求，显得尤为重要。可以说，太空力量的发展从一开始就被用于美苏争霸，到 20 世纪 80 年代，美国抛出"星球大战"计划，它被用于国际安全对抗并使对抗达到了第一个高峰阶段。世纪之交，美国拉姆斯菲尔德委员会炮制出骇人听闻的"太空珍珠港"假定，为太空攻防对抗准备投入大量预算，并进行大幅管理体制改革，使军用航天在美国航天事业中居压倒性的地位，这可谓是太空安全对抗的第二个高峰阶段。实践表明，"美国的导弹防御系统最后发展得几乎与航天能力毫无关联"[1]，拉姆斯菲尔德委员会提出构建的全球无线通信网络计划也被埋在地下或海底的全球光纤通信网络所代替，"事实上，当时该委员会对未来航天能力发展的建议几乎都被废弃了"[2]。

---

① 《太空力量与国家安全》，聂春明、王志波、毛翔、吴志丹编译，航空工业出版社 2016 年版，第 573 页。
② 同上书，第 574 页。

美国太空力量发展的事与愿违，证明美国确实应该深刻反思和校正其航天发展战略，妄图通过太空实力优势来维护全球霸权，既不现实，也走不通。从根本上说，作为现代科学技术高度集成的航天技术的发展与太空安全领域的权力结构、共有观念是一种非线性关系。航天技术作为现代先进生产力发展的突破口之一，其发展和社会功效同样是由生产力与生产关系、经济基础与上层建筑的矛盾运动及其规律所决定的，把握并利用其间的复杂互动关系，制定符合"包容、普惠、和谐"的天缘政治文明要求的航天发展战略，是任何国家开发、利用太空的头等大事，不然，就会适得其反，害人害己。太空国际合作既是航天技术跨域功效的内在要求，也是太空战略安全权力建构的本质体现，更是太空探索、利用作为全人类共同利益理念的强烈反映，真真切切地关乎着包括美国在内的各方的切实利益。

2. 在关切各自利益的基础上呼吁国际社会深化限制太空军事活动方面的合作

现在一个值得关注的动向是，美国政府已表示同意进行太空问题的国际谈判①，这似乎表明相关的国际实践开始朝着积极的方向发展。但不可否认的是，国际裁军实践在规制太空武器化方面还存在若干重要障碍，只有成功化解这些障碍，才能使太空武器化问题的解决取得实质性突破。② 而这一障碍的化解必然需要国际社会的一致努力，没有哪个国家可以置身事外。这就需要通过各种途径明确地告诉美国方面，它的哪些做法是不利于防止太空武器化和军备竞赛的？为什么？很重要的一点就是，包括美国在内的国际社会应尽快就太空武器化的定义和衡量标准达成一定的共识，消除目前各说各话的窘境。应加强各种渠道的中美对话沟通，不仅在中美之间建立必要的军事互信，而且应力争使美国认识到，部署导弹防御系统会刺激其潜在对手发展进攻性更强、性能更先进的太空作战方法与手段，加剧导弹扩散的风

① 吕德胜：《国际军控与裁军形势正在回暖——访中国军控与裁军协会副秘书长滕建群》，《解放军报》2009 年 5 月 17 日第 4 版。
② 李滨：《国际裁军实践中的太空非武器化问题分析》，《国际观察》2010 年第 5 期。

险，增加太空武器效应的逆序，不符合对航天技术最为依赖的美国的国家利益。

"如果太空武器化，没有哪个国家比美国损失更多；强化当前的限制，没有哪一个国家收获比美国多。"① 我国应积极呼吁国际社会通过友好协商来找到一个各方都能接受的方案，建立一个类似于国际民航组织、国际电信联盟之类的组织，以协调各国行动，反对霸权国家随意发号施令，消除电脑黑客在线攻击卫星，特别是恐怖分子利用各种技术手段对太空系统所造成的危害。我国应更加旗帜鲜明地主张利用联合国等集体安全机制，惩治违反太空国际法的行为。与此同时，也应考虑到，由于政府出面呼吁，无论其愿望如何真诚，总会被其他国家视为别有用心，而非政府组织和个人可以发挥独特而重要的作用。因此，不仅要以政府的名义继续努力，而且要重视发挥学术、宗教等社会团体和其他非政府组织、媒体、著名公众人物在推进太空安全机制制定与军控方面的作用。通过影响民意，自下而上地推动各国政府构建限制太空军事活动的机制，可以为破解太空安全困境提供新的途径。

3. 倡导"打造人类命运共同体"理念来促进太空多边安全对话与合作共赢

太空开发、利用中的多边安全对话需要国际社会形成关注太空安全的政治意愿。世界各国应积极参与太空的和平探索、利用，并强调要持续取得这种和平利用的价值，就需有多边合作安全的理念和制度框架做保证，力争使之成为推进太空环境安全合作努力所需的共同理念和道义准则。应继续大力倡导"打造人类命运共同体"理念，强调和则共赢，合则同安，呼吁各国摒弃以军事实力谋求太空安全优势的思维模式，尊重相互的差异性和多样性，建立不同文化、不同意识形态国家之间在太空领域的安全互信，以协商化解矛盾，以合作谋求

---

① 何奇松、南琳：《太空安全治理的困境及其出路》，《北京航空航天大学学报》（社会科学版）2012 年第 1 期。

稳定①，共同维护太空环境安全。要尊重国际社会的多样性，在和平利用太空能源资源、太空生物工程、太空材料加工、太空商业旅游时，要继续宣传合作安全观念，极力推动国际社会防止太空核动力源蜕变危险、太空科学实验规范立法的工作。通过倡导"打造人类命运共同体"理念，使各国认识到共处于太空的恶劣自然环境下，他者并不必然是自我生存意义上的敌人，反而可以成为合作共荣的伙伴。

　　为避免"公地悲剧"的产生，国际社会应强调合作，各尽其能，共同努力。"需要国际社会共同发展太空态势感知能力，共享太空态势信息，避免太空事故发生。共同发展太空碎片清除技术，治理太空环境污染问题。"② 技术进步、机制建构以及公众支持都有可能为太空安全注入活力，并增强对人类共同利益观念的强烈支持。我国应在联合国框架内通过与美国在太空安全领域进行各种形式的互动，使美国更充分地考虑到太空武器效应逆序的后果。"如果美国决策者了解太空战的严重后果，他们可能转而支持用合作的方式解决其安全关切。"③ 只有加强国家间的太空安全机制制定与军控才是防止远程导弹扩散和推进反恐事业的最佳方法，一旦在太空爆发战争，损失最大的将是拥有最多太空设施、对航天技术最为依赖的美国。美国政府试图建立有关太空发射和卫星活动的国际规则，强调"美国将为负责任的太空活动提供数据标准、最佳实践、透明度、信任建立措施以及行为规范的支持"。美国政府曾表示它将准备接受欧盟的"太空活动行为准则草案"，并对文件做最小的改动。

　　总而言之，当今世界上各国相互联系、相互依存日益加深，和平、发展、合作、共赢的时代潮流滚滚向前，维护世界和平，促进

---

　　① 《中国代表团团长胡小笛大使在第 60 届联大—委—般性辩论中的发言》，中国军控与裁军协会：《2006：国际军备控制与裁军报告》，世界知识出版社 2006 年版，第310 页。

　　② 何奇松：《太空安全治理的现状》，《国际展望》2014 年第 6 期。

　　③ 李彬、吴日强主编：《国际战略与国家安全——科学技术的视角》，中国传媒大学出版社 2008 年版，第 70 页。

各国共同发展具备更多的有利条件。其中，特别是航天技术、信息技术等跨域技术的发展，正在越来越大的程度上将各国人民纳入冷暖共知、相互依存的"地球村"中。航天技术的发展开拓出越来越大的共同利益，这既使得国际安全合作更具有可能性，同时也更显出紧迫。① 在这一时代背景下，中国作为一个和平发展中的社会主义大国，应从总体安全观的高度审视当前的太空安全形势，多管齐下、综合施策，协调运用各种类型权力的积极作用，实行动态制衡战略，统筹维护太空战略安全与合法权益。因此，我国应进一步重视和加强相对世界强国而言差距较小的战略领域——航天事业的发展，这既可增进维护太空战略安全的筹码，也有利于促进太空和平开发、利用中的合作共赢。我国应进一步注重加强同俄罗斯等其他国家和有关组织的合作，力倡以合作谋和平，以合作促安全，坚持以和平方式解决争端，反对太空武器化和军备竞赛，支持各方为太空安全和发展发挥积极和建设性的作用。我国应积极参与由联合国主导的太空国际安全机制的建构，努力维护太空战略安全，推动太空开发与利用中的合作共赢，从而使得太空和平探索、利用能真正满足全球融合和人类共同发展的需要。② 我国应大力倡导"打造人类命运共同体"理念，强调各国都有平等参与太空安全事务的权利，也都有维护太空安全的责任，每一个国家的合理安全关切都应该得到尊重和保障，要坚持发展和安全并重，以可持续发展促进可持续安全，充分利用太空这一人类文明拓展的新高地，率先打造人类命运共同体的新秩序。

① 张浩：《太空军控的机制设计——以建立信任措施为例》，《国际问题论坛》2007年夏季号（总第47期）。

② 目前世界商业航天市场总额已高达数千亿美元，且每年以10%左右的速度稳步增长。据美国国家航空航天局（NASA）提供的权威报告，1996年，全球太空技术产业创造的利润为750亿美元左右，到2000年利润就攀升到1250亿美元。到2010年，全球商业航天活动的收入达到5000亿至6000亿美元。而其中全球卫星产业市场的规模将达到2000亿至3000亿美元。一份研究报告指出，在今后10年里，全球预计发射卫星1000颗左右，其中商用卫星将占70%。

二　天缘政治的主导进程*

天缘政治制度文明是指在天缘政治实践中所形成的存量和增量的治理机制体系，以及运用这些机制维护天缘政治秩序的能力，即机制的执行能力。天缘政治制度文明是一个有机整体，是相辅相成的。天缘政治制度文明的实践建构与持续进化，就是要适应空间安全形势的要求，既完善不适应实践发展要求的安全机制，又不断建构新的安全机制，使之更加科学、更加完善，实现对太空安全互动活动治理的制度化、规范化、程序化。天缘政治制度文明对于太空和平探索、利用起着不可或缺的权威建构作用。天缘政治关系呈现出"全球性"和天缘政治活动强调"全人类共同利益"理念，由此不难理解，联合国"和平利用外层空间委员会"，联合国"裁军谈判会议"以及"联合国大会"第一、第四委员会构成了天缘政治文明体系中起主导性作用的部分。① 在不加其他说明的情况下，正在构建中的天缘政治制度文明即可等同于联合国主导的这一体系。

（一）天缘政治的议题探讨

以 1957 年苏联发射第一颗人造地球卫星为标志，在人类进入太空时代不久，联合国即于 1959 年成立了和平利用外层空间委员会。联合国太空安全治理的议题主要由作为联合国大会的下属组织和辅助机构及和平探索与利用太空国际合作协调中心的联合国和平利用外层空间委员会来探讨。该委员会主要检查和平利用太空的国际合作的范围，设计方案，指导国际技术合作，鼓励信息研究和传播，致力于国际空间法的发展。联合国和平利用外层空间委员会致力于确保和平利用太空，保障所有国家享有太空活动所带来的益处。

＊ 部分内容以"治理理论视域下联合国外层空间安全治理体系的机制性分析"为题发表于《国防科技》2015 年第 5 期。

① 《联合国与外层空间有关的条约和原则》，纽约，联合国出版物，2002 年，第 V 页。

1. 倡导对太空安全的探讨

和平利用外层空间委员会于 1962 年通过协商，达成一致同意决策模式，并将其作为处理所有议题的最高指导准则。① 这种一致同意既维持了最低共识，又是对保持分歧的持续存在所做的考量。其操作被定义为：共识是该委员会集体努力形成决策的一种必要作为，借此调和不同的观点以减少彼此的歧见。② 和平利用外层空间委员会自始至终都采取一致同意的决策模式。1958 年，达成采用一致同意原则的仅有 18 个成员国，之后逐渐增加到 69 个成员国。③ 和平利用外层空间委员会采取一致同意的最大优点在于各说各话，意见得到充分表达，最大的缺点则是矛盾无法化解，议而不决，只能维持最低的共识。许多议题诸如太空定界、发射国、核动力源、地球静止轨道和太空碎片等，都是和平利用外层空间委员会成立以来的陈年旧案。④ 同时，是否改变一致同意这一议事规则也需要经过一致同意的程序。

联合国和平利用外层空间委员会法律小组委员会近年来在俄罗斯、乌克兰等的极力推动下，正倡议制定一项全面的太空法公约。但此项建议遭到了美、日等国的反对。⑤ 中国⑥与乌克兰、哈萨克斯坦

---

① D. M. Johnston and Ronald S. T. Macdonald, eds., *The Structure and Process of International Law*, Leiden, N. L.: Kluwer Law International, 1983.

② Shannon K. Orr, "An International Regime Analysis of Outer Space," *International Journal of Politics and Ethics*, chapter 10. 16 pgs.

③ "United Nations Office for Outer Space Affairs, United Nations Committee on the Peaceful Uses of OuterSpace: Member," United Nations, Office for Outer Space Affairs, http://www. unoosa. org/oosa/COPUOS/members. html.

④ Bhupendra Jasani ed., *Peaceful and Non-peaceful Uses of Space: Problems of Definition for the Prevention of An Arms Race*, New York: Taylor & Francis, 1991.

⑤ 美国等认为，谈判制定新外空条约将危及现行外空法律制度，当务之急应是推动各国加入现行外空条约。

⑥ 中国政府的立场是，现行外空条约虽存在不足，但并不过时，特别是 1967 年《外层空间条约》所确立的外空活动的基本法律原则，仍是外空法的基石及其发展的法律框架。我国主张，在不损害现有《外层空间条约》确立的外空法基本原则的前提下，可以适当方式完善有关外空条约，包括可考虑制定全面的外空法公约。

等均作为共同提案国予以支持。① 和平利用外层空间委员会法律小组针对太空安全的辩论，焦点明显集中于该小组是否适合讨论或如何因应防止太空军备竞赛，以及对和平利用外层空间委员会功能角色的期待等这类问题上。② 整体而言，赞成和平利用外层空间委员会法律小组处理上述议题的意见集中表现在反对太空武器化，要求将防止太空军备竞赛纳入和平利用外层空间委员会讨论议程等肯定性用语上。③

---

① 马新民：《国际外空立法的发展与我国的外空政策和立法》，《中国航天》2008 年第 2 期。

② 问题包括：（1）外层空间军事化危险日益增加，国际社会必须考虑制定各项措施以防止外层空间军备竞赛，和平利用外层空间委员会的权力范围应当扩大引入外层空间使用军事化的项目。（2）和平利用外层空间委员会制定禁止外层空间部署核武的法律规则，其时机业已成熟。（3）和平利用外层空间委员会应要求"裁军谈判会议"缔结防止军备竞赛蔓延到外层空间的国际条约。（4）在外层空间部署任何武器的国际条约尚未完成之前，应全面暂停在外层空间试验或部署任何形态的武器。（5）禁止在外层空间或自外层空间向地球使用武力。（6）"和平利用外层空间委员会"的优先议程应包括透明化及建立信任措施。（7）外层空间武器化的趋势持续增加，和平利用外层空间委员会应采取行动，加强制定法律工作。（8）禁止在外层空间试验、部署和使用武器，并禁止在地面、海上或大气中试验、部署和使用以空间站为目的的武器，并禁止为战争而使用任何射入外层空间的物体。（9）和平利用外层空间委员会应包括建立确保外层空间用于和平目的的法律。（10）外层空间武器化破坏全球战略平衡，加剧军备竞赛，破坏国家间的相互信任，给已建立起来的军备控制和裁军制度造成障碍。（11）为了对峙目的与谋求军事优势的作为，是无法为各国接受的行为。（12）现行法律不够充分，应尽快谈判达成一项国际协议，以防止外层空间军备竞赛。（13）目前法律无法有效禁止针对天基打击能力、反卫星系统。（14）各国应在达成有效管制外层空间武器的一致意见前，同意暂时停止在外层空间部署武器。（15）外层空间部署武器的危险日益扩大，将损害国际安全系统的基础和理论依据。（16）由于尚未制定防止外层空间军事化的法律，和平利用外层空间委员会应更加努力防止外层空间军事化。（17）和平利用外层空间委员会须努力从外层空间定义与界定及空间物体定义等法律问题上着力。（18）和平利用外层空间委员会应有权审议包括外层空间军事化在内的所有问题。（19）和平利用外层空间委员会应促进外层空间活动的透明发展。（20）外层空间部署武器会导致国家间的猜疑和紧张，和平利用外层空间委员会应扮演维持外层空间用于和平目的的角色。

③ 《和平利用外层空间委员会的报告》，联合国，第 53 届会议记录，1998 年，http：//www. unoosa. org/pdf/gadocs/A_ 53_ 20C. pdf；第 54 届会议记录，1999 年，http：//www. unoosa. org/pdf/gadocs/A_ 54_ 20corr1 C. pdf；第 58 届会议记录，2003 年，http：//www. unoosa. org/pdf/gadocs/A_ 58_ 20C. pdf；第 59 届会议记录，2004 年，http：//www. unoosa. org/pdf/gadocs/A_ 59_ 20C. pdf；"Report of the Committee on the Peaceful Uses of Outer Space," United Nations, 1982, http：//www. unoosa. org/pdf/gadocs/A_ 37_ 20E. pdf. 1985, http：//www. unoosa. org/pdf/gadocs/A_ 40_ 20E. pdf；1993, http：//www. unoosa. org/pdf/gadocs/A_ 48_ 20E. pdf；1994, http：//www. unoosa. org/pdf/gadocs/A_ 49_ 20E. pdf；1996, http：//www. unoosa. org/pdf/gadocs/A_ 51_ 20E. pdf；1997, http：//www. unoosa. org/pdf/gadocs/A_ 52_ 20E. pdf.

而反对和平利用外层空间委员会法律小组处理上述议题的意见①则集中表现在防止将太空军备竞赛纳入和平利用外层空间委员会讨论议程的不适宜、不适当、不相干、不合适、不属于、不需要等否定性用语上。② 掌握此类语言行为的功能团体，成功地通过和平利用外层空间委员会的运作方式将上述议题排除在和平利用外层空间委员会进行实质性讨论之外。③ 持赞成意见的相关国家则努力将这一议题作为安全化的手段，通过和平利用外层空间委员会运作方式来凸显太空军事化的日益严重性，恐将危及和平利用太空的共识基础，进而呼吁各国应透过全面暂停研制、部署空间武器系统，作为防止太空军备竞赛诉求的基调。

2. 凝聚安全共识

冷战后，国际关系发生了巨大而深刻的变化，关于和平利用外层

---

① 《和平利用外层空间委员会的报告》，联合国，第 55 届会议记录，2000 年，http://www.unoosa.org/pdf/gadocs/A_55_20C.pdf；第 56 届会议记录，2001 年，http://www.unoosa.org/pdf/gadocs/A_56_20C.pdf；第 57 届会议记录，2002 年，http://www.unoosa.org/pdf/gadocs/A_57_20C.pdf；第 61 届会议记录，2006 年，http://www.unoosa.org/pdf/gadocs/A_61_20C.pdf；《和平利用外层空间委员会的报告——更正》，联合国，2005 年，http://www.unoosa.org/pdf/gadocs/A_60_20Corr1C.pdf；"Report of the Committee on the Peaceful Uses of Outer Space," United Nations, 1980, http://www.unoosa.org/pdf/gadocs/A_35_20E.pdf. 1981, http://www.unoosa.org/pdf/gadocs/A_36_20E.pdf；1984, http://www.unoosa.org/pdf/gadocs/A_39_20E.pdf；1986, http://www.unoosa.org/pdf/gadocs/A_41_20E.pdf；1987, http://www.unoosa.org/pdf/gadocs/A_42_20E.pdf；1988, http://www.unoosa.org/pdf/gadocs/A_43_20E.pdf；1989, http://www.unoosa.org/pdf/gadocs/A_44_20E.pdf；1990, http://www.unoosa.org/pdf/gadocs/A_45_20E.pdf；1991, http://www.unoosa.org/pdf/gadocs/A_46_20E.pdf；1992, http://www.unoosa.org/pdf/gadocs/A_47_20E.pdf.

② 包括：（1）军备控制的问题不适宜由和平利用外层空间委员会来处理。（2）有关外层空间的军备控制问题不宜和其他裁军问题分割处理，裁军谈判会议才是处理这一问题的适当场合。（3）和平利用外层空间委员会审议军备控制议题，势必将与裁军谈判会议的功能重复。（4）裁军问题不属于和平利用外层空间委员会的职权范围，应由裁军谈判会议和联合国第一委员会来负责。（5）和平利用外层空间委员会应当避免讨论裁军之类不相干且易引起分歧的问题，应当集中精力加强其有关科技方面的工作，集中于努力深化所有国家有关外层空间活动的合作。（6）和平利用外层空间委员会与裁军谈判会议之间信息交流是不适宜的。（7）外层空间国际合作的概念不等于由和平利用外层空间委员会审议与外层空间军事化有关的事项。

③ 袁易：《重新思考外层空间安全：一个中国建构安全规范之解析》，《中国大陆研究》2009 年第 52 卷第 2 期。

空间委员会的重新定位问题不可避免地被提了出来，并愈来愈受到各国的关注。和平利用外层空间委员会在向个别代表团阐释其立场时，并不指出发言国家，如此处理以淡化国家身份的差异，借此凸显所谓共识同意的精神。美国始终持续性地反对在和平利用外层空间委员会内讨论与太空军备控制相关的议题，强调"委员会完全是为了推动和平利用太空国际合作而成立的，裁军问题在其他论坛上处理更为合适，例如大会第一委员会和裁军谈判会议"①，并且显示出有效地排除任何异己的企图。② 一些西方空间大国则想减少联合国对其空间活动的干预，不愿承担更多的义务，因而对和平利用外层空间委员会持较为消极的态度。

多数发展中国家主张加强至少是维持联合国和平利用外层空间委员会的地位和作用。

一些代表团再次承诺和平利用和探索太空，并强调指出以下原则：所有国家，无论其科学、技术和经济水平如何，均可平等而不受歧视地进入太空，对所有国家条件均等；不通过主权要求、使用、占领或任何其他手段，将太空（包括月球和其他天体）据为己有；不将太空军事化，太空探索的目的仅限于在地球上改善生活条件和增进和平；开展区域合作以促进大会和其他国际论坛所确定的空间活动。③

一些代表团认为，现行的外层空间法律制度不足以防范太空武器化并解决各种空间环境问题，而且进一步改进国际空间法对于维持太空用于和平目的具有重要的作用。这些代表团还表示支持制定一部综合性的法律文书，以维持太空用于和平目的，同时

---

① 《联合国和平利用外层空间委员会的报告》第五十三届会议，大会正式记录，第六十五届会议补编第 20 号（2010 年 6 月 9 日至 18 日），第 8 页。

② 《联合国和平利用外层空间委员会的报告》，在和平利用外层空间委员会第二十一届会议上（纽约：联合国，1978 年），第 21 页。

③ 《联合国和平利用外层空间委员会的报告》第五十三届会议，大会正式记录，第六十五届会议补编第 20 号（2010 年 6 月 9 日至 18 日），第 7 页。

无损于现行的法律框架。①

有意见认为，缔结中国和俄罗斯联邦 2008 年向裁军谈判会议提交的关于防止在太空部署武器以及防止威胁使用或使用武力攻击太空物体的条约草案，将会防止太空军备竞赛。为了保持空间活动的和平性质并预防太空武器化，委员会应当与联合国系统的其他机构和机制加强合作与协调，其中包括大会第一委员会和裁军谈判会议。②

3. 草拟安全法规

联合国和平利用外层空间委员会作为和平探索与利用太空的国际合作的协调机构，其宗旨主要是制定和平利用太空的原则和规章，促进各国在和平利用太空领域里的合作，研究探索和利用与太空有关的科技问题和可能产生的法律问题，从而为促进和平使用空间科学和技术，为实现经济、社会和科学的发展提供法律保障。"委员会一致认为，它通过其在科学、技术和法律领域的工作，可在确保维持太空用于和平目的方面发挥根本作用。"③ 该委员会自成立以来，为联合国起草了五个基本的太空国际条约草案和后来联大通过的若干太空应用原则、宣言等。④ 这些条约和原则经联合国大会审议后则构成了国际空间法的基本框架。在联合国授权下，和平利用外层空间委员会在很长一段时间里坚持编写"太空和平利用的途径和手段"的工作日志，以作为起草防控太空军备竞赛国际法律文书的基础性资料。随着太空武器化的危险日益迫近，防止太空军事化成为国际社会的共识，制定一项控制太空军备竞赛的国际法律文书一直是和平利用外层空间委员会的主

---

① 《联合国和平利用外层空间委员会的报告》第五十三届会议，大会正式记录，第六十五届会议补编第 20 号（2010 年 6 月 9 日至 18 日），第 7 页。

② 同上书，第 8 页。

③ 同上书，第 6 页。

④ 据不完全统计，和平利用外层空间委员会自 1959 年成立以来，已拟订了三项宣言、三套原则和五个国际公约，均已提交联合国大会审议通过。

要任务。①

和平利用太空是人类的共同愿望和共同利益，联合国和平利用外层空间委员会作为和平探索与利用太空国际合作的协调中心，其功能和作用必须强化。尤其是在现有国际法不能有效控制太空军备竞赛的情况下，联合国和平利用外层空间委员会应以控制太空军备竞赛为中心工作，制定控制太空军备竞赛的国际法律文书，弥补现有外层空间法律机制的漏洞，切实控制太空军备竞赛，确保太空的和平、利用。②

> 一些代表团认为，联合国外层空间条约代表着一个对于支持规模不断扩大的空间活动和加强和平利用太空方面国际合作至关重要的牢固的法律结构。这些代表团欢迎进一步遵守这些条约，并希望尚未批准或加入这些条约的国家考虑加入这些条约。委员会应当审查、更新和修改该五项条约，目的是加强太空活动的指导原则，尤其是保证太空的和平利用，加强国际合作和使航天技术为人类所利用的那些原则。可以在不影响空间活动现行法律框架的情况下谈判和缔结一项关于空间的综合法律文书。③

（二）天缘政治的多边磋商

天缘政治的多边磋商主要是通过目前唯一的全球性多边裁军谈判机构——"裁军谈判会议"进行。它的前身是 1962 年成立的"十八国裁军委员会"，1969 年被改称为"裁军委员会会议"。根据 1978 年举行的联合国大会裁军第一届特别会议的建议，又改称其为"裁军谈判委员会"，它取代设在日内瓦的其他谈判论坛，其中包括十国裁军委员会（1960 年），十八国裁军委员会（1962 年至 1968 年），以及

---

① 聂资鲁：《联合国和平利用外层空间委员会与国际法》，《法学杂志》2008 年第 6 期。

② 牛姗姗：《外层空间非军事化法律制度构建思考》，《江苏警官学院学报》2009 年第 24 卷第 6 期。

③ 《联合国和平利用外层空间委员会的报告》第五十三届会议，大会正式记录，第六十五届会议补编第 20 号（2010 年 6 月 9 日至 18 日），第 21—22 页。

裁军委员会会议（1969 年至 1978 年）。1984 年称之为"裁军谈判会议"（简称"裁谈会"）。其总部设在日内瓦，每年举行三次会议。天缘政治文明体系中的多边磋商经历了以下过程。

一是防止太空军备竞赛议题谈判的早期纳入。裁军谈判会议的职权范围几乎包括所有多边军控和裁军问题。太空武器化和军备竞赛的发展趋势早已引起国际社会的广泛关注，各种规制太空武器化和军备竞赛的建议与具体措施不断在裁军谈判会议上被提出。但实际情况却是随着航天技术的发展而不断得到强化，并进而出现了太空武器化的趋势，太空的潜在危机已从太空军事化转变为更为具体和迫切的太空武器化问题。[①] 冷战时期，国际社会指摘美、苏双方不应争相发展太空武器，而应展现政治诚意，共同承诺不发展、不试验和不部署太空武器，并在此基础上缔结一项全面禁止太空武器的协议。

自 1985 年起，裁军谈判会议下设立一个"防止太空军备竞赛特别委员会，简称特委会"（Prevention of An Arms Race at the Outer Space，PAROS)[②]，针对太空军备竞赛进行一般性的审议。[③] 主要包括以下三个方面：（1）有关防止太空军备竞赛的问题；（2）有关防止太空军备竞赛的现有协议；（3）关于防止太空军备竞赛的提案和未来倡议。[④] 但由于这一阶段国际社会在推动防止太空军备竞赛的努力过程中，裁军谈判会议东西集团壁垒分明，正是由于美国在此议题上大国主导的强势作为，导致裁军谈判会议无果而终。[⑤] 后来由于美

[①] 李滨：《国际裁军实践中的外空非武器化问题分析》，《国际观察》2010 年第 5 期。

[②] "Outer Space Militarization, Weaponization, and the Prevention of an Arms Race," Reaching Critical Will, http：//www. reachingcriticalwill. org/legal/paros/parosindex. html.

[③] Jing-dong Yuan, "Culture Matters：Chinese Approaches to Arms Control and Disarmament," in Keith R. Krause ed. , *Culture and Security：Multilateralism, Arms Control and Security Building*, London：Frank Cass, 1999, p. 111.

[④] Rhianna Tyson, "Advancing a Cooperative Security Regime in Outer Space," *Policy Brief*, May 2007, http：//www. gsinstitute. org/gsi/pubs/05 – 07 – space-brief. pdf; M. J. Peterson, *International Regimes for the Final Frontier*, New York：State University of New York, 2005; W. Henry Lambright, *Space Policy in the Twenty-First Century*, Baltimore：Johns Hopkins University Press, 2002, p. 161.

[⑤] 袁易：《重新思考外层空间安全：一个中国建构安全规范之解析》，《中国大陆研究》2009 年第 52 卷第 2 期。

国坚持反对将防止太空军备竞赛有关一般性问题的讨论与它重点关注的禁止裂变材料的生产议题相挂钩一并处理，1995 年"特委会"阶段性功能因而终止。[①]

二是防止太空军备竞赛议题谈判一度放缓。20 世纪 90 年代"裁军谈判会议"全力专注在《化学武器公约》（Chemical Weapons Convention，CWC)[②] 和《全面禁止核试验条约》（Comprehensive Test Ban Treaty，CTBT) 这两个条约的密集谈判工作上[③]，防止太空军备竞赛这个议题只能屈居于一个不太重要的位置上。[④] 随后，美国克林顿总统决定暂缓发展"战略防御计划"，国际形势趋向缓和，太空领域的军备竞赛态势减弱，国际社会原先担心的太空安全的存在性威胁没有如预期那样发展，从而暂时放缓了防止太空军备竞赛的谈判。[⑤] 由于多年来未能在"防止太空军备竞赛"议题上取得进展以及为了讨论其他裁军议题，从 1995 年起，裁军谈判会议一直未能重新建立相关特委会。因而，自此太空问题的焦点集中在要求裁军谈判会议重新设立太空特委会上。[⑥]

1995 年至 1998 年，防止太空军备竞赛议题只在裁军谈判会议年

---

① Bates Gill, *Rising Star*：*China's New Security Diplomacy*，Brookings Institution Press，March 2007，pp. 96 - 97.

② Alexander Kelle, Kathryn Nixdorff and Malcolm Dando, *Controlling Biochemical Weapons*：*Adapting Multilateral Arms Control for the 21th Century*，New York：Palgrave Macmillam, 2006.

③ Zou Yunhua, "China and the CTBT Negotiations," Center for International Security Cooperation，Stanford University，December 1998，http：//www. ciaonet. org/wps/yuzol/index. html；William S. W. Chang, "China and the Comprehensive Test Ban Treaty Negotiations," *Stanford Journal of East Asian Affairs*，Vol. 1，Spring 2001，http：//www. stanford. edu/group/sjeaa/journal1/china3. pdf.

④ Harold W. Bashor, Jr. , *The Moon Treaty Paradox*，Philadelphia, PA. ：Xlibris Corporation，2004.

⑤ Wendy Frieman, *China, Arms Control, and Nonproliferation*，London：Routledge，2004，pp. 123 - 124.

⑥ Guy B. Roberts，*This Arms Control Dog Won't Hunt*：*The Proposed Fissile Material Cut-off Treaty at the Conference of Disarmament*，Colorado Spring, Colo. ：USAF Institute for National Security Studies，2001；Bates Gill, *Rising Star*：*China's New Security Diplomacy*，Washington, D. C. ：Brookings Institutions Press，2007，p. 86.

会上进行过讨论，尽管有许多国家（包括中国在内）要求重新建立特委会，但没达成一致意见。从 1999 年起，裁军谈判会议实质上一直陷于瘫痪状态。其原因主要是美国代表坚持要求谈判缔结"禁产条约"，同时以防止太空军备竞赛"并不紧迫"为由，拒绝就此问题举行谈判。1999 年，有关国家再度向"裁军谈判会议"提出"关于重建防止太空军备竞赛特设委员会及其职权的决定草案"①。此时，中国与俄罗斯联手合作向"裁军谈判会议"提出一系列工作文件，形成一股新的诉求。②

三是重启防止太空武器化议题谈判的进展。自 2002 年以来，中国与俄罗斯多次联合多国推动法律解决太空军备竞赛问题。③ 在中、俄等国的推动下，2006 年 6 月，裁军谈判会议就太空问题进行了重点讨论，大多数国家明确表示同意在裁军谈判会议下设立适当的工作机制，就防止太空武器化问题开展实质性工作。只有美、日、英等极少数国家表示了异议，但由于美国等国的反对，裁军谈判会议仍然没有取得实质性的进展。因而，裁军谈判会议长期"谈"而无"（结）果"④。2008 年 2 月，中国与俄罗斯一道，向裁军谈判会议提交了"防止在太空放置武器、对太空物体使用或威胁使用武力条约"的草案。该草案曾遭到美国的抵制，但现在有一个值得关注的动向是，美

---

① Jean du Preez, A Ban on Fissile Material as an Objective of the NPT, http://cns. miis. edu/search97cgi/s97 _ cgi? action = View&VdkVgwKey = .. % 2F.. % 2Fcnsweb% 2Fhtdocs% 2Fpubs% 2Fionp% 2Ffissban. htm&queryzip = FMCT&Collection = CNS + Web + Site.

② Hui Zhang, "Action/Reaction: U. S. Space Weaponization and China," Arms Control Today, December 2005, http://www. armscontrol. org/act/2005 _ 12/Dec-cvr. asp; Hui Zhang, "FMCT and PAROS: A Chinese Perspective," International Network of Engineers and Scientists against Proliferation Bulletin, No. 20, http://www. inesap. org/bulletin20/bul20art06. htm.

③ 如在 2002 年，中、俄等七国联合向裁军谈判会议提交了《禁止在外层空间部署武器、禁止对外层空间物体使用或威胁使用武力的国际法律文书的要素》的议案；2003 年 2 月，中国配合俄罗斯召开外层空间问题讨论会，征求各国对中俄外层空间问题工作文件（CD/1679）的意见，并在裁军谈判会议第三期会议上共同散发"各方对 CD/1679 的意见汇编"，受到各方的重视；2003 年 8 月，中国宣布接受五大使修改方案，在工作计划问题上做出建设性努力，受到普遍好评。

④ 聂资鲁：《外层空间军备控制与国际法》，《甘肃政法学院学报》2007 年第 4 期，转引自论文网（http://www. lw23. com/paper_ 13295701/）。

国政府已表示同意进行太空问题的国际谈判①，这似乎表明相关的国际实践开始朝着积极的方向发展。②

虽然制定新的控制太空军备竞赛的国际法律文书的条件日益成熟③，但是，国际社会能否达成一项有关防止太空武器化的条约，最终取决于各国是否能够对太空非武器化问题达成政治共识。④ 国际裁军的实践表明，主要空间大国对于太空非武器化目标的实现，能够发挥决定性的作用。⑤ 太空非武器化的主要障碍来自美国。⑥ 在谋求绝对安全这一目标的驱动下，美国不断强化它在太空的防御能力，实现所谓的"不战而屈人之兵"的军事策略。美国的实践被认为是企图在太空建立霸权，遭到中、俄等世界上绝大多数国家的反对。⑦ 但是，美国绝不会轻易放弃已经形成的太空军事优势。以全面禁止一切太空武器，即以禁止试验、生产、安放、部署和使用一切空间武器并销毁现有的空间武器为主要内容的国际条约的达成，将是一项复杂而艰巨的任务。⑧ 正因为如此，可以在从事谈判一项国际多边的禁止一切空间武器条约的同时，考虑在已有的某些协议的基础上，谋求其他可能和可行的对空间武器加以某些限制的办法和措施。⑨

①　吕德胜：《国际军控与裁军形势正在回暖——访中国军控与裁军协会副秘书长滕建群》，《解放军报》2009 年 5 月 17 日第 4 版。

②　李滨：《国际裁军实践中的外空非武器化问题分析》，《国际观察》2010 年第 5 期。

③　聂资鲁：《外层空间军备控制与国际法》，《甘肃政法学院学报》2007 年第 4 期，转引自论文网（http：//www. lw23. com/paper_ 13295701/）。

④　盛红生、曹莉、曾蕾：《国际裁军与裁军初探》，《武汉大学学报》（哲学社会科学版）1995 年第 1 期。

⑤　中华人民共和国国务院新闻办公室：《中国的军控、裁军与防扩散努力》（2005 年 9 月），《人民日报》2005 年 9 月 2 日第 10 版。

⑥　王君：《防止外空武器化问题及前景评估》，《现代国际关系》2002 年第 12 期。

⑦　Frank A. Rose, "Challenges in Europe：Remarks at the 6th International Conference on Missile Defense," http：//www. state. gov/t/vci/rls/137991. htm.

⑧　卢敬利：《俄美外长为签署核裁军条约铺路》，http：//news. xinhuanet. com/world/2010－03/20/content_ 13209670. htm.

⑨　贺其治：《加强制止外空军备竞赛的法律措施》，《国际问题研究》1984 年第 4 期。

（三）天缘政治的立法审议

天缘政治的立法审议主要通过联合国大会及其第一、第四委员会进行。联合国大会是联合国的主要审议机构，每年9月至12月集中举行常会，其后的会议则根据需要而定。联合国所有会员国都派代表参加大会会议，每个国家不论贫富、不分大小，都有一票表决权。联合国第一委员会（裁军与国际安全委员会）处理裁军和有关的国际安全问题，对有关裁军和国际安全的议程开展实质性工作。① 联合国第四委员会（特别政治和非殖民化委员会）处理其他委员会或全体会议不处理的各种政治问题②，包括协商促进各国和平利用太空事宜。③

第一，太空国际立法的现有成果。相关各国通过联合国大会、第一及第四委员会就相关议题发表意见或提出建议，并以决议草案的形式提交联合国大会，待通过后可成为正式决议。④ 联合国大会通过了一系列以探索和使用太空为主的决议、原则和宣言来作为各国遵循的准则。⑤ 只是这些决议案没有法律强制性，只具备推动相关议题促进发展的象征作用。⑥ 冷战期间，由于技术和政治的原因，联合国大会通过了一系列相关的太空国际公约，确立了太空安全的基本法律原则

---

① 如第一委员会在2009年10月1日，星期四举行了组织会议，审议该委员会2009年拟议工作方案和时间表。

② 田曾佩主编：《改革开放以来的中国外交》，世界知识出版社1993年版，第546页。

③ United Nations, http://www.un.org/documents/resga.htm.

④ Glenn H. Reynolds and Robert P. Merges, *Outer Space : Problems of Law and Policy*, Boulder, CO. : Westview Press, 1997, chapter 3; David P. Barash, *The Arms Race and Nuclear War*, Belmont, CA. : Wadsworth Publishing Co., 1987, p. 220; Walter A. McDougall, *The Heavens and the Earth: A Political History of the Space Age*, Baltimore: Johns Hopkins University Press, 1985, 1997, p. 368.

⑤ 自20世纪80年代以来，有关防止外层空间军备竞赛的决议案，付诸表决的记录显示，每次均获得高票通过的一致同意，弃权反对国始终只有美国和以色列。

⑥ 有关soft law，请参阅 Friedrich V. Kratochwi, *Rules, Norms, and Decisions: On the Conditions of Practical and Legal Reasoning in International Relations and Domestic Affairs*, Cambridge: Cambridge University Press, 1989, pp. 200 – 205.

与规范共识。① 天缘政治文明体系中的国际立法现有成果主要表现为：联合国 1967 年通过的《关于各国探索和利用包括月球和其他天体在内太空活动的原则条约》（Treaty on Principles Governingthe Activities of States in the Exploration and Use of Outer Space, including the Mood and Other Celestial Bodies），简称《外层空间条约》。② 《外层空间条约》确立了太空是属于所有国家所共有的基本原则③，强调各缔约国在太空的活动应遵守国际法和《联合国宪章》，保证月球和其他天体绝对用于和平目的，以维护国际和平与安全；各缔约国不得在绕地球轨道、天体或太空部署核武器或任何其他种类的大规模杀伤性武器；禁止在天体上建立军事基地、军事设施和防御工事及试验任何类型的武器和进行军事演习；各缔约国对太空进行的研究与探测，应避免使其遭受有害污染和防止地球环境发生不利变化。④

　　联合国通过的涉及太空安全的条约，还有 1968 年的《营救宇宙航行员、送回宇宙航行员和归还发射到外层空间的物体的协议》（The Agreement on the Rescue of Astronauts, the Return of Astronauts and the Return of Objects Launched into Outer Space），简称《营救公约》⑤，1972 年的《空间物体造成损害的国际责任公约》（The Convention on

---

① 其中包括：（1）1963 年各国探索和使用外空活动的法律原则宣言；（2）1982 年各国使用人造地球卫星进行国际直接电视广播所应遵守的原则；（3）1986 年关于从外空遥控地球的原则；（4）1992 年关于在外空使用核动力源的原则；（5）1996 年关于开展探索和使用外层空间的国际合作，促进所有国家的福祉和利益，并特别考虑发展中国家的需要的宣言；（6）1999 年空间千禧年：关于空间和人类发展的维也纳宣言，等等。

② "Treaty on Principles Governing the Activities of States in the Exploration and Use of Outer Space, including the Moon and Other Celestial Bodies," United Nations, Office for Outer Space Affairs, http://www. unoosa. org/oosa/en/SpaceLaw/outerspt. html.

③ United Nations Office for Outer Space Affairs, http://www. unoosa. org/pdf/publications/STSPACE11C. pdf; Thomas Graham, Jr. and Damien J. LaVera, *Cornerstones of Security: Arms Control Treaties in the Nuclear Era*, Seattle: University of Washington Press, 2003, pp. 34 – 40.

④ Bin Cheng, *Studies in International Space Law*, Oxford: Clearendon Press, 1997, pp. 244 – 245.

⑤ "Agreement on the Rescue of Astronauts, the Return of Astronauts and the Return of Objects Launched into Outer Space," United Nations Office for Outer Space Affairs, http://www. unoosa. org/oosa/en/SpaceLaw/rescue. html.

International Liability for Damage Caused by Space Objects），简称《责任公约》①，1972 年美苏所签订的《美苏关于限制反弹道导弹系统条约》（Treaty between the United States of America and the Union of Soviet Socialist Republics on the Limitation of Anti-Ballistic Missile Systems），简称《反弹道导弹条约》（这一条约因美国的退出，现已失效），1975 年《关于登记射入外层空间物体的公约》（The Convention on Registration of Objects Launched into Outer Space），简称《登记公约》② 等重要辅助性条约。1979 年通过《指导各国在月球和其他天体上活动的协定》（The Agreement Governing the Activities of States on the Moon and Other Celestial Bodies），简称《月球协定》。③ 但由于该协定的实际批准国不多，特别是几个主要太空大国最终均未加入，其效力大打折扣。

第二，太空国际立法的现实努力。由于现有的具有太空国际法性质的相关条约并没有禁止在太空部署大规模杀伤性武器以外的常规武器，也未涉及对太空物体使用或威胁使用武力问题等严重的漏洞和缺陷，天缘政治文明体系中的国际立法急需国际社会积极推动制定防止太空武器化和军备竞赛的法律文书。为此，早在 1981 年第三十六届联大上，苏联就曾倡议并在该届联大通过《防止外层空间的军备竞赛决议》。④ 其后，以埃及和斯里兰卡主导的“防止太空军备竞赛”（Prevention of An Arms Race in Outer Space）“联合国大会”决议案则成为年度性仪式，这个决议案强调全人类和平利用太空的共同利益，重申防止太空军备竞赛的重要性和紧迫感，并呼吁所有国家特别是拥

---

① "Convention on International Liability for Damage Caused by Space Objects," United Nations Office for Outer Space Affairs, http：//www. unoosa. org/oosa/en/SpaceLaw/liability. html.

② "Convention on Registration of Objects Launched into Outer Space," United Nations Office for Outer Space Affairs, http：//www. unoosa. org/oosa/en/SORegister/regist. html.

③ "Agreement Governing the Activities of States on the Moon and Other Celestial Bodies," United Nations Office for Outer Space Affairs, http：//www. unoosa. org/oosa/en/SpaceLaw/moon. html.

④ 马新民：《国际外空立法的发展与我国的外空政策和立法》，《中国航天》2008 年第 2 期。

有强大太空能力的国家做出贡献。从 1998 年起，中国与俄罗斯联合连续提出议案"保留及遵守反弹道导弹条约"（A Preservation of and Compliance with ABM Treaty），呼吁美国不要部署导弹防御系统，并敦促美国继续遵守对该条约的承诺。①

由于美国 2006 年太空政策带有明显的空间霸权和单边主义性质，这在一定程度上意味着美国太空武器化政策的公开化，引发新一轮的空间军备竞赛，加速太空军事化的进程。② 当年，中国与俄罗斯、白俄罗斯等国提交议案"外层空间活动中的透明度和建立信任措施"（Transparency and Confidence-Building Measures in Outer Space）来呼应裁军谈判会议稍早的相关辩论，这一提案重申建立信任措施作为有助于防止太空军备竞赛目标手段的实现。③ 2010 年 2 月，在美国卫星与俄罗斯卫星的碰撞引发世人关注一年后，来自世界各地的太空问题专家在联合国大会上探讨如何解决"游荡"在地球轨道周围的太空碎片所引发的威胁。④ 联合国官员们提议建立一套国际空间交通管理系统，跟踪和管理飞行器的运动，确保不发生碰撞事故。⑤

第三，太空国际立法的理论思考。联合国大会及第一、第四委员

---

① United Nations, Official Documents System of the United Nations, http：//daccess-dds. un. org/doc/UNDOC/GEN/N00/231/83/PDF/N0023183. pdf？ OpenElement，http：//daccessdds. un. org/doc/UNDOC/GEN/N00/561/37/PDF/N0056137. pdf？ OpenElement，http：// daccessdds. un. org/doc/UNDOC/GEN/N01/477/49/PDF/N0147749. pdf？ OpenElement.

② 马新民：《国际外空立法的发展与我国的外空政策和立法》，《中国航天》2008 年第 2 期。

③ United Nations, Official Documents System of the United Nations, http：//daccess-dds. un. org/doc/UNDOC/GEN/N06/498/93/PDF/N0649893. pdf？ OpenElement.

④ 科学家认为，目前，约有 1. 9 万块大于 4 英尺的外空碎片围绕着地球轨道做着高速运转；还有超过 50 万块比邮票还大的外空碎片存在于茫茫外空中；而小粒子可能有几千万个。保守的估计是，外空碎片数量在 5000 万以上，平均每立方公里的空间里已有 10 块以上的碎片，外空几乎成为一座人类的垃圾场。此外，它们对正在运行的卫星也构成了威胁。碎片可以每秒数万千米的速度飞行，若碎片与碎片相遇，会催生几何级数的相撞，再爆炸性地生产更多的碎片，如同核裂变装置里所发生的"链式反应"一般。如果任其漂浮，外空垃圾将在轨道上存在上万年。

⑤ 刘霞：《联合国拟设"太空交警"应对太空碎片威胁》，新华网，2010 年 2 月 11 日。

会、和平利用外层空间委员会和裁军谈判会议作为太空和平探索、利用话语的倡导者和转化场所，具有全球性的战略意义。但由于现实中和平利用外层空间委员会、裁军谈判会议和联合国大会仍然各司其职，其相互协调不足的问题日益凸显。[①] 国际社会希望通过联合国系统内上述三机构在太空领域进行持续而有效的磋商与协调，以便确保更有效率地整合联合国系统的有限资源。为此，和平利用外层空间委员会似可承担议题倡设的功能，并与裁军谈判会议，联合国大会及第一、第四委员会建立适当的、切实可行的合作机制；[②] 裁军谈判会议则承担谈判和缔结防止太空武器化和军备竞赛法律文件的功能；[③] 联合国大会及第一、第四委员会则是这一法律文件审议生效、核查维护的最权威场所。

要千方百计地推进太空和平探索、利用就应积极推动天缘政治文明体系的结构整合和功能强化。联合国太空安全谈判机制对天缘政治文明建设起着不可或缺的权威建构作用。联合国太空安全谈判机制的整合强化应发挥和平利用外层空间委员会（COPUOS）的议题倡设，裁军谈判会议的谈判缔约，联合国大会及第一、第四委员会的立法审议功能。为此，联合国和平利用外层空间委员会是凝聚安全共识，深化安全议题探讨，倡导太空安全辩论的重要机构。它应根据航天技术的发展和太空安全形势的变化，倡议探讨并加快完善和发展相关法律制度，弥补现行法律制度的不充分性和不明确性。[④] 联合国裁军谈判会议是太空军备控制多边谈判的最佳场所。裁军谈判会议应强化太空安全方面问题的讨论，尽快缔结一项有效的国际法律文书。联合国太空安全谈判机制中的立法审议主要通过联合国大会及其第一、第四委员会进行。联合国大会及第一、第四委员会应重视太空安全的立法审

---

① 李滨：《国际裁军实践中的外空非武器化问题分析》，《国际观察》2010 年第 5 期。

② 侯权峰：《国际太空法的基本原则》，《问题与研究》2003 年第 42 卷第 5 期。

③ 《美军太空战机试飞专家称中国应避免落后》，香港《文汇报》2010 年 4 月 21 日，中国新闻网，2010 年 4 月 21 日由葛冲转发。

④ 牛姗姗：《外层空间非军事化法律制度构建思考》，《江苏警官学院学报》2009 年第 24 卷第 6 期。

议，加强对国际社会发展、部署、使用空间武器的监督和核查机制建设；① 并尽快领导建立全球共享的太空监视系统，以增加太空安全国际合作。② 与此同时，由于国际外层空间法的规定大都比较原则，其实施常常需要国内法作为中介和补充③，各国应加强关于太空的国内立法。

天缘政治的实践建构和持续进化是在空间主体安全互动过程中实现的，这一历史进程同样是由生产力决定生产关系，经济基础决定上层建筑这一规律支配和制约的。冷战时期，美苏之间的航天技术竞赛一度使太空物质权力结构达到了某种"脆弱的平衡"，尽管以相互威慑为基础的安全关系本质上是一种消极的政治妥协，但一方航天技术的暂时难以突破，又害怕对方突破的这一考量，使得美苏建立起了一系列旨在维持太空两极霸权格局的双边和多边机制。然而，这些机制安排缺乏切实有效的规范认同，随着技术的变革与扩散，这些机制难以为继。正如莫尔茨所说，"由于行为体数量日益增长，而近地空间资源有限性愈发凸显"，以太空军备竞赛为实质的"冷战式"国际安全机制的"运转越来越失灵"④。当前，太空的军事化困境日益深化，构建国际安全合作机制的努力举步维艰。从本书的分析框架可以看出，到实践中找答案，首先要抓住太空安全互动中的主要矛盾，增强自身的空间实力，平衡来自美国的安全威胁压力，团结一切国际力量，推进反对空间武器化和军备竞赛的努力。其次要善于把握机遇，积极参与太空活动行为准则的制定，并相机而动，为我所用。最后，通过太空特定资源管理机制的建构，积极探索太空共存共生，合作共

---

① 仪名海、马丽丽：《推进外层空间军备控制发展的必要途径》，《中国海洋大学学报》（社会科学版）2008 年第 6 期。

② Detlev Wolter, "Common Security in Outer Space and International Law: A European Perspective," p. 19.

③ 王孔祥：《国际外层空间法和国内外层空间法的关系》，《中国航天》2006 年第 11 期。

④ James Clay Moltz, *Asia's Space Race: National Motivations, Regional Rivalries, and International Risks*, New York: Columbia University Press, 2012, p. 218.

赢的开发利用方式。

三　天缘政治的履约成本[*]

太空军备控制是指在太空安全互动中对太空武器及其相关设施、相关活动或者相关人员进行约束，它既包括通过国际协定或条约进行的控制，也包括不存在条约以及未宣布的军备控制。太空军备控制机制对于促进太空安全合作的实现具有十分重要的作用，其建构和持续存在，急需一种有形或无形的核查方式作为对对方合理预期的保证。但在现实操作层面，由于技术、权力结构、国家意图等方面的歧义，太空军控核查与普遍履约使得成本费用较高，效费比相对较低。

效费比（相对较低）：E = X/F = 效益（难确定）/费用（较高）

因此，在积极推进太空国际军控的过程中，应考虑尽快就防止太空武器化和军备竞赛达成法律文书，暂时搁置核查问题，待条件成熟后再增加核查议定书。

（一）履约的政治成本

在一个集团范围内，集团收益是公共性的，即集团中的每一个成员都能共同且均等地分享它，而不管他是否为之付出了成本。……集团收益的这种性质促使集团的每个成员都想"搭便车"而坐享其成。集团越是大，分享收益的人越是多，为实现集体利益而进行活动的个人分享的份额就越小。所以，……理性的人都不会为集团的共同利益采取行动。①

---

* 本节内容以"外层空间军控核查与普遍履约的效费比分析"为题发表于《求索》2014 年第 1 期。

① ［美］曼瑟尔·奥尔森：《集体行动的逻辑》，陈郁、郭宇峰、李崇新译，上海三联书店 1995 年版，第 4—5 页。

　　这种客观存在的集体行动的逻辑困境，在当前太空军备控制中体现得尤为明显。在太空安全领域，由于各国谋求自身在太空利益的最大化与人类共同利益理念追求之间的矛盾，国家间的安全合作有限，太空安全态势堪忧。

　　太空作为全球五大公域之一，具有极为重要的政治、军事等资源，而随着科技的进步和扩散，越来越多的国家开始参与到探索和利用太空的活动中（见图 5 - 1）。而截至和平利用外空委员会第五十六届会议，和平利用外空委员会的会员国已达 74 个，加上此次会议新增加的白俄罗斯和加纳，目前该委员会已有 76 个会员国。太空中的各种设施也逐年增加，尤其是近年来，各种卫星数量激增，太空的安全问题越来越突出（见图 5 - 2）。

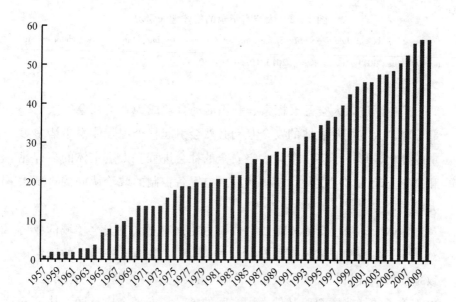

图 5 - 1　参与太空活动的国家、政府及团体数量

资料来源：*National Security Space Strategy Overview Briefing*，http：//www.defense.gov/home/features/2011/0111_ nsss/，2013/10/20 15：30.

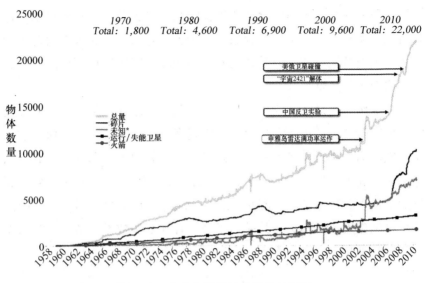

图 5 - 2　太空有记录的物体增长情况

资料来源：*National Security Space Strategy Overview Briefing*，http：//www. defense. gov/home/features/2011/0111_ nsss/，2013/10/20 15：30.

　　当各国进入太空开展探索、利用活动日益成为人类社会实践的一部分时，太空相关主体的安全互动必然会引起整个国际体系中诸多参量的变化，形成了多样参与太空安全的社会进程。太空主体的多样化和安全互动的多层次化，使得达成太空军备控制的政治认同的难度大大增加。

　　集体行动的逻辑困境需要有效权力的化解。太空安全领域的权力对国际军备控制起着不可或缺的建构作用。"联合国安理会的团结一致是任何核查机制成功的关键。"① 但在太空军备控制的核查问题上，由于美国的战略意图跟其他大国之间的歧义，安理会成员间的协商一致很难达成。美国太空的国家安全战略的战略目标之一，是提供美国国家安全的战略优势，为实现这一目标，美国认为，应保持太空的自

――――――――――

　　① 美国卡内基国际和平基金会研究报告：《普遍履约：全新的核安全战略》，中国军控与裁军协会译，世界知识出版社 2005 年版，第 63 页。

卫能力，而不应一味强调禁止太空武器，太空的军备控制应关注行为而不是能力，这与中国、俄罗斯、21国集团等大多数国家所坚持的"禁止在太空部署武器"的立场相矛盾，导致联合国裁军谈判会议关于太空军备控制这一议题一直不能达成有效协议，因而关于太空军备控制的核查问题自然也无法进行。即使在个别问题上，经过讨价还价、反复磋商，形成了相互妥协，但安理会的决心并不容易保持。与此同时，太空安全秩序的整合强化应发挥和平利用外空委员会的议题倡设，裁军谈判会议谈判缔约，联合国大会及第一、第四委员会立法审议功能，加强太空国际立法，同时促进各国太空国内立法。但时至今日，联合国和平利用外空委员会，联合国裁军谈判会议以及联合国大会，第一、第四委员会并没有构成太空安全秩序的议题倡设、共识谈判和国际立法这样一个环环相扣、互相配合的有机体系。甚至在和平利用外空委员会内部，有代表提出和平利用外空委员会应关注太空的开发和利用，而不应参与到与太空军备控制相关的问题里，此类议题应交由裁军谈判会议等专门的裁军委员会讨论。这一提议若获得通过，将削弱和平利用外空委员会在太空军备控制和核查问题上的地位，使裁军谈判会议关于太空的裁军谈判任务更加艰巨。

此外，在太空国际安全合作方面，因为太空军备控制是典型的高政治领域，在核查方面的容忍、配合尤其困难重重。在政治方面，核查涉及对一国先进技术和敏感军事信息的保护问题。特别是现场视察具有很强的入侵性，有太空能力的国家不会允许其他国家人员视察其实验室或在其发射场常驻（能力相当的国家之间除外）。此外，目前只有极少数国家掌握卫星遥测技术，它们很可能不愿与其他国家共享其"国家技术手段"；而后者也不会同意把多数国家尚不掌握的技术作为核查手段。在航天技术多个领域占据优势地位的美国，极其注重其航天技术的保密性，有极为苛刻的技术出口控制标准，美国军需控制清单（USML）和商务部管制清单（CCL）关于航天技术的控制涉及特别用途的卫星、地面设备、元件、特定服务、GPS接收器、雷达控制系统等方方面面。这个事实反映出，虽然美国一再强调要建立太空安全的互信和透明机制，但实际上美国并不可能对外公开其先进的航天技术，尤其是军事领域的航天技术，这就意味着对美国太空军备控制的核查十分困难，也意味着让美国提供核查的技术和手段几近不可能。而作为航天技术实际的领导者，美国对待太空军备控制和核查的态度，将在很大程度上为其他国家提供示范，在"对太空军备控制核查的不合作"这一行为上，如果美国率先选择，将为其他国家提供"选择不合作行为"的搭便车机会，而不必担心成本问题，如此一来，太空军备控制的核查将难以有效展开。联合国相关机构在核查方面的合法性较易获得，但其作为国际组织对于太空军备控制这样涉及先进、敏感技术的领域，往往缺乏应有的技术能力和手段。像国家技术手段一类，很明显，它又主要集中在美国这样的太空强国之手，其有效性又被其他国家的高度存疑所削弱。因为美国确实很容易凭借其航天技术优势，借核查之名，侵犯他国的合法权益，甚至干涉别国内政。

（二）履约的技术成本

通过太空国际军备控制来寻求解决矛盾的关系安排时，核查机制尤为关键。太空军备控制的核查机制是指机制成员国负有义务，允许国际机构或他国以一定方式和技术手段，从太空或其他境太空对本国太空设施和太空活动是否遵守军控要求进行监督、检查，在一定条件下，也包括允许国际机构或其他国家相关机构人员对本国太空设施进行国际监督和检查，以确保履行相关国际义务的制度。在相关国家选择参与太空安全互动的过程中，太空军控核查机制的保证效度，从某种程度上决定着太空军备控制的持续进化能力的大小。分析太空军控核查方式及其标准，既可正确把握太空军备控制的基本特征，也可现实地探讨太空军备控制合理、有效推进的路径。任何核查工作都必须让核查对象相信，如果不履约将会出现怎样的后果。

核查措施可以包括：公开信息分析；国家宣布；陆基观测太

空物体；空中观测太空物体；太空物体自身携带探测器进行连续探测；现场核查；谈判条约的各方需首先同意核查的义务及所需的信任程度。……技术方面，太空核查措施涉及监测、跟踪和定位等前沿技术，现阶段尚不具备充分的技术条件来建立有效的国际核查机制。[①]

以往的军备控制实践表明，在军备控制中，限制的基准通常是相关系统和物项的内在能力而不是其验证过的能力。从国际军控机制来说，如果等到某个国家通过试验或实战证实其拥有某一武器能力，那么军备控制就失去了应有的预警作用。特别是像航天技术这样的高精尖技术，一旦被掌握，即使通过国际军控谈判，限制其发展或部署，但拥有技术的一方在实质上仍然对未掌握此类技术的一方构成战略压力，因此这种军控安全格局很难持续存在，国际安全就会蒙上挥之不去的阴影。然而，在太空军备控制与核查方面，这一共识却难以达成。欧盟在 2010 年 10 月于布鲁塞尔公布的《外层空间活动指导规范草案》(*European Union's Draft Code of Conduct for Outer Space Activities*)中强调，太空活动所应遵循的一个基本原则是确保"主权国家固有的自卫和集体自卫权力"，它所建议的四个具体措施分别为太空活动通告、太空设施登记、太空活动信息共享以及建立协商机制。该草案反映出，欧盟不反对一国掌握太空军事技术和能力，认为太空军备控制及核查的重点在于一国行为，即验证过的能力，而非其内在能力。美国对此也表示赞同，并积极寻求与欧盟的合作以期能使上述立场在国际上得以确立。[②] 太空领域的两大行为体欧盟和美国，在太空军备控制与核查方面所持的与以往军备控制实践经验完全背离的观点，使太

---

① 《中国、俄罗斯代表团联合向裁军谈判会议提交的关于"防止外空军备竞赛的核查"的工作文件（CD/1781）》，中华人民共和国外交部网站（http：//www.fmprc.gov.cn/mfa_chn/ziliao_611306/tytj_611312/zcwj_611316/t309185.shtml）。

② 参见 *FACT SHEET：International Code of Conduct for Outer Space Activities*，美国国防部，2012 年 1 月。

空军备控制与核查面临着徒有军控其表，而无军控其实的危险。

与此同时，航天技术本质上是军民两用技术，因此，很难根据太空相关系统和物项的内在能力而不是其验证过的能力，来设定国际军备控制的标准。譬如，美国已三次成功试飞的 X - 37B 轨道试验飞行器，其强大的军事潜力使之成为控制太空的撒手锏和军备竞赛的催化剂。X - 37B 项目在启动之初，就有美国空军的参与。在项目最初的 17300 万美元的启动资金中，美国空军为其拨款 1600 万美元，用于"未来军用航天器的太阳能列阵和姿势控制技术"的研究开发。X - 37B 从其投资者本身来说就脱离不了军用技术的范畴。而 X - 37B 本身所具有的在地球 110—500 千米的低轨道持续航行 270 天，并往返地面与太空的能力，使其对大多数低轨卫星具有现实威胁。但美国欲掩人耳目，反复强调它只是继航天飞机退役后可重复使用航天器接力者和空天机动飞行器的试验样品。针对此，在现有太空国际法框架下，国际社会确实对此无能为力。关键在哪里？那就是赞成军备控制者该怎样认定美国 X - 37B 是太空武器，标准何在的问题。由此导致的太空安全互动两难困境，从一定程度上说是造成当前太空军备控制踌躇不前的重要原因之一。在 2008 年中国与俄罗斯联邦向裁军谈判会议提交的《防止在外空放置武器、对外空物体使用或威胁使用武力条约（草案）》（PPWT）中，将"在太空武器"定义为："位于太空、基于任何物理原理，经专门制造或改造，用来消灭、损害或干扰在太空、地球上或大气层物体的正常功能，以及用来消灭人口和对人类至关重要的生物圈组成部分或对其造成损害的任何装置。"虽然草案对"在太空武器"进行了明确定义，但由于美国等少数国家的反对，草案并未获得批准，也就不具备正式的法律效用，因而，目前国际上仍然不存在普遍接受的关于太空武器的定义，进而导致对太空武器认定的标准也难以达成一致，太空军备控制与核查也就失去了立足点。所以，积极推进太空国际军备控制，就亟须准确把握太空军备控制权力建构的实质，探讨核查机制的建立和完善，实现太空合作安全，以确保太空的和平开发利用与世界的安全稳定。

（三）履约的收益成本

太空军控核查机制要跟得上航天技术发展的步伐，核查机构就必须有足够的能力和资源，包括建立国际卫星监测机构；建立和平卫星（PAXSAT）体系，通过天基遥感监测进行核查，建立国际观察团进行现场核查等措施。从这些核查措施来看，确实，太空核查机制可能带来的经济难题不容忽视。如建立类似PAXSAT这样的核查系统将需要数十亿美元。和平卫星（PAXSAT）体系是加拿大在20世纪80年代中期提出的一个核查概念，分为PAXSAT A和PAXSAT B两部分，分别指利用太空设施和利用地面设施对地球轨道中的设施进行功能核查，以落实太空军备控制的相关规定和协议。PAXSAT至少需要四颗卫星，包括两颗低轨卫星、一颗中轨卫星及一颗地球同步卫星，另外还需要诸多配套的地面控制和接收设备，光是硬件基础，就需要很大一笔投资，还有人员、维护等诸多费用，PAXSAT的成本十分高昂。这些费用如何筹集，核查体系由谁负责，向谁负责等问题制约了PAXSAT体系的建立，其他类似核查机制的建立也面临着同样的问题。

同时，国际观察团在进行现场核查中，不受限制地接触科学家和进入现场并分享从许多国家得到的情报。这是任何核查机制要取得成功的关键。但因为国家安全是国家利益的核心所系，在高度复杂敏感的航天技术方面，要保证核查人员能真正到达一国境内的可疑地点和接触有价值情报的人，往往容易与其主权相冲突，因此，很难做到，甚至可以说，在一定情况下，这可能已不是一个技术问题，而是一个敏感的政治问题。所以，国际观察团对太空军备控制的核查要取得实质性的成果，将依赖于各国在政治上给予充分理解和配合，为国际核查机制提供必需的政治资源，确保核查能够有效进行。对于相关国家来说，将付出一定的政治成本，而因此是否能在国际上获得相应的政治信誉和回报，则依赖于其他国家是否同样愿意为核查支付政治成本。如果核查机制能够长期存在，根据博弈理论，各国能够预期，暂时的让步会获得长久的收益。然而困境在于，如何确保核查机制能够长期存在。当博弈反复进行时，各国选择合作才能够获得收益，因而各国才有选择合作的动机；但是博弈反复进行，又需要各国在第一轮均选择合作才能出现，而第一轮的合作并不会为各国带来收益，所以各国都没有动机选择合作。即机制运作起来则可以通过机制的自我激励而获得长期动力，但是关键的推动机制运行的原始动力却不能自主产生。所以，原始动力需要由一个领导者，或者领导集团来提供，其他的国家则可以搭便车，推动机制的自主运行。领导者或领导集团是否愿意率先提供政治资源，承担政治成本，使太空军备控制与核查机制能够有效运作起来，为其他国家提供相关核查标准这一公共产品，是太空军备控制与核查能否建立并运行的关键。目前看来，太空军事设施和技术的领导国美国并无意提供这样的公共产品，也无意首先提供政治资源，承担政治成本。

就太空军控核查所需的经费支持和资源保障层面而言，最主要还是依赖于机制成员国的积极参与和有序提供。面对太空军控核查机制，主权国家在参与问题上，一定的"利"和"害"都是主权国家考虑和政策选择的最重要驱动力，并成为其考虑的核心内容。主权国家所考虑的这种收益与成本是由太空军控机制所规定的，因为任何一个太空军备控制的准则、规则和决策程序中都包含了一定的权利和义务，参加机制就意味着接受这种形式的收益与成本。但当前的美国为了追求所谓的绝对安全，便臆断地认定，准备太空战比合作性地和平利用太空以及竞争性地和平利用太空都更为合算。因此，美国根本不愿意为太空军备控制包括核查在内的任何活动，提供切实的经费和资源支持，反而大力投资于其导弹防御体系，破坏国际社会的互信，推动太空军事化进程。2013 年 9 月 12 日，美国导弹防御局负责人詹姆斯·D. 叙林（James D. Syring）在给国会议员的信中写道，导弹防御局正在进行一项研究，考察美国东部五个地区作为新的导弹防御基地的可操作性。虽然由于预算等原因，近期该机构还未打算在这些地方兴建导弹防御基地，但其扩展导弹防御基地的意图已经很明显，可以预见，美国在未来将会继续发展导弹防御系统，以获得所谓的"绝对安全"。作为全球头号强国的这一消极举动，不但使急需经费和资源支持的核查活动难以开展，而且由此带了一个十分负面的"头"，严重打击了他国的国际军控积极性和热情。

另外，为保证持续地监督现有运行中太空设备是和平的而不是变化中的战争利器，也需要相应的资金和技术支援。这种成本因其长期性而愈发巨大。为了防止恐怖主义分子盗用太空设施来用于恐怖袭击，除了确保各国太空设备的安保能力外，提高其防扩散能力也需要大量的经费和资源投入。太空军备控制将在一定程度上改变国家的外部安全环境，甚至影响到太空国际关系的格局。因此收益成本中还应当包括参加核查机制所带来的维持成本。譬如，在一个国家太空相关物项的出口管制中，不仅是行政许可方面的成本，对于有些未在触发清单内的物项的出口，为了履行核查机制的保证要求，该国相关机构还须核实出口物项在国外的最终用户和最终用途，这显然会增加其成本。因此，切实落实太空军控核查机制，反对太空武器化和军备竞赛，不是纯粹的政治宣示和口头承诺就可以实现的，还需要相关国家提供必要的经费和资源保障。

正是由于太空军备控制的核查机制建构存在上述政治、技术和经济等方面的困难所导致的成本高企，效费比相对较低，因此，中国、俄罗斯代表团联合向裁军谈判会议提交的关于"防止太空军备竞赛的核查"的工作文件在最后结论部分，指出可能的选择是"当前最重要的是以法律承诺和法律文书的形式达成共识，防止太空武器化和军备竞赛。为使这一共识早日达成，目前似宜暂时搁置核查以及其他可能有争议的问题。随着科技的进步，待今后条件成熟时，可考虑为条约增加核查议定书"。并且强调，对核查问题"还可从另一个角度来看。1967 年《外层空间条约》尽管没有核查机制，但仍重要且有效。然而，1967 年《外层空间条约》有一个严重漏洞，即未涵盖大规模杀伤性武器以外的武器。目前，缔结一项新的外层空间条约以弥补这一漏洞的努力正在进行。新的条约如果有可靠、有效的核查机制最为理想。但按照 1967 年《外层空间条约》，新的外层空间条约即使没有核查条款，也能发挥其作用"。该文件呼吁国际社会认真、清醒地看待这一问题，"新外层空间条约的核查问题十分复杂，涉及很多因素，值得各方进一步认真探讨和考虑。"①

四　天缘政治的持续进化*

随着人类自然探索技术的不断发展，各国在非排他性的公共领域中出现越来越多的交流互动，如何在这些活动中协调各方的关系与利益，成为国际政治中一项新的重要课题。全球公域具有公共性，又在一定程度上呈现出资源稀缺性，其治理问题对于国际社会的稳定与安全有着重要意义。太空是这种全球公域的典型代表。考虑到太空的战略重要性，太空军事化和军备竞赛的脚步几乎自人类初探太空起便未曾停歇。尽管冷战时期国际社会在美苏两国主导下达成了一系列旨在规范太空活动的条约与协议，如《部分禁止核试验条约》和《外层空间条约》等，但这些约定往往强制性和普遍效力不足，行之有效的太空安全机制仍然未能成形。复合建构主义摒弃了传统的"物质"与"观念"的二元对立，强调"在不同的观念结构与不同的物质结构之耦合形态下，行为体会选择或适应不同的社会化方式，内化不同的体系规范，从而建构和强化不同的偏好取向"。具体而言，影响体系进程向冲突或是合作转化的关键性社会条件在于物质层面上的暴力受控程度，以及观念层面上的政治认同度。在此，笔者以马克思主义的宽广视野，将技术变革与扩散这一外部变量纳入分析框架之中，通过"技术—权力—观念"的有机互动来深入探讨太空安全机制变迁的内外部因素，并对复合建构主义的逻辑结构加以补充和拓展。笔者试图

---

　　* 本节部分内容以"外层空间安全治理体系和治理能力的实践建构与持续进化"为题发表于《国际观察》2015 年第 3 期。
　　① 《中国、俄罗斯代表团联合向裁军谈判会议提交的关于"防止外空军备竞赛的核查"的工作文件（CD/1781）》，中华人民共和国外交部网站（http：//www.fmprc.gov.cn/mfa_chn/ziliao_611306/tytj_611312/zcwj_611316/t309185.shtml）。

运用马克思主义国际关系理论，从生产力层面的科学技术着眼，重新思考生产关系层面太空安全领域的国家安全互动关系，探寻国际太空安全合作机制的发展过程，并为摆脱太空安全困境提供新的理论视角。

（一）天缘政治的冲突转化

太空探索、利用是充满风险的事业，其健康发展离不开制度的保障。"在太空上，某一行为体的行为仅仅通过制度安排（如决策规则）来影响其他行为体的行为，而不是向对方直接施加压力；在时间上，某一时点确立的制度将会发挥持续而意想不到的作用，进而影响行为体未来的行为。"[1] 面对超级大国谋求"太空霸权"的企图，全世界所有希望有效开发、利用太空的国家都应该行动起来，努力建构包容、普惠、和谐的太空安全机制，坚决反对太空霸权，抑制太空武器化，强化和平开发太空的能力，合作推进人类对太空的和平探索、利用。

1. 冷战时期太空国际安全互动实践中的机制建构

在美、苏两极争霸的大背景下，太空被两个超级大国看作现代战争的关键赋能器，因此，双方都将太空军事利用放在极端重要的位置上。太空国际安全互动实践表现为你追我赶的军备竞赛。但将冷战时期作为一个较长时段来看，美苏双方在太空实力上大体保持着相互抗衡的状态。此外，从航天技术对于当时各自国家战略威慑体系的意义来看，军事航天远未达到独立威慑的功效，在很大程度上是为了监视、核查对方的核力量和核部署。加之，航天器遵循天体动力学的规律运行，太空是无国界的全球公域。在太空安全领域的利益博弈中，美苏双方都认识到，基于航天技术并不能保证自己的绝对安全，但双方都担心对方的技术突破有可能损害自己的安全利益。因此，双方最

---

[1]　焦兵：《现实建构主义：国际政治的权力建构》，《世界经济与政治》2008 年第 4 期。

好的选择是停止发展太空军备，实行军备控制，从而推动了一系列太空国际安全合作机制的建构。这方面包含、涉及太空国际安全合作的机制主要有《部分禁止核试验条约》《太空原则宣言》《外层空间条约》《月球协定》《关于登记射入太空物体的公约》（以下简称《登记公约》）、《反弹道导弹条约》《禁止为军事目的或其他敌对目的使用改变环境技术公约》等一系列国际条约与国际法律文件，其中的有关条款对各国的太空军事利用行为进行了直接的法律规制。但由于这个博弈的均衡是弱纳什均衡，如果任意一方对航天技术可行性的认识有所改变，其平衡就容易被破坏。①

由于太空的无疆域性，以及航天技术当时从属于核威慑战略的现实功效，美苏双方在太空国际安全领域的制度创生和规范建立朝着维护人类共同利益的理想目标迈进，呈现和衍生出合作的前景。具体说来，1963 年《部分禁止核试验条约》）对太空武器做出了限制性的规定。它规定各国应保证在其管辖或控制下的大气层、太空、水下（包括领海或公海）三个环境内，禁止、防止和不进行任何核武器试验爆炸或其他任何核爆炸；如一国在任何其他环境中进行的核爆炸所引起的放射性尘埃出现于其管辖或控制的领土范围以外时，这种爆炸亦应禁止。

1967 年《外层空间条约》作为国际太空立法的宪法性文件，对太空的军事化利用做出了明确的限制性规定。该条约第四条第一款规定，各缔约国"承诺不在环地球的轨道上放置任何载有核武器或任何其他种类的大规模毁灭性武器的物体，不在天体上装置这种武器，也不以任何方式在太空设置这种武器"。第四条第二款规定，各缔约国"应专为和平目的使用月球和其他天体。禁止在天体上建立军事基地、军事设施和工事；试验任何类型的武器和进行军事演习。不禁止为了科学研究或任何其他和平目的而使用军事人员。为和平探索月球与其他天体所必需的任何装置或设备，也不在禁止之列"。从《外层空间条约》对太空军事化利用的规制来看，条约禁止在太空放置和设置核

---

① 参见李彬《军备控制理论与分析》，国防工业出版社 2006 年版，第 64 页。

武器或任何其他种类的大规模毁灭性武器，禁止在天体上建立军事基地、军事设施和工事，禁止试验任何类型的武器和进行军事演习。

1976 年生效的《登记公约》对太空物体实行强制性的登记制度，提高了各国太空活动的公开性与透明度，对于防止或抑制太空军事化具有积极作用。该条约规定：发射国在发射一个太空物体进入或越出地球轨道时，应以登入其所需保持的适当登记册的方式登记该太空物体。每一发射国应将其设置此种登记册情事通知联合国秘书长。每一登记国应在切实可行的范围内尽速向联合国秘书长提供有关登入其登记册的每一个太空物体的具体情事。① 该公约主要依靠国家自身的监督，并没有设立专门的机构来负责核查或者监督。② 目前，负责登记工作的机构是联合国太空事务办公室（UNOOSA），可在互联网上搜索到具体的登记内容。③ 该注册是强制性的，为太空行为的责任认定和赔偿提供了事实依据，但这种登记无法用来处理因轨道碎片所造成的损害或者争端。登记的内容中"用途"部分极其模糊，发挥其军控作用的能力有限。④ 同时，并非所有的发射行为都会在联合国注册。⑤ 1977 年《禁止为军事目的或其他敌对目的使用改变环境技术公约》也

① 该公约第四条：1. 每一登记国应在切实可行的范围内尽速向联合国秘书长供给有关登入其登记册的每一个外空物体的下列情报：（1）发射国或多数发射国的国名；（2）外空物体的适当标志或其登记号码；（3）发射的日期和地域或地点；（4）基本的轨道参数，包括交点周期、倾斜角、远地点、近地点。（5）外空物体的一般功能。2. 每一登记国得随时向联合国秘书长提供有关其登记册内所载外空物体的其他情报。3. 每一登记国应在切实可行的最大限度内，尽速将其以前曾提送情报的原在地球轨道内但现已不复在地球轨道内的外空物体通知联合国秘书长。

② 该公约第六条：本公约各项规定的施行如不能使一个缔约国辨认对该国或对其所辖任何自然人或法人造成损害，或可能具有危险性或毒性的外空物体时，其他缔约各国，特别包括拥有空间监视和跟踪设备的国家，应在可行的最大限度内响应该缔约国所提出或经由联合国秘书长代其提出，在公允和合理的条件下协助辨认该物体的请求。提出这种请求的缔约国应在可行的最大限度内提供关于引起这项请求的事件的时间、性质及情况等情报。给予这种协助的安排应由有关各方协议商定。

③ 登记数据库搜索：http://www.unoosa.org/oosa/showSearch.do。

④ 例如，俄罗斯关于 COSMOS 2390 的发射注册（http://www.unoosa.org/oosa/download.do?file_uid=1292）仅说明其用途为"本空间物体用于代表俄罗斯联邦国防部执行任务"，而且实际用途为俄罗斯联邦的军用通信卫星，参见 Pavel Podvig, *Russia and Military Uses of Space*.

⑤ 例如，2005 年 10 月 12 日中国发射神州六号载人宇宙飞船就未在此处登记注册。

对限制太空武器的使用做出了规定。它规定，各国应允诺不为军事或敌对目的而使用具有广泛、持久或严重后果的改变环境的技术。这里的"改变环境的技术"是指通过蓄意操纵自然过程而改变地球（包括其生物区、岩石圈、地水层和大气层）或太空的动态、组成或结构的技术。但该公约只规定了禁止使用此类技术，没有规定禁止研究、发展和实验此类技术，因而致使该公约在实际中难以执行。①

1979年《月球协定》对军事利用月球和其他天体做了进一步的规定。《月球协定》第二条规定："月球上的一切活动，包括其探索和利用在内，应按照国际法，尤其是联合国先前的规定。"第三条第一款进一步规定："月球应供全体缔约国专为和平目的而加以利用。"为此，其第三条规定了四项禁止令：（1）不得在月球上使用武力，或以武力相威胁或从事任何其他敌对行为或以敌对行为相威胁；（2）禁止利用月球对地球、月球、宇航器或人造太空物体上的人员使用武力或任何武力威胁；（3）不得在绕月球的轨道上放置载有核武器或其他种类的大规模毁灭性武器的物体，或在月球或月球内放置或使用此类武器；（4）禁止在月球上建立军事基地、军事设施及防御工事，试验任何类型的武器及举行军事演习。根据《月球协定》，"月球"一词不仅指月球本身，还包括环绕月球的轨道或其他飞向或围绕月球的轨道；有关月球的规定也不仅适用于月球，还适用于太阳系内除地球以外的其他天体。可见，对于月球军事化的规制，《月球协定》比《外层空间条约》更彻底、更严格。但遗憾的是，美国等太空大国并没有签署该协定，这就使该协定的影响力大打折扣。

2. 冷战时期太空国际安全合作机制的进化取向

由于当时航天技术的军事利用主要集中于军事侦察、情报通信、核军控等方面，严格地说，在太空攻防对抗准备方面，双方的技术都不成熟，就拿名义上作为防御技术手段的弹道导弹防御而言，其主要设想是以核弹拦截核弹，显然，这是一个"杀敌一千，自损八百"

---

① 李寿平：《外层空间的军事化利用及其法律规制》，《法商研究》2007年第3期。

的方案。再如苏联的共轨式动能反卫，抑或美国的机载式动能反卫技术，都会带来大量的太空碎片，不但效率低，而且可能造成自杀伤效应。与此同时，其他国家航天技术的发展，相对于当时的国际安全层面而言，则微不足道。基于此，冷战时期太空国际安全合作机制的建构表现出明显的进化取向，美苏双方刻意忽视和回避诸如权力竞争和话语战争等问题，从而使得进步演化思维在机制谈判中得以体现和扩散。譬如，1963 年《太空原则宣言》不仅确认和平探索、利用太空关系着全人类共同利益的原则，而且规定各国在探索、利用太空时应该遵守的九项原则。尽管这些原则不具有法律上的拘束力，但是为以后的国际太空立法提供了根本的原则性指导。

1966 年 12 月联合国大会通过的第 2222 号决议（XXI）批准了《外层空间条约》，该条约于 1967 年 10 月 10 日正式生效①，而且是无限期有效。该条约所确立的太空自由进入、无主权以及和平利用等原则成为全世界所普遍接受的原则，也是其他有关太空使用的规范、条约和行为的基础。在太空国际安全合作方面，该条约在基本原则层面，明确了行为标准、具有沟通信息和降低交易成本的积极功效。比如该条约第四条②规定不得在太空部署大规模杀伤性武器；第九条规定各国在太空中的活动若有可能影响他国时需进行磋商。③ 该条约作

---

① Treaty on Principles Governing the Activities of States in the Exploration and Use of Outer Space, Including the Moon and Other Celestial Bodies, Namely United Nations Treaties and Principles on Outer Space.

② 第四条内容：本条约各缔约国承诺不在环绕地球的轨道上放置任何载有核武器或任何其他种类大规模毁灭性武器的物体，不在天体上装置这种武器，也不以任何其他方式在外层空间设置这种武器。本条约所有缔约国应专为和平目的使用月球和其他天体。禁止在天体上建立军事基地、军事设施和工事，试验任何类型的武器和进行军事演习。

③ 第九条内容：本条约各缔约国对外层空间，包括月球与其他天体在内进行的研究和探索，应避免使它们受到有害污染以及将地球外物质带入而使地球环境发生不利变化，并应在必要时为此目的采取适当措施。如果本条约某一缔约国有理由认为，该国或其国民在外层空间，包括月球与其他天体在内计划进行的活动或实验可能对其他缔约国和平探索和利用外层空间，包括月球与其他天体在内的活动产生有害干扰时，则该缔约国在开始进行任何这种活动或实验之前，应进行适当的国际磋商。如果本条约某一缔约国有理由认为，另一缔约国在外层空间，包括月球与其他天体在内计划进行的活动或实验，可能对和平探索和利用外层空间，包括月球与其他天体在内的活动产生有害干扰时，则该缔约国可请求就该活动或实验进行磋商。

为当前最具权威和原则性的国际条约，具有较强的法律意义。但是，由于太空的自然属性及条约特殊的法律地位，其法律主体结构是受国际法惯例的普遍准则控制的，而非专门的立法或司法机构或技术部门，从而缺乏实际落实或监督该条约的有效手段。例如条约禁止在轨道上部署核轰炸系统，冷战时美苏仍进行关于轨道轰炸系统的研究并宣称为"部分轨道轰炸系统"（FOBS）以回避直接违反条约。① 同时，该条约对于太空武器的限制过于褊狭以致无法满足当前对于防止太空武器化的需要。② 自从《外层空间条约》确立了太空非军事化原则以来，这项原则在联合国大会的相关决议中得到多次重申，从未遇到过公开的反对（美国等极少数国家仅投过弃权票），因而这项原则已构成国际惯例，包括非缔约国在内的所有国家都应一体遵守，任何国家都不能以未加入或已推出某些条约为理由而不遵守这项原则。③ 即便是美国这样的航天技术强国，也不愿冒天下之大不韪，公然反对太空非军事化，而是一再声称其在太空部署武器只是防御性的。④

太空国际安全合作机制嵌套在其他双边或多边军控条约中，甚至有形成相互牵制的网络结构之势。由此，关联政治作用使得机制体系内的太空行为体产生结构性规范功能，从而推动着太空国际安全合作机制体系朝向合作状态进化。这包括美苏在冷战期间就战略武器裁军所达成的一系列条约，如《反弹道导弹条约》（ABT）、《美苏关于限制进攻性战略武器的某些措施的临时协定》（SALTI）、《美苏两国关于限制中程导弹和中段导弹条约》等诸多条约，这些条约都规定双方通过国家技术手段（主要是卫星）进行核查的原则，并不得对对方

---

① 刘华秋等：《军备控制与裁军手册》，国防工业出版社 2000 年版，第七章"防止外空军备竞赛"。

② Nina Tannenwald, *Law Versus Power on the High Frontier*: *The Case for a Rule-Based Regime for Outer Space*, p. 7.

③ 贺其治：《外空法》，法律出版社 1992 年版，第 12 页。

④ 聂资鲁：《外层空间军备控制与国际法》，《甘肃政法学院学报》2007 年第 4 期。

的核查进行干扰或阻挠。① 1963 年 8 月 5 日，美、苏、英三国外长在莫斯科签署了《部分禁止核试验条约》，该条约于同年 10 月 10 日生效，并且无限期有效。该条约向所有国家开放。该条约确定了禁止在太空从事核试验的原则。缔约国保证在其管辖或控制下的大气层范围、太空、水下（包括领海或公海）三个环境内禁止、防止和不进行任何核武器试验爆炸或其他任何核爆炸。如一国在任何其他环境中进行的核爆炸所引起的放射性尘埃出现于其管辖或控制的领土范围以外时，这种爆炸亦应禁止。该条约主要依靠各国采用国家技术手段来保障、监督其实施，没有专设核查部门。②

3. 冷战后太空安全领域国际互动实践的进化冲突

从理论上说，面对结构性制度的压力，理性太空行为体出于利益最大化和长远收益的考虑，它们往往会优先选择合作而不是冲突，经过多重反复博弈，太空国际安全合作或许会成为常态。③ 但由于冷战的突然结束，太空国际安全领域出现了严重的权力失衡，再加上美国在航天技术方面取得了某些突破，尤其表现在弹道导弹防御技术方面，因此，太空国际安全合作的理想局面不但没有出现，形势反而急转直下。冷战后太空国际安全合作机制的演化面临着日益复杂微妙的国际形势。由于冷战结束以后战略格局的改变，美俄双方"相互确保摧毁"战略的紧迫性不再存在，这些条约的事实约束条件几乎已经很难得到保障，美国无所顾忌地退出《反弹道导弹条约》即是一例。

美国试图凭借其航天技术优势来追求太空安全领域的绝对霸权，自认为美国通过太空攻防对抗准备，可以避免其臆想的所谓"太空珍珠港事件"的发生。为此，冷战后美国按照其咄咄逼人的太空战略规划，积极发展太空武器，试图在国际条约签署之前掌握各项太空武器

---

① 参见刘华秋等《军备控制与裁军手册》（国防工业出版社 2000 年版）第四章"核军备控制与裁军"及其具体条约文本。

② 张浩：《外空军控的机制设计——以建立信任措施为例》，《国际问题论坛》2007年夏季号（总第 47 期）。

③ 参见戴维·鲍德温主编《新现实主义和新自由主义》，肖欢容译，浙江人民出版社2001 年版。

技术，特别是美国大力发展天基和地基反卫星武器和反导系统，引起国际社会的高度关注。虽然现行的国际法确立了"和平探测与利用太空"的系列原则，但对于目前太空军事化日益加剧的发展趋势仍缺乏有力的约束。一方面，由于现有的太空法存在一定的缺陷，它无法有效遏制太空的军事化，国际社会对太空战爆发的危险十分担忧。针对这一情况，联合国原秘书长安南 1999 年在防止太空军事化国际会议上说："我们必须防止太空被不当使用。我们不能允许已经战火纷飞的本世纪将其遗产流传给后世，到那里我们所能够利用的技术将会更加可怕。我们不能坐视广阔的太空成为我们地面战争的另一个战场。"① 1999 年，第五十四届联合国大会再次以压倒多数票通过了防止太空军备竞赛的决议。决议强调谈判缔结一项或多项防止太空军备竞赛的国际协定仍是裁军谈判会议太空特委会的首要任务。②

冷战结束以来，美国为了其不可告人的目的，往往借口太空现有国际条约完全足够，而屡屡反对任何新的建构太空国际安全机制的动议。在 2000 年、2001 年的联合国裁军谈判会议上，中国政府所提出的防止太空军备竞赛法律文书的要点草案，就受到来自美国政府对太空武器化问题谈判的抵触和反对。2002 年 6 月，中国、俄罗斯、白俄罗斯、印度尼西亚、叙利亚、越南、津巴布韦联合向裁谈会提交了关于"防止在太空部署武器、对太空物体使用或威胁使用武力国际法律文书要点"的工作文件。这一工作文件得到了许多国家的支持，但没有得到作为太空唯一超级大国美国的认可。在 2005 年 10 月的联合国大会上，160 个国家投票赞成签署《防止太空军备竞赛》（PAROS）条约之必要性的决议，只有美国一票反对。2007 年 3 月，联合国和平利用外空委员会第四十六届法律小组委员会会议讨论如何利用和完善相关的国际法框架，促进国际和平利用太空事业的发展。除美国外

---

① 王孔祥：《外空军备竞赛对外层空间法的挑战》，《武汉大学学报》（哲学社会科学版）2005 年第 5 期。

② 但事实上由于各种原因，在防止外层空间军事化、武器化及外层空间军备竞赛方面，裁军谈判会议及其外空特委会至今未能取得任何实质性进展。

的各国代表认为，早日制定禁止太空武器化的国际条约是国际社会面临的共同任务，联合国和平利用外空委员会及其法律小组委员会应发挥应有的作用。① 冷战后太空国际安全合作机制的建构与完善，受到美国的有意阻挠和蓄意反对，维持"向善"的关系也连连受挫。

（二）天缘政治的向善演进 *

随着人类自然探索技术的不断发展，各国在非排他性的公共领域中出现越来越多的交流互动，如何在这些活动中协调各方的关系与利益，成为国际政治中一项新的重要课题。全球公域具有公共性，又在一定程度上呈现出资源稀缺性，其治理问题对于国际社会的稳定与安全有着重要意义。太空是这种全球公域的典型代表。考虑到太空的战略重要性，太空军事化和军备竞赛的脚步几乎自人类初探太空起便未曾停歇。针对冷战后维护和促进太空安全的"向善"关系所面临的困境，国内外学者展开了一系列有益的探讨。一方面，从权力结构角度出发，一些人认为，新兴国家对太空的探索和利用容易引致太空军备竞赛，因此维护和促进太空安全的"向善"关系的重点在于如何规范这些崛起中国家的太空行为；② 而另一些人则指出，美国为维护其太空霸权地位而对促进太空安全的"向善"关系带来了阻碍。③ 当然，这两种因素往往同时存在并相互联系，共同构成了太空安全"向善"关系发展的权力结构障碍。④ 但如果仅仅着眼于权力分配，则很可能会得出太空安全"向善"关系在冷战后的多极化条件下必然破

---

* 部分内容以"维护和促进外层空间安全的'向善'关系"为题发表于《太平洋学报》2015 年第 4 期。

① 牛姗姗：《外层空间非军事化法律制度构建思考》，《江苏警官学院学报》2009 年第 24 卷第 6 期。

② 如 James Clay Moltz, *Asia's Space Race: National Motivations, Regional Rivalries, and International Risks*, New York: Columbia University Press, 2012.

③ Helen Caldicott and Craig Eisendrath, *War in Heaven: The Arms Race in Outer Space*, New Press, 2007.

④ Vishnu Anantatmula (2013), "U. S. Initiative to Place Weapons in Space: The Catalyst for a Space-Based Arms Race with China and Russia," *Astropolitics: The International Journal of Space Politics & Policy*, Vol. 11, No. 3, pp. 132 – 155.

产的悲观结论，而且从权力视角也无法说明国际社会关于太空非军事化的呼吁何以会持久存在。另一方面，从观念结构角度来看，制约太空安全与合作的根本性因素并不在于物质权力分配，而在于行为主体间共有规范和互信的缺失。因而，透明与信任建设机制（TCBMs）在太空政策研究和实践上获得了相当程度的重视。①

太空已经成为未来战争的制高点，可以说，"未来战争的成败将取决于各方所具有的太空实力"②。太空国际安全合作机制的建构对于相关国家而言，是一个高度复杂而敏感的问题。

　　国际关系实际之运行无法排除物质因素之影响，但物质因素之意义首先是由行为体之间的共享知识结构所建构的。逻辑上，行为体之间的政治认同度越高，行为体对彼此之间的物质结构做正面理解的可能性就越大；反之，行为体之间的政治认同度越低，行为体对彼此之间的物质结构做负面理解的可能性就越大，由此导致体系进程朝着正向演进或逆向进化。③

因此，维护和促进太空安全的"向善"关系在坚持维护现有框架体系的前提下，应先着力建构安全互信的合作机制，以开启太空国际安全合作的新局面。

1. 太空信任措施先行有利于衍生合作意识和优先改善关系

太空国际安全合作机制是安全体系进化的压力性条件，作为主体间反反复复从事互动实践活动所人为建构的产物，迫切需要具有主观能动性的施动者，联合起来，把握一切机遇，先易后难，逐步营造太空国际安全领域的"向善"关系。加强联合国安理会对国际社会发展、部署、使用太空武器的监督与核查机制的建设，对于从根本上防

　　① 何奇松：《外空透明与信任建设机制刍议》，《社会科学》2012 年第 12 期。
　　② 陈宏、王震雷：《外空战争风云录》，中国友谊出版社 2003 年版，第 277 页。
　　③ 董青岭：《复合建构主义——进化冲突与进化合作》，时事出版社 2012 年版，第 132 页。

止太空武器化及太空军备竞赛具有十分重要的意义。[1] 太空国际安全合作机制主要包括严格限制条约缔约国的太空安全互动实践行为，例如，由国家主动提供本国太空活动的信息，表明本国没有威胁其他国家的太空活动，由此消除其他国家的疑虑和担心；限制缔约国的太空军事化能力，尤其是进攻能力，例如削减、禁止在太空进行的武器部署；对卫星及其他太空或轨道飞行器的发射、机动进行规范，禁止对太空目标进行武力攻击、干扰或俘获，等等。这里所述的第一种内容也被称作建立信任措施（TCBMs）。它在比较"硬"的约束性机制一时难以建构的情况下，可通过信任互动关系来维持和加强，从而形成"向善"的关系过程，然后，逐步衍生出合作意识和优先改善安全互动关系。

理想的太空国际安全合作机制的核心部分应包含可操作的反对太空武器化和军备竞赛的内容，但到目前为止，美国仍然坚持声称，它没有真正意义上部署成熟或成系统的太空武器，甚至在多种场合辩解说，它压根儿就没有任何太空武器，理由是它的反导系统经过太空但针对的不是天基目标。此外，它没有进行专门的试验去证实相关太空设施有武器级的某种能力。显然，美国的狡辩除了反映其与国际社会大多数国家在"太空武器定义"方面所存在的明显分歧外，它强调以验证过的能力作为军备控制中限制的基准，也是与以往军备控制实践中的理解大相径庭的。在军备控制中，限制的基准通常是相关系统和物项的内在能力而不是其验证过的能力。[2] 众所周知，美国在太空安全领域的真实意图是想凭借它在太空的绝对实力优势来追求绝对霸权，因此，它武断地认为，国际军控条约限制了它灵活调整军备数量和质量的能力。[3] 这就使得在太空国际安全合作机制建构方面对传统意义上以限制数量为主要内容的军备控制缺乏基础。

在这种情况下，要维护和促进太空安全的"向善"关系，通过建

---

① 李寿平：《外层空间的军事化利用及其法律规制》，《法商研究》2007 年第 3 期。

② 参见李彬《军备控制理论与分析》，国防工业出版社 2006 年版，第 95 页。

③ 同上书，第 121 页。

立太空信任措施比缔结严格的反对太空武器化的限制性条约容易得多。因为建立太空信任措施的基础是国家的自我约束和规范，不需要过多外界的强制或对主权造成的可能侵犯。太空信任措施的主要内容也就是太空信息披露、获取与核实。但是，当参与太空信任措施缔约的国家较多时，往往需要一个多边的组织来参与协调这样的信息交流；当有关国家在联合国裁军谈判会议（CD）上，由于美国等少数国家阻挠而无法达成防止太空武器化和军备竞赛的条约时，联合国和平利用外空委员会作为非专门的军控机构，完全可以承担将相关国家聚集起来探讨建立一些信息交流、核实、监督措施的责任。太空信任措施一旦建立，虽然不能即刻限制太空武器化和军备竞赛，但作为一种"向善"的规范，有利于促进相关国家"向善"的社会化。"社会化（Socialisation）即行为体对体系规范、规则、制度乃至习俗的接受和内化过程，是体系进化的关键环节和主要机制。"① 同时，建立太空信任措施也可培育主体间和国际组织相应的履约核查能力；而这样的太空信任措施内容有利于日后太空军备控制条约谈判中核查部分合意的达成。

2. 太空信任措施先行有利于创生和内化聚合性规范

太空安全的"向善"关系的创建并不是一个自然的进化合作过程，或者换句话说，创生的制度并非一律都是有利于合作的。与此同时，在一定制度体系中互动的太空主体对于机制内化有着特定的选择性偏好，即其社会化并非只有进化合作一途，也可能在某些因素影响下产生进化冲突。太空信任措施是聚合性规范而不是分离性规范，因为它"能够减少或搁置争议、降低摩擦、促进问题解决并增进彼此间认同的原则、规则、行为标准或决策程序，经验上多是一些与明确适当行为有关的规范"②。太空信任措施的核心部分是对相关太空信息的搜集、整理、披露以及核查，而对于在太空范围内的核查需要极高的技术能

---

① 董青岭：《复合建构主义——进化冲突与进化合作》，时事出版社2012年版，第121页。

② 同上书，第122页。

力。与此同时，维护和促进太空安全的"向善"关系最难达成，最关键的内容就是核查技术。但在建立信任措施中，核查是在技术可行的基础上，帮助主体间形成一种对他方可预期行为的信心，即明确相互间的适当行为标准，而在限制性安全机制中，核查是一种权力、责任的划分，前者是聚合性规范，后者则带有分离性规范的特征。因此，建立太空信任措施中对核查技术的讨论相对容易些，尤其是地面对太空监测的具体技术内容，包括跟踪、无线电监测、激光、射电及光学望远镜、雷达、干涉仪在内的各种可能的监测手段以及相关的政治及政策上的考量①，从建立信任措施层面进行讨论、磋商的相对阻力要小些。1985 年至 1994 年，联合国裁谈会太空特委会就建立透明和信任措施等问题曾进行了深入讨论，从技术层面为启动谈判做了准备。虽然现有太空安全合作机制仍然存在诸多缺陷，但国际社会一时难以启动新的太空法律文书的谈判进程。与此同时，TCBM 问题引起国际社会的广泛关注，适当、可行的 TCBM 措施对增进互信、减少误判、规范太空活动安全具有积极意义，是防止太空武器化和太空军备竞赛法律文书的有益补充。通过广泛参与和公开透明的国际讨论，在协商一致基础上达成 TCBM 有关安排，是一条较为现实可行的路径。在这一方面，俄罗斯、欧盟、加拿大等各方多年来做了不懈努力和有益尝试。欧盟"太空活动行为准则"和加拿大"太空安全原则"等倡议受到各方高度重视。另外，中国多次表示，推进防止太空武器化与军备竞赛和太空 TCBM 进程可以并行不悖。因此，既不能回避讨论防止太空武器化和太空军备竞赛而一味推动 TCBM，也不宜因重视防止太空武器化和太空军备竞赛而对太空 TCBM 视而不见。这两个进程应形成良性互动，从而消除太空武器化风险，切实维护太空战略安全。②

---

① 中华人民共和国驻联合国日内瓦办事处和瑞士其他国际组织代表团，Conference Report Safeguarding Space Security：Prevention of an Arms Race in Outer Space，http：//www. china-un. ch/chn/cjjk/backgrouders2/t203790. htm 。

② 《王群大使在 2011 年日内瓦外空安全国际研讨会开幕式上的致辞》，中国外交部网站，2011 年 4 月 4 日。

在太空活动方面实施透明和建立信任措施所带来的太空军事活动的可预见性，将从客观上降低太空中或来自太空的突然军事威胁出现的可能性，消除太空战略形势的模糊性，并最终排除各国为应对威胁而做提早准备的必要性。太空信任措施既不是军控和裁军措施的替代办法，也不是实施上述措施的先决条件。它们不能取代核查措施。然而，透明和建立信任措施可以促进裁军及其核查措施的实施。由于制定太空军备控制的核查措施并非易事。先制定一个无核查的条约可能是一个较好的选择，有关核查措施可在今后制定。若此，透明和建立信任措施在一定程度上可弥补新条约中核查措施的缺失，而确认不在目前尚无武器的太空中部署武器是对条约在最大意义上的弥补。制定透明和建立信任措施并不妨碍制定防止在太空部署武器的法律协定，也不会转移这一努力的方向。相反会服务于上述目标。在联合国和裁军谈判会议两个机构中有关透明和建立信任措施的讨论相互补充和激励。毕竟，这两方面努力的目标相同，即确保太空合作安全。①

3. 太空信任措施先行有利于主体间认同和体系进程朝向进化合作演进

太空行为体在安全互动实践中，是进化合作还是进化冲突？"这个问题的实质是互动中的行为体对社会化方式如何选择，这不仅事关行为体通过互动实践要创生和内化何种规范，更关乎体系进程演化的方向。"② 太空建立信任措施有利于开启国际安全合作。太空国际安全合作是在符合联合国"国际太空合作宣言"的基础上进行的以和平利用太空，为全人类造福为目的，以航天技术、太空应用和太空科学等为内容，以政府及相关部门和非政府法人组织为主体的多类型、多层次安全合作。但是由于国际战略力量的不均衡使得通过主要国家间的双边军备控制谈判和条约来规范、组织条约的生效和监督缺乏基

---

① 《中国、俄罗斯代表团联合向裁军谈判会议提交的关于"外空活动透明和建立信任措施与防止在外空部署武器"的工作文件》（CD/1778），中国外交部网站。

② 董青岭：《复合建构主义——进化冲突与进化合作》，时事出版社 2012 年版，第123 页。

础，有关国家对国际安全合作反应冷淡乃至加以阻挠。太空要形成一个防止太空武器化和军备竞赛的有力机制和权威性组织，在近期还难以实现。美国正决心主宰太空，但也应认识到，其他国家自身利益越来越离不开太空。因此，"美国必须认识到这样的现实，其他国家将需要更多的'战略太空'。"事实上，世界上许多地区都乐意给其他国家这样的太空，这种相互提供安全太空的政治认同，意味着自我并不经常性地将他者总是看作利益威胁，对他者的认可有利于加强相互的信任，相互信任又有利于进一步加强主体间的政治认同。在近几年联合国的裁军谈判会议上，不断有以俄罗斯为代表的国家或组织提出在太空建立信任措施的相关建议。

通过在太空建立信任措施，太空行为体在认识到他者不会对自身形成战略威胁，个体生存已不是首要忧虑的情况下，主体间的安全互动实践旨在探讨如何使太空安全合作排除阻力，更加稳固、更加持续运行的原则问题。因此，一旦建立太空信任措施就会使得整个太空安全体系进入这样一个相对理想的境地，也就意味着，体系中的主体面临着原则竞争型的社会化过程，即在较高的政治认同的基础上，思考通过何种具体途径、何种利益交易方式，来达到太空真正意义上的合作安全。目前世界商业航天市场总额已高达数千亿美元，且每年以10%左右的速度稳步增长。① 各个具有发射能力的国家都期望从此中得到更多的市场份额。航天技术发展开拓出越来越大的共同利益，这既使国际安全合作更具有可能性，同时也更显紧迫。② 随着太空活动主体的多元化和太空探索领域的拓展，人类的航天事业面临着前所未有的机遇和挑战，只有坚持平等互利、开放包容的国际合作，使更多

---

① 据美国国家航空航天局（NASA）提供的权威报告，1996 年，全球航天技术产业创造的利润为 750 亿美元左右，到 2000 年利润就攀升到 1250 亿美元。到 2010 年，全球商业航天活动的收入达到 5000 多亿美元。而其中全球卫星产业市场的规模将达到 2000 多亿美元。一份研究报告指出，在今后 10 年里，全球预计发射卫星 1000 颗左右，其中商用卫星将占 70%。

② 张浩：《外空军控的机制设计——以建立信任措施为例》，《国际问题论坛》2007 年夏季号（总第 47 期）。

尚未具备太空能力的国家参与其中，人类航天事业才能抓住机遇、战胜挑战，实现可持续、包容性发展。同时，太空活动的商业化趋势和太空军事化的现实风险要求制定新的太空法律文件，以完善现有太空安全合作机制，保障航天事业的包容性发展。①

太空探索、利用是充满风险的事业，其健康发展离不开制度的保障。"在太空上，某一行为体的行为仅仅通过制度安排（如决策规则）来影响其他行为体的行为，而不是向对方直接施加压力；在时间上，某一时点确立的制度将会发挥持续而意想不到的作用，进而影响行为体未来的行为。"② 冷战后，面对超级大国谋求"太空霸权"的企图，全世界所有希望有效开发、利用太空的国家都应该行动起来，努力建构包容、普惠、和谐的太空安全关系，坚决反对太空霸权，抑制太空武器化，强化和平开发太空的能力，合作推进人类对太空的和平探索、利用。太空国际安全合作机制的建构与完善，受到美国的有意阻挠和蓄意反对，维持和促进"向善"的关系的努力也连连受挫。太空国际安全领域出现低政治认同度与低暴力受控度的结合，从而导致"效率竞争型社会化"，在此结构下太空行为体极易优先选择那些增强其自身安全的规范，对生存竞争的追逐将使体系趋向冲突化。因此，太空的军事化困境日益深化，构建国际安全合作机制的努力举步维艰。太空安全"向善"关系的演化发展是物质与观念的复合结构，以及塑造这种结构的外部环境共同变化与互动的结果。从本书的分析框架中可以看出，探讨太空安全困境的化解之道应当考虑物质与观念两者如何"耦合""互构"的问题。到实践中找答案，首先要从可操作层面把握机遇，通过太空信任措施先行，增进聚合性认同，形成较高认同度与低受控度耦合的"原则竞争型社会化"。要进一步构建太空国际安全机制，必须着眼于航天技术变革与发展的基本特点，积极

---

① 《黄惠康在联合国外空委阐述我利用外层空间新主张》，中国外交部网站，2011 年 6 月 7 日。

② 焦兵：《现实建构主义：国际政治的权力建构》，《世界经济与政治》2008 年第 4 期。

探索控制体系暴力、凝聚政治认同以及推动施动者—结构—进程朝着正向互动模式演进的可行方式。更为重要的是，这些机制建构的努力无疑将需要中国、美国、俄罗斯与欧盟等主要太空行为体消弭分歧、建立共识，通过切实的行动来维护与增强太空安全。从客观上看，太空安全将成为中国与其他国家建构和发展新型大国关系的重要课题。

（三）天缘政治的进化路径

世界各国在探索、利用太空的实践过程中，作为人类征服、改造太空能力的航天技术从根本上决定着太空主体的互动关系，反过来，主体间的社会关系又影响着太空开发、利用能力的发展。具体到太空安全领域，国家互动实践中以航天技术为基础的物质权力结构制约着国家间的观念结构，互助观念又制约着国家安全合作的行为偏好。因此，太空国际安全合作机制的现实建构，应根据太空活动拓展中航天技术进步的现实要求，在逐步培育各国太空活动透明和信任措施的基础上，通过控制体系暴力，引导选择性社会化，优化施动者—结构—进程来不断加强太空安全领域的契约合作。

1. 防止太空武器化和军备竞赛机制建构与控制体系暴力

太空作为世界各国日益认识到的战略制高点，在什么条件下，相关国家会倾向于选择国际安全合作呢？在太空探索、利用的社会实践中，物质因素与观念因素因历史耦合所形成的"复合结构"，共同发挥着因果作用和建构作用，且在作用施加过程中二者之间相辅相成、相互支撑，推动着太空安全体系的进化冲突或进化合作。"在不同的观念结构与不同的物质结构之耦合形态下，行为体会选择或适应不同的社会化方式，内化不同的体系规范，从而建构和强化不同的偏好取向。"① 从当前太空安全体系物质因素和观念因素复合结构的现状出发，国际社会加强国际安全合作最现实的出路是从坚定维护现有太空

---

① 董青岭：《复合建构主义——进化冲突与进化合作》，时事出版社2012年版，第132—133页。

安全国际法框架出发，一步一步地培育太空安全机制的成长、成熟。就体系进化合作的物质条件而言，只有首先合法地控制国家间暴力，各个国际关系行为体才有可能放下彼此之间的成见进而产生合作意愿。① 不可否认，现有防止太空军备竞赛的国际条约曾起到了一定的控制暴力的积极作用，但由于当时政治、军事和技术条件的限制，过去的条约也存在着严重的缺陷或漏洞，不足以防止太空军备竞赛。例如，《外层空间条约》由于不禁止在太空部署非大规模毁伤性武器，也没有禁止发展、生产和使用太空武器，而使其对防止太空军备竞赛的作用受到限制，也为日后太空武器化留下了隐患。实践表明，战争之所以能够爆发，首先是因为人们能够轻易地获取和使用暴力，即暴力不受限制。② 因此，只有当体系暴力得到合法控制时，国家间才不会随意以暴力相向，这个问题已引起国际社会的高度关注。

2008 年 2 月，中国与俄罗斯共同向裁谈会提交了《防止在外空放置武器、对外空物体使用或威胁使用武力条约（草案）》（PPWT）。2009 年 8 月，中俄共同提交工作文件，回应裁谈会各方关于中俄外层空间条约草案的问题和评论。中俄希望各方早日就这一草案展开谈判，达成新的外层空间条约。美国以"无法证实"为由拒绝了中俄的这一草案，但是中俄两国仍在继续努力使此草案发挥实际效力。③

① 董青岭：《复合建构主义——进化冲突与进化合作》，时事出版社 2012 年版，第 183 页。

② Geoffrey Blainey, *The Causes of War*, New York: Free Press, 1973; Jack Levy, "The Causes of War and the Conditions of Peace," *Annual Review of Political Science*, Vol. 1, 1998, pp. 139 - 165.

③ 2009 年 8 月 18 日，中俄代表团在联合国裁军会议上回应了其他几个常任理事国对该草案的关注。特别地，中俄指出：（1）PPWT 禁止对"在外空物体"的攻击和威胁，但是并没有禁止在外空建立军事力量。（2）PPWT 并没有更改《联合国宪章》第五十一条所规定的自卫权利。然而，如果一个国家签署了 PPWT，那么该签约国将不能使用 PPWT 所禁止的武器装备。（3）PPWT 没有禁止对反卫星武器的研发、试验和部署，因为这些并不满足 PPWT 对"在外空武器"的定义。（4）PPWT 没有禁止对地基激光武器和电子抑制系统的研发、试验和部署。（5）PPWT 没有讲到拥有"双面目的"的外空技术，即既出于和平目的，又出于攻击性目的。（6）PPWT 没有包括任何认证机制。

中俄提议签署《防止在外空放置武器、对外空物体使用或威胁使用武力条约（草案）》的目的是，弥补《外层空间条约》第四原则的不足。第四原则禁止在绕地球轨道及天体外放置①或部署核武器，或任何其他大规模毁灭性武器，但是，并没有禁止非核武器或者"潜在的"大规模杀伤性武器。② PPWT 强调"禁止太空武器"：各缔约国承诺不在环绕地球的轨道放置携带任何种类武器的物体，不在天体上安置此类武器，不以任何其他方式在太空放置此类武器；不对太空物体使用或威胁使用武力；不协助、不鼓励其他国家、国家集团或国际组织参与本条约所禁止的活动。③

　　美国不但屡次否决太空军备控制倡议，并积极在太空进行全方位的备战，"美军不单是在大气层外部署武器系统，同时还包括导弹防御在内的地面武器系统，用美军术语说，这就是'全频谱能力'，目的是保证美国拥有'全频谱优势'"。④ 因此，防止太空武器化已是十分现实和紧迫的问题。国际社会不仅要呼吁美国放弃部署以反恐需要为借口的导弹防御系统，还要探索满足各国安全需要的替代性技术与机制，呼吁相关各方合作，完善太空物体发射登记制度、导弹和火箭发射预先通报制度、军事热线机制等，并通过发展高性能侦察监视卫星，确保其不受干扰地运行作为技术核查手段和建立信任的措施。⑤目前，能与美国在太空决一高低的国家只有俄罗斯。为维护太空的战略力量平衡，"中俄联手提案，对于促进国际社会凝聚在太空问题上

---

①　PPWT 草案还提到："放置"系指武器至少绕地球一圈，或在离开此轨道之前沿这样的轨道运行一段距离，或被置于外空某个永久基地。

②　PPWT 给"在外空的武器"下了定义："在外空的武器"系指位于外空、基于任何物理原理，经专门制造或改造，用来消灭、损害或干扰在外空、地球上或大气层物体的正常功能，以及用来消灭人口和对人类至关重要的生物圈组成部分或对其造成损害的任何装置。

③　斯年：《媒体称中俄外空条约草案未禁止反卫星武器研究》，《环球时报》2011 年 4月 6 日，http://www.sina.com.cn，转自美国 Examiner.com 网站 4 月 2 日报道。

④　滕建群：《外空实力竞争与限制外空武器化》，《2009：国际军备控制与裁军报告》，世界知识出版社 2009 年版，第 132 页。

⑤　仪名海、马丽丽：《外空非军事化的意义》，《2009：国际军备控制与裁军报告》，世界知识出版社 2009 年版，第 152 页。

的共识将会产生积极影响，得到世界大多数国家响应"①。同时，国际社会应争取联合更多的国家就未来国际法律文书的主要内容向裁谈会提出具体建议，积极与相关国家、国际组织共同研讨确保太空安全，防止太空军备竞赛的相关对策和措施。

2. 太空活动行为准则制定与选择性社会化

在太空武器化和军备竞赛得到约束的同时，从相对较易达成的太空活动行为准则制定入手，有利于归化他者，将相关国家纳入国际安全合作机制中来。国家利益是各国政府处理对外关系的最高准则，是国际关系的"通用语言"。推进太空国际安全合作的前提是要使国际社会尤其是主要太空国家认识到这种合作有利于实现和维护各自的国家利益。其中美国的态度最为关键。应通过各种渠道与美国沟通，应力争使美国认识到，谋求太空权力固然是美国的国家利益，但太空安全问题则是更现实、更亟待维护的利益，防（核/导弹）扩散更是与太空安全紧密相连的。

太空活动行为准则制定的共识源自太空轨道拥挤和太空碎片威胁等所构成的外部压力。随着卫星发射数量的不断增加，轨道太空特别是地球静止轨道太空变得越来越拥挤，卫星相互碰撞的危险程度不断加大，对报废卫星及时回收和清理越来越成为维护太空安全的一项重要措施。同时，由于卫星相撞、解体等原因所造成的太空碎片增加，对太空安全也构成严重的威胁，应当通过制定太空安全行为规则的途径，责成有关国家通过各种技术手段来实现太空碎片减缓，预防和补救太空碎片所造成的太空环境污染，并将此规定为一项国际法律义务。② 2009 年 2 月 10 日，美国铱卫星公司的"铱 33"卫星和俄罗斯的"宇宙 2251"军用通信卫星在西伯利亚上空相撞，这是太空中首次发生的在轨卫星相撞事件。美俄卫星相撞事件使得制定太空安全规

---

① 滕建群：《外空实力竞争与限制外空武器化》，《2009：国际军备控制与裁军报告》，世界知识出版社 2009 年版，第 138 页。

② 李滨：《美俄卫星相撞事件中的国际法问题探析》，《北京航空航天大学学报》（社会科学版）2011 年第 4 期。

则的合作安全观念得以凸显。在新的体系观念结构下，各国认识到共处于太空的恶劣自然环境下，他者并不必然是自我生存意义上的敌人，反而成为可以合作共存的伙伴。太空活动行为准则主要涉及的是太空环境和太空秩序。所以，制定太空活动行为准则是要求相关国家确保在其管辖范围内或在其控制下的太空活动，不致损害其他国家或在各国管辖范围以外地区的环境和资源。由于现有的太空安全国际法往往只有原则性规定，缺乏实施细则和监督执行机制，需要进一步加以完善。根据太空活动的形势，特别要注重积极支持有关各方推进外层空间活动行为准则的制定。

　　"良好的制度设计可以为行为体之间的互动提供信息交流的平台、增强互动过程信息的透明性，进而可以降低交易成本、减少交往中的欺诈性，促进彼此行为的可预见性。"① 太空活动行为准则的重点有以下两个方面：一是建立太空飞行器的交通规则，以避免发生太空碰撞和事故，就像在陆地上行驶有交通安全法，在海洋上行船有海洋交通法一样；二是如果出现事故，该如何处理。例如，迅速有效地处理太空碎片，防止污染扩大。区分肇事者和非肇事者，以责任大小来进行处置等。② 一个全世界认可的、对各缔约国具有强制性法律效力的国际太空活动行为准则要强调通过友好协商来找到一个各方都能接受的方案，以协调各国行动，反对霸权国家单方面主导规则的制定。目前，一些国家和共同体及有关机构已制定了较为具体的太空活动行为准则。如美国于2007年8月颁布的《美国国家宇航局限制太空碎片的技术标准过程》，美国著名军控研究智库史汀生中心（Stimson Center）于2007年10月发布了《太空大国示范行为准则》，欧盟于2008年12月颁布的《太空活动行为准则》。中国目前已经颁布了第一份控制太空碎片产生的航天业界行业标准《太空碎片减缓要求》。

---

　　① 董青岭：《复合建构主义——进化冲突与进化合作》，时事出版社2012年版，第203页。

　　② 张田勘：《用法律法规来维护外空环境，卫星相撞催生外空行为准则》，《大众科技报》2009年3月12日。

在聚合性认同的基础上，国际社会应在联合国框架内通过与美国在太空安全领域进行各种形式的互动，使美国充分地考虑到太空武器效应逆序的后果。"如果美国决策者了解太空战的严重后果，他们可能转而支持用合作的方式解决其安全关切。"① 2011 年，美国曾一度关注与欧盟就《太空活动行为准则（草案）》签署协议。美国政府试图建立有关太空发射和卫星活动的国际规则，强调"美国将为负责任的太空活动提供数据标准、最佳实践、透明度、信任建立措施以及行为规范的支持"。美国政府曾表示它将准备接受欧盟的"太空活动行为准则草案"，并对文件做最小的改动。2011 年 1 月，一个针对该行为准则的旨在减少可能撞到卫星的太空残骸物的政府跨部门审查得出了结论，它将不会损害美国在太空的利益或是限制相关研究及项目的发展。"行为规范"会对行为做出一些限制，但不会对硬件做出限制。欧洲的《太空活动行为准则（草案）》不会以任何有效方式限制部署太空武器。《太空活动行为准则（草案）》只会限制武器的使用，除非"依照联合国章程属自卫，或出于紧急安全考虑"②。美国准备接受《太空活动行为准则（草案）》主要是考虑到太空探索、利用活动的增加已经导致太空碎片的风险日益威胁到其自身的安全。"我想我们需要一个多层的方法来威慑相关的国际惯例，以及所涉及的与盟国的合作伙伴关系，以此来诱发对太空活动的约束。"但这一战略还声称美国要保留在太空的自卫权利。③ 美国原打算将欧洲版《太空活动行为准则（草案）》改造成美国版《太空活动行为准则》，后终因美国国会保守势力的反对而未果。

3. 太空特定资源管理机制建构与施动者—结构—进程的优化

在太空无论是物质结构还是观念结构都是因太空主体互动实践而

---

① 李彬、吴日强主编：《国际战略与国家安全——科学技术的视角》，中国传媒大学出版社 2008 年版，第 70 页。

② 《科学家回答美国参议员对〈外空行为规范〉提出的问题》，美国《航天评审》2011 年 3 月 7 日报道。

③ 张颖：《奥巴马欲建立外空行为规则》，《东方早报》2011 年 2 月 9 日。

产生的，但结构所产生的作用却总是处于施动者的意图之外，是不可能还原到施动者层次上的。在太空特定资源国际管理方面，国际社会已经达成一系列多边条约，如《禁止在大气层、外层空间和水下进行核试验条约》《外层空间条约》《太空物体所造成损害的国际责任公约》《禁止使用改变环境的技术公约》《关于各国在月球和其他天体上活动的协定》等。它们确认太空资源为全人类所共有观念，各国都可以对其进行自由勘测、利用和开发；对于太空环境全人类都有保护其不受破坏的义务。这些外层空间条约和有关文件已经得到国际社会的普遍认可，既是指导各国太空特定资源和平开发、利用的依据，也是太空安全国际法框架的主要组成部分。① 在太空开发、利用的进程中，为了实现人类对太空资源的可持续利用和对太空环境的保护，这些已有制度框架不仅具有控制体系暴力、限制行为体行动范围和行为方式的作用，而且已有制度框架已建构了行为体的身份和利益，并通过各种方式不断社会化行为体，使之不断为社会整体所同化而不被认为是体系中的异类。进而，拥有特定身份并知晓其利益的施动者通过彼此之间的互动，会反过来再造、加强或改变体系结构。

随着人类太空活动的深入开展，可利用的太空资源日益紧张，保护太空环境、合理开发和利用太空资源，实现太空和平利用的可持续发展等问题已经引起国际社会的普遍重视。世界各国积极推进太空国际安全合作机制的生成，还考虑到了太空特殊的环境要求，即太空某些资源的稀缺性使得人类探索、利用太空过程中出现了排他性现象。如无线电频谱的分配，地球静止轨道位置的占有，月球资源合理开发、利用的规则，避开地球辐射带，即范·艾伦带的航天轨道区的通过容量，以及拉格朗日（拉格朗治）平动点对航天器的容纳量等，均属于一定技术条件下太空稀缺有限的特定资源，它们的开发、利用在一定时间和技术条件下都具有排他性的特征，也就是说，无法做到共享性

---

① 滕建群：《2008 年国际军控与裁军形势综述》，《2009：国际军备控制与裁军报告》，世界知识出版社 2009 年版，第 11 页。

利用。随着太空实践活动的进程而日益加强的这种外部环境压力，从一个更宏观的层面推动着太空特定资源管理机制必须走向完善。

依据结构、施动者与进程之间的相互关系，在多层多次的博弈中，结构与施动者形成相互再造、相互建构的关系，在不同进程阶段形成相互影响、相互嵌套的方式，太空机制结构、太空行为施动者与太空国际合作进程三位一体，共存共生，不断进化合作。在太空开发、利用实践中，逐步制定、完善保护太空资源与环境的国际条约，实行太空天体资源的国际开发制度。"具体的制度要以自然资源开发权为核心予以建立，并包括自然资源勘探权、矿藏的技术标准、开发后自然资源的所有权、矿藏附属天体地表和地下的排他使用权以及可能产生的环境保护责任。"① 由于国际上对太空资源的开发和利用，其动机、目的和技术水平、国内政策有着极大的差别，其中更含有政治、军事等因素的影响。由此可以预见，只有国际社会在施动者—结构—进程互动磨合中达成共识，才能使国际合作机制得到发展并完善。②

例如，卫星频轨是指卫星电台使用的频率和卫星所处的太空轨道位置，是随着卫星技术的发明而开始被人类开发、利用的自然资源，是所有卫星系统建立的前提和基础，也是卫星系统建成后能否正常工作的必要条件。卫星频率主要指无线电频谱用于太空无线电业务的部分。不同频段的传播损耗是不同的，其中在 0.3—10GHz 频段的损耗最低，被称为"无线电窗口"；在 30GHz 附近频段损耗相对较小，通常被称为"半透明无线电窗口"。目前，各类卫星应用主要使用这些频段，其他频段相对损耗较大。因此，卫星电台常用频段只占无线电频谱的小部分。随着航天技术的发展和卫星应用的大量增加，卫星频轨资源日益紧张。同时，卫星在运行过程中又必须使用太空的某个轨

① 贾海龙：《外层空间自然资源开发制度的缺陷和展望》，《北京航空航天大学学报》（社会科学版）2010 年第 6 期。

② 徐祥民、王岩：《外空资源利用与外空环境保护法律制度的完善》，《中国人口·资源与环境》2007 年第 4 期。

道位置，卫星运行的轨道位置有位于赤道上空、距地面高度为 35786
千米的地球静止轨道，也有距地面几百米到 1000 千米的低轨道位置
和距地面 10000 千米左右的中轨道位置。不管是地球静止轨道位置还
是其他轨道位置，资源都是有限的。以地球静止轨道位置资源为例，
受天线接收能力的限制，同一频段、覆盖区域相同或部分重叠的对地
静止卫星只有间隔一定的距离，地球站才能区分不同卫星的信号，实
现正常的工作。因此，两颗卫星之间需要在经度上间隔不小于 2 度，
在整个地球静止轨道上的同频段卫星通常不会超过 150 个，静止卫星
轨道数量已远不能满足世界各国的需求。

　　对频轨资源进行管理的国际电信联盟及其《无线电规则》作为一
种制度性权力结构，对各国行为具有约束作用。根据国际电信联盟的
规定，一国对特定轨道位置的使用权不能转让给其他国家，一国可以
获得轨道位置的使用权，但是必须遵守国际电信联盟设定的规则。如
果因为债务人将太空资产的占有和控制权交给了外国的债权人而导致
一国不再使用该轨道位置，那么根据国际电信联盟的规则，该轨道位
置将由其他国家获得，而不一定由债权人所在国获得。[①] 根据《国际
电信联盟宪章》第四十四条，各成员国均认为无线电频率和对地静止
卫星轨道是有限的自然资源，必须依照《无线电规则》的规定合理
而有效率地节省使用；而国际电信联盟有关程序规则规定禁止在未通
知该组织的情况下转让卫星档案、轨道位置以及频率资源，即便转
让，也必须遵守有关规定。因此，国际电信联盟认为，频率资源和轨
道位置只能用来认定太空资产，而不能被视为太空资产因素的组成部
分[②]加以转让。[③]

　　[①]　"Comments on the Alternative Text Submitted by the Government of Canada," UNIDROIT
2009 C. G. E. / Space Pr. /3/ W. P. 13.

　　[②]　"Statement Made by the International Telecommunication Union," 载于 UNIDROIT 2009
C. G. E. / Space Pr. /3/ W. P. 16.

　　[③]　夏春利：《论空间资产特定问题的法律框架——〈空间资产特定问题议定书〉草案
的进展、争议焦点及前景》，《北京航空航天大学学报》（社会科学版）2011 年第 24 卷第 5
期。

地球静止轨道是一种有限的自然资源，其利用不仅应该合理，还应向所有国家开放，不管其目前的技术能力如何。这将使各国能够在公平条件下利用该轨道，特别是要牢记发展中国家的需要和利益以及某些国家的地理位置，并考虑到国际电信联盟的程序以及联合国的相关准则和决定。各个国家间旨在利用地球静止轨道的协调都应以合理、公平的方式进行，并应符合国际电信联盟的《无线电规则》。"先到者先接受服务原则"就轨道位置的利用而言是不可接受的，该原则对那些希望享有航天技术效益但尚未具备必要能力的国家造成歧视。对地球静止轨道问题的讨论应着眼于寻找确保为所有国家的利益利用该轨道的方式。①

从多路径实现国际安全合作这样一个更为宏观的层面来看，由于频率轨道资源是一种有限的、不可再生的自然资源，而且卫星轨道位于世界各国共处的宇宙太空，是全人类共有的国际资源，② 因此，频率轨道资源的获取不能完全机械地执行"先到者先接受服务原则"，必须考虑随着航天技术的发展，越来越多的逐步踏入太空的发展中国家的利益，因此，这种宏观结构的压力施动于国际电信联盟及其《无线电规则》，意味着国际电信联盟制定的规则也有一个与时俱进，不断改革完善的过程。

马克思强调："一切历史冲突都根源于生产力和交往形式之间的矛盾。"③ "也就是说，生产方式变革和人类交往实践的不断深化和矛盾运动，成为人类文明和国际社会不断发展的基本动力。"④ 确实，每次科技革命带来的人类文明的进步都是有目共睹的。每一项重大科学技术的发展作为人类征服自然改造自然能力提升的鲜明标志，它是

---

① 《联合国和平利用外层空间委员会的报告》第五十三届会议，大会正式记录，第六十五届会议补编第 20 号（2010 年 6 月 9 日至 18 日），第 23 页。

② 欧孝昆、李勇、张日军：《卫星频轨资源极为紧张，美俄已占 80% 黄金导航频段》，《解放军报》2010 年 5 月 7 日。

③ 《马克思恩格斯选集》（第 1 卷），人民出版社 2012 年版，第 196 页。

④ 姜安：《马克思的国际观及其当代价值》，《中国社会科学》2017 年第 11 期。

属于生产力层面的，因此，科技的进步会从根本上推动社会生产关系和包括政治在内的上层建筑的变动，从而推动人类文明的跃升。航海技术的突破性进步，改变了世界各国贸易的主要运输方式，海洋作为可供人类利用的无边无际的"高速公路"，谁能在全球商贸中获得先机，谁就是世界的真正霸主。如要控制这个时期的商贸要道，海军力量就成为关键，有关海上力量运用的制海权理论不仅给马汉带来了享誉海内外的名声，而且直接助推美国成为有史以来影响范围最广的霸权帝国。飞机的发明及其应用，使得空中力量以其前所未有的大范围的机动能力改变了战争的空间和形式。如何综合运用当时这一新兴力量达到击败对手的政治目标，制空权理论应运而生。航天技术作为现代科学技术的最大集成之一，它标志着人类冲出地球进入广阔无垠的"天堂"。航天技术及其应用最现实的功效就是彻底地改变着人类信息沟通的方式，使世界各国沿着利益共同体、责任共同体日益进入真正意义上的命运共同体。太空的开发、利用，以其高远位置给人类带来俯瞰地球的全球视野，也正在改变着人类的思维方式和文明生活。

太空安全机制的演化发展是物质与观念的复合结构，以及塑造这种结构的外部环境共同变化与互动的结果。冷战时期，美苏之间的太空军事竞赛一度使太空物质权力结构达到了某种"脆弱的平衡"，尽管以相互威慑为基础的身份建构本质上是一种消极的政治认同，但航天技术的低扩散度与权力结构的相对稳定，使得美苏建立起了一系列旨在维持太空两极霸权格局的双边和多边机制。然而，这些机制安排缺乏切实有效的规范认同，随着技术的变革与扩散，这些机制逐渐难以为继。正如莫尔茨所说，"由于行为体数量日益增长，而近地太空资源有限性愈发凸显"，以太空军备竞赛为实质的"冷战式"国际安全机制的"运转越来越失灵"[1]。冷战后太空国际安全领域出现低政治认同度与低暴力受控度的结合，从而导致"效率竞争型社会化"，

---

① James Clay Moltz, *Asia's Space Race: National Motivations, Regional Rivalries, and International Risks*, New York: Columbia University Press, 2012, p. 218.

在此结构下太空行为体极易优先选择那些增强其自身安全的规范,对生存竞争的追逐将使体系趋向冲突化。因此,太空的军事化困境日益深化,构建国际安全合作机制的努力举步维艰。从本书的分析框架可以看出,探讨太空安全困境的化解之道应当考虑物质与观念两者如何"耦合""互构"的问题。到实践中找答案,首先要从可操作层面把握机遇,通过太空信任措施先行,增进聚合性认同,形成较高认同度与低受控度耦合的"原则竞争型社会化"。要进一步构建太空国际安全机制,必须着眼于航天技术变革与发展的基本特点,积极探索控制体系暴力,凝聚政治认同以及推动施动者—结构—进程朝着正向互动模式演进的可行方式。更为重要的是,建构这些机制的努力无疑将需要中国、美国、俄罗斯与欧盟等主要太空行为体消弭分歧,建立共识,通过切实行动来维护与增强太空安全。从客观上看,太空安全将成为中国与其他国家建构和发展新型大国关系的重要课题。

参考文献

薄守省：《从美俄卫星相撞看外空活动的国际法规制》，《北京航空航天大学学报》2010 年第 1 期。

蔡翠红：《试论网络对当代国际政治的影响》，《世界经济与政治》2001 年第 9 期。

陈超、张剑云、刘春生、游志刚：《美国国家导弹防御系统发展分析》，《雷达与电子战》2007 年第 2 期。

陈峰君：《两种不同的安全概念与安全战略》，《世界经济与政治》1997 年第 11 期。

陈宏、王震雷：《外空战争风云录》，中国友谊出版社 2003 年版。

程浩：《外空探索促进人类安全——专访联合国外层空间事务办公室主任》，联合国电台网站（http://www.unmultimedia.org/radio/chinese/archives/173602/），2012 年 10 月 4 日。

程群、何奇松：《美国国家安全外空战略评析》，《现代国际关系》2011 年第 3 期。

戴维·鲍德温主编：《新现实主义和新自由主义》，肖欢容译，浙江人民出版社 2001 年版。

戴旭：《太空：战争最后的高地》，《当代军事文摘》2007 年第 3 期。

丁树范：《中美关于外空、导弹防卫与核武政策争议之研究》，《中国大陆研究》2010 年第 53 卷第 1 期。

董青岭：《现实建构主义与自由建构主义：一种研究纲领内部的分化》，《世界经济与政治》2008 年第 12 期。

董青岭：《复合建构主义——进化冲突与进化合作》，时事出版社
　　2012年版。

［俄］切尔托克·鲍里斯·叶夫谢耶维奇：《21世纪航天：2101年前
　　的发展预测》，张玉梅、杨敬荣译，国防工业出版社2014年版。

樊晨：《美国一体化弹道导弹防御系统传感器发展综述》，《系统工
　　程》2007年第2期。

方勇：《美国推进快速全球打击计划》，《新时代国防》2010年第
　　8期。

《各国对空间碎片、核动力源空间物体的安全以及这些物体与空间碎
　　片的碰撞问题的研究》，联合国文件，编号A/AC.105/770。

耿艳栋、肖建军：《关于空天一体化的初步研究》，《装备指挥技术学
　　院学报》2004年第6期。

何奇松：《脆弱的高边疆：后冷战时代美国太空威慑的战略困境》，
　　《中国社会科学》2012年第4期。

何奇松：《外空透明与信任建设机制刍议》，《社会科学》2012年第
　　12期。

贺其治：《加强制止外空军备竞赛的法律措施》，《国际问题研究》
　　1984年第4期。

贺其治：《外层空间法》，法律出版社1992年版。

侯权峰：《国际外空法的基本原则》，《问题与研究》2003年第42卷
　　第5期。

胡大平：《马克思主义理论中的空间问题谱系研究》，《哲学文摘》
　　2012年第2期。

《黄惠康在联合国外空委阐述我利用外层空间新主张》，中国外交部
　　网站，2011年6月7日。

黄解放：《空间法的"共同利益"原则——〈外空条约〉第一条第一
　　款再探讨》，《中国国际法年刊》1987年卷。

贾海龙：《外层空间自然资源开发制度的缺陷和展望》，《北京航空航
　　天大学学报》（社会科学版）2010年第6期。

焦兵：《现实建构主义：国际政治的权力建构》，《世界经济与政治》
　　2008 年第 4 期。

金伟新：《战略导弹反制 NMD 效能分析模型与反制对策研究》，《系
　　统工程理论与实践》2002 年第 11 期。

匡兴华、朱启超、张志勇：《美国新型战略武器发展综述》，《国防科
　　技》2008 年第 1 期。

雷怀：《俄计划外空复兴 反卫星武器可打两千公里高卫星》，《青年参
　　考》2006 年 11 月 27 日。

黎弘：《复杂多元化的全球核安全环境》，《和平与发展》2010 年第
　　3 期。

黎弘、滕建群、武天富等：《2010：国际军备控制与裁军》，世界知
　　识出版社 2010 年版。

李彬：《军备控制理论与分析》，国防工业出版社 2006 年版。

李彬、聂宏毅：《中美战略稳定性的考察》，《世界经济与政治》2008
　　年第 2 期。

李彬、吴日强主编：《国际战略与国家安全——科学技术的视角》，中
　　国传媒大学出版社 2008 年版。

李滨：《国际裁军实践中的外空非武器化问题分析》，《国际观察》
　　2010 年第 5 期。

李滨：《美俄卫星相撞事件中的国际法问题探析》，《北京航空航天大
　　学学报》（社会科学版）2011 年第 4 期。

李寿平：《外层空间的军事化利用及其法律规制》，《法商研究》2007
　　年第 3 期。

李小军：《导弹扩散治理机制的困境及其出路》，《国际问题论坛》
　　2006 年第 42 期。

李燕妙：《试析人类共同继承财产的概念与基本内涵》，《中山大学学
　　报论丛》2004 年第 2 期。

李志刚：《攻防理论及其评价》，《国际论坛》2004 年第 6 期。

《联合国和平利用外层空间委员会的报告》第五十三届会议，大会正

式记录，第六十五届会议补编第 20 号（2010 年 6 月 9 日至 18
　　日）。

《联合国与外层空间有关的条约和原则》，纽约，联合国出版物，
　　2002 年。

刘华秋等：《军备控制与裁军手册》，国防工业出版社 2000 年版。

罗伯特·基欧汉、约瑟夫·奈：《权力与相互依赖》，门洪华译，北
　　京大学出版社 2002 年版。

马新民：《国际外空法的现状及发展趋势》，赵海峰主编：《空间法评
　　论》（第 2、3 卷），哈尔滨工业大学出版社 2009 年版。

马新民：《国际外空立法的发展与我国的空间政策和立法》，《中国航
　　天》2008 年第 2 期。

［美］艾尔福特·加德纳等：《空间力量理论与战略研究文集》，杨乐
　　平、彭望琼编译，国防科技大学出版社 2013 年版。

［美］安德鲁·M. 赛斯勒（研究小组组长）等：《NMD 与反制
　　NMD》（原名：《反制措施》），卢胜利、米建军译，国防大学出版
　　社 2001 年版。

［美］丹尼尔·格雷厄姆：《高边疆——新的国家战略》，张健志、马
　　俊才、傅家祯译，军事科学出版社 1988 年版。

《美国法典第 51 编——国有与商业空间活动法》，徐能武等译，国防
　　科技大学出版社 2018 年版。

《美国国防部 2006 年四年防务审查报告》，军事科学院世界军事研究
　　部译，军事科学出版社 2006 年版。

美国卡内基国际和平基金会研究报告：《普遍履约：全新的核安全战
　　略》，中国军控与裁军协会译，世界知识出版社 2005 年版。

美国战略与国际问题研究中心（CSIS）：《沉寂的外太空——21 世纪
　　外空探索的全球准则》，《载人航天探索计划报告》，2005 年 2 月
　　15—16 日于布鲁塞尔发布。

［美］汉斯·摩根索著，［美］肯尼思·汤普森、戴维·克林顿修订：
　　《国家间政治——权力斗争与和平》，徐昕、郝望、李保平译，王缉

思校，北京大学出版社 2006 年版。

［美］罗伯特·基欧汉：《霸权之后——世界政治经济中的合作与纷争》，上海人民出版社 2001 年版。

［美］曼瑟尔·奥尔森：《集体行动的逻辑》，陈郁、郭宇峰、李崇新译，上海三联书店 1995 年版。

［美］琼·约翰逊—弗里泽：《空间战争》，叶海林、李颖译，国际文化出版公司 2008 年版。

［美］萨莉·马丁、贝思·西蒙斯编：《国际制度》，黄仁伟、蔡鹏鸿等译，上海人民出版社 2006 年版。

［美］斯蒂芬·D. 克拉斯纳：《结构冲突：第三世界对抗全球自由主义》，浙江人民出版社 2001 年版。

［美］詹姆斯·德·代元主编：《国际关系理论批判》，秦治来译，浙江人民出版社 2003 年版。

慕建峰：《新秩序，还是老制度——〈制度、战略约束和美国战后秩序的持续〉评介》，《美国研究》2002 年第 1 期。

聂春明、王志波、毛翔、吴志丹编译：《太空力量与国家安全》，航空工业出版社 2016 年版。

聂资鲁：《联合国和平利用外层空间委员会与国际法》，《法学杂志》2008 年第 6 期。

聂资鲁：《外层空间军备控制与国际法》，《甘肃政法学院学报》2007 年第 4 期。

牛姗姗：《外层空间非军事化法律制度构建思考》，《江苏警官学院学报》2009 年第 24 卷第 6 期。

潘菊生、陈银娣：《空间国际条约及军备控制情况》，《外国军事学术》2005 年第 3 期。

秦立新、李大光：《航天飞机将谢幕，空天飞行器欲登台》，《解放军报》2011 年 7 月 21 日。

秦晓程：《外层空间商业化活动的国际法问题》，《中国国际法年刊》1993 年。

秦亚青、亚历山大·温特：《建构主义的发展空间》，《世界经济与政治》2005 年第 1 期。

任晓主编：《国际关系理论新视野》，长征出版社 2001 年版。

盛红生、曹莉、曾蕾：《国际裁军与裁军初探》，《武汉大学学报》（哲学社会科学版）1995 年第 1 期。

税世鹏：《新世纪初军用卫星技术及市场发展评析》，《中国航天》2000 年第 3 期。

苏晓辉：《美国外空战略的新动向及其发展前景》，《国际问题研究》2008 年第 4 期。

孙关宏、胡雨春、任军锋主编：《政治学概论》，复旦大学出版社 2015 年版。

孙来燕：《中国航天的发展战略和重点领域》，《中国工程科学》2006 年第 8 期。

谭显裕：《21 世纪美军外空战发展的武器装备研究》，《航天电子对抗》2004 年第 1 期。

唐永胜、徐弃郁：《寻求复杂的平衡——国际安全机制与主权国家的参与》，世界知识出版社 2004 年版。

陶平、王振国、陈小前：《论空间安全》，国防科技大学出版社 2007 年版。

特蕾莎·希钦斯（Theresa Hitchens）：《外空大战离我们还有多远?》，郭凯声译，《环球科学》2008 年第 4 期。

滕建群：《2008 年国际军控与裁军形势综述》，《2009：国际军备控制与裁军报告》，世界知识出版社 2009 年版。

滕建群：《外层空间实力竞争与限制外层空间武器化》，《2009：国际军备控制与裁军报告》，世界知识出版社 2009 年版。

田野：《国际协议自我实施的机理分析：一种交易成本的视角》，《世界经济与政治》2004 年第 12 期。

田曾佩主编：《改革开放以来的中国外交》，世界知识出版社 1993 年版。

王君：《防止外空武器化问题及前景评估》，《现代国际关系》2002 年
　第 12 期。

王孔祥：《国际外层空间法和国内外层空间法的关系》，《中国航天》
　2006 年第 11 期。

王孔祥：《外空军备竞赛对外层空间法的挑战》，《武汉大学学报》
　（哲学社会科学版）2005 年第 5 期。

王铁崖：《论人类共同继承遗产的概念》，《中国国际法年刊》
　1984 年。

王友利、伍赣湘：《美国空间对抗体系及典型装备发展研究》，黎弘
　主编：《2012：国际军备控制与裁军》，世界知识出版社 2012 年版，
　第 102 页。

王岳川：《空间文明时代的中国文化身份》，《学术月刊》2006 年第
　7 期。

吴勤、高雁翎：《美国的空间对抗装备技术》（上），《中国航天》
　2007 年第 7 期。

熊光楷：《江主席“七·一”重要讲话对国际战略思想的新发展》，
　《国际政治研究》2002 年第 3 期。

熊小龙、李荣刚、由大德、张世燎：《夺取制太空权》，《飞航导弹》
　2005 年第 10 期。

徐海玉主编：《美军空天对抗理论与技术研究》（上册），哈尔滨工业
　大学出版社 2002 年版。

徐能武：《国际安全机制理论与分析》，中国社会科学出版社 2008
　年版。

徐能武：《空间政治学——政治文明新高地的复合建构之道》，中国社
　会科学出版社 2015 年版。

徐能武：《论技术性级差空租与外层空间安全机制的成长》，《东南亚
　纵横》2008 年第 5 期。

徐能武：《论外层空间军备控制权力建构的实质》，《南京航空航天大
　学学报》2010 年第 4 期。

徐能武：《外层空间安全战略研究》，中国社会科学出版社 2018
年版。

徐能武：《外层空间国际关系研究》，中国社会科学出版社 2010
年版。

徐能武：《外层空间军备控制研究》，军事科学出版社 2017 年版。

徐祥民、王岩：《外空资源利用与外空环境保护法律制度的完善》，
《中国人口·资源与环境》2007 年第 4 期。

徐治立、殷优优：《航天科技对人类社会的影响》，《科学学研究》
2006 年第 24 卷增刊。

亚里士多德：《尼各马科伦理学》，《亚里士多德全集》（第 8 卷），中
国人民大学出版社 1990 年版。

亚里士多德：《政治学》，中国人民大学出版社 2003 年版。

燕继荣：《政治学十五讲》，北京大学出版社 2004 年版。

杨乐平：《国际外空安全与外空武器化评述》，《2006：国际军备控制
与裁军报告》，世界知识出版社 2006 年版。

仪名海、马丽丽：《推进外层空间军备控制发展的必要途径》，《中国
海洋大学学报》（社会科学版）2008 年第 6 期。

仪名海、马丽丽：《外空非军事化的意义》，《2009：国际军备控制与
裁军报告》，世界知识出版社 2009 年版。

仪名海：《外层空间国际关系研究的意义及其体系的构建》，《中国海
洋大学学报》（社会科学版）2006 年第 3 期。

尹玉海：《国际空间立法概览》，中国民主法制出版社 2005 年版。

袁俊：《原苏联发展反卫星武器的回顾》，《现代防御技术》2000 年第
5 期。

袁易：《重新思考外层空间安全：一个中国建构安全规范之解析》，
《中国大陆研究》2009 年第 52 卷第 2 期。

詹姆斯·N. 罗西瑙：《没有政府的治理》，江西人民出版社 2001
年版。

张浩：《外空军控的机制设计——以建立信任措施为例》，《国际问题

论坛》2007 年夏季号（总第 47 期）。

张钧：《当代中国的航天事业》，中国社会科学出版社 1986 年版。

张明、李锁库：《空间信息作战与国际空间法》，《装备指挥技术学院
　　学报》2003 年第 2 期。

张羽：《论联合战斗》，国防大学出版社 2003 年版。

张泽：《外空安全战略研究——兼论中国外空安全战略框架设计》，博
　　士学位论文，外交学院，2012 年。

赵海峰：《欧洲外空法律政策及其对中国与亚洲的影响》，《北京航空
　　航天大学学报》2011 年第 1 期。

赵海峰：《外空武器化与国际法治》，《学习与探索》2011 年第 2 期。

赵秀兰、刘汉宗：《美、俄的外空战准备》，《现代防御技术》2004 年
　　第 1 期。

赵秀敏：《论外层空间法对空军发展战略的影响》，《西安政治学院学
　　报》2009 年第 5 期。

郑道光：《外空军事对抗与国家安全》，《军事学术》2002 年第
　　3 期。

中俄联合工作文件：《防止在外空部署武器、对外空物体使用或威胁
　　使用武力国际法律文书要点（草案）》，中华人民共和国外交部，
　　http：// www. fmprc. gov. cn/chn/pds/ziliao/tytj/zcwj/t4803. htm。

《中国代表团团长胡小笛大使在第 60 届联大一委关于空间问题的专题
　　发言》，《2006：国际军备控制与裁军报告》，世界知识出版社 2006
　　年版。

《中国、俄罗斯代表团联合向裁军谈判会议提交的关于"防止外空军
　　备竞赛的核查"的工作文件（CD/1781）》，中华人民共和国外交部
　　网站，http：//www. fmprc. gov. cn/mfa_ chn/ziliao_ 611306/tytj_
　　611312/zcwj_ 611316/t309185. shtml。

《中国、俄罗斯代表团联合向裁军谈判会议提交的关于"外空活动透
　　明和建立信任措施与防止在外空部署武器"的工作文件》（CD/
　　1778），中华人民共和国外交部网站。

中国国际战略学会军控与裁军研究中心：《国际军控与裁军形势分析及展望》，《求是》2008 年第 19 期。

中国国家航天局：《2011 年中国的航天》白皮书，http：//www. cnsa. gov. cn/n1081/n7529/n308593/426809. html。

中国科学院国家科学图书馆：《天基预警有效载荷技术综述》，《科学研究动态监测快报——空间光电科技专辑》（第 6 期）。

中华人民共和国驻联合国日内瓦办事处和瑞士其他国际组织代表团，Conference Report Safeguarding Space Security：Prevention of an Arms Race in Outer Space，http：//www. china-un. ch/chn/cjjk/backgroud-ers2/t203790. htm 。

朱文奇：《国际法与外空军事化问题研究》，《领导者》2008 年 6 月号，总第 22 期。

朱阳明主编：《国际安全战略论》，军事科学出版社 2000 年版。

邹明皓、李彬：《美国军事转型对国际安全的影响——攻防理论的视角》，《国际政治科学》2005 年第 3 期。

《21 世纪的空间政治学和航天发展预测》，党政、宋尧译，《载人航天信息》2013 年第 4 期。

Abraham M. Denmark and James Mulvenon, *Contested Commons*：*The Future of American Power in a Multipolar World*, Washington, D. C. ：Center for a New American Security, 2010.

"Agreement Governing the Activities of States on the Moon and Other Celestial Bodies," United Nations Office for Outer Space Affairs, http：//www. unoosa. org/oosa/en/SpaceLaw/moon. html.

"Agreement on the Rescue of Astronauts, the Return of Astronauts and the Return of Objects Launched into Outer Space," United Nations Office for Outer Space Affairs, http：//www. unoosa. org/oosa/en/SpaceLaw/rescue. html.

Alexander Kelle, Kathryn Nixdorff and Malcolm Dando, *Controlling Biochemical Weapons*：*Adapting Multilateral Arms Control for the 21th Centu-*

ry, New York: Palgrave Macmillam, 2006.

Alison J. Williams, "Beyond the Sovereign Realm: The Geopolitics and Power Relations in and of Outer Space," *Geopolitics*, Vol. 15, 2010.

Amy F. Woolf, *Conventional Prompt Global Strike and Long-Range Ballistic Missiles: Background and Issues*, Congressional Research Service, August 26, 2014.

Andreas Hasenclever, Peter Mayer and Volker Rittberger, *Theories of International Regimes*, London: Cambridge University Press, 1997.

Bao Shixiu, "Deterrence Revisited: Outer Space," *China Security*, Winter 2007.

Barry D. Watts, *The Case for Long Range Strike: 21st Century Scenarios*, Center for Strategic and Budgetary Assessments (CSBA), Washington, 2008. 12.

Bates Gill, *Rising Star: China's New Security Diplomacy*, Brookings Institution Press, March 2007.

Bhupendra Jasani ed. , *Peaceful and Non-peaceful Uses of Space: Problems of Definition for the Prevention of An Arms Race*, New York: Taylor & Francis, 1991.

Bin Cheng, *Studies in International Space Law*, Oxford: Clearendon Press, 1997.

Brent Steele, "Liberal-Idealism: A Constructivist Critique," *International Studies Review*, Vol. 9, No. 1, 2007.

"Bridging the Gap: Toward A Realist-Constructivist Dialogue," *International Studies Review*, Vol. 6, No. 6, 2004.

Budget Busters, The USA's SBRIRS-High Missile Warning Satellites, Defense Industry Daily. June 26. 2014, http://www. defenseindustrydaily. com/cat/projects/project-management/feed/.

Cenan Al-Ekabi, Blandina Baranes, Peter Hulsroj and Arne Lahcen (eds.), *Yearbook on Space Policy* 2011/2012, New York: Springer

Wien Heidelberg, 2014.

Charles D. Lutes, Peter L. Hays, Vincent A. Manzo, Lisa M. Yambrick and M. Elaine Bunn (eds.), *Toward a Theory of Spacepower*: *Selected Essays*, Washington, DC: National Defense University Press, 2011.

Charles L. Glaser and Chaim Kaufmann, "What Is the Offense Defense Balance and Can We Measure It?" *International Security*, Vol. 22, No. 4, Spring 1998.

Chris Brown (2012), "Realism: Rational or Reasonable?" *International Affairs*, Vol. 88, No. 4.

Chris Pocock, Germany's SAR-Lupe Constellation Puts Europe ahead, Defense News, November 6, 2006, http: //www. defensenews. com/worldnews/2006/11/06/Europeannews. shtml > .

Committee on International Security and Arms Control, National Academy of Sciences, *The Future of US Nuclear Weapons Policy*, National Academy Press, Washington, DC, 1997.

Conference on Disarmament CD/1693/Rev. 1. 5 September 2003: Initiative of the Ambassadors Dembri, Lint, Reyes, Salander and Vega, Proposal of a Programme of Work, revised at the 932nd plenary meeting on Thursday, 26 June 2003. http: // www. reaching criticalwill. org/political/cd/A5.

"Convention on International Liability for Damage Caused by Space Objects," United Nations Office for Outer Space Affairs, http: //www. unoosa. org/oosa/en/SpaceLaw/liability. html.

"Convention on Registration of Objects Launched into Outer Space," United Nations Office for Outer Space Affairs, http: //www. unoosa. org/oosa/en/SORegister/regist. html.

David Dessler and John Owen (2005), "Constructivism and the Problem of Explanation: A Review Article," *Perspectives on Politics*, Vol. 3, No. 3.

David Grondin, *The (Power) Politics of Space*: *the US Astropolitical Dis-*

course of Global Dominance in the War on Terror, San Diego, the ISA Convention, March 25, 2006.

David Koplow, "International Safe Standards and the Weaponization of Space," *Space: The Next Generation-Conference Report*, 31 March – 1 April 2008, Geneva: UNIDIR, 2008.

David P. Barash, *The Arms Race and Nuclear War*, Belmont, CA. : Wadsworth Publishing Co. , 1987.

David Wright, Laura Grego and Lisbeth Gronlund, *Space Security Physics, Reference Book*, Massachusetts, Cambridge: The American Academy of Arts and Sciences, 2005, p. 4, http://www. amacad. org/projects/science. aspx.

Departments of Defense and State, *Final Report to Congress Section* 1248 *of the National Defense Authorization Act for Fiscal Year* 2010 (*Public Law* 111 – 84), p. 4, http://www. defense. gov/home/features/2011/0111_nsss/docs/1248_ Report_ Space_ Export_ Control. pdf.

D. M. Johnston and Ronald S. T. Macdonald eds. , *The Structure and Process of International Law*, Leiden, NL. : Kluwer Law International, 1983.

Efstathios T. Fakiolasa and Tassos E. Fakiolas, *Space Control and Global Hegemony*, *The Korean Journal of Defense Analysis*, Vol. 21, No. 2, June 2009.

Everett C. Dolman, "Geostrategy in the Space Age: An Astropolitical Analysis," *Journal of Strategic Studies*, Vol. 22, No. 2 – 3, 1999.

Everett Dolman, *Astropolitik: Classical Geopolitics in the Space Age*, London: Frank Cass. 2002.

Forrest E. Morgan, *Deterrence and First-Strike Stability in Space: A Preliminary Assessment*, RAND, 2010.

Frank A. Rose, "Challenges in Europe: Remarks at the 6th International Conferenceon Missile Defense," http://www. state. gov/t/vci/rls/137991. htm.

Fraser MacDonald, "Anti-Astropolitik—Outer Space and the Orbit of Geography," *Progress in Human Geography*, 31 (5), 2007.

Fraser Macdonald, "Space and the Atom: On the Popular Geopolitics of Cold War Rocketry," *Geopolitics*, Vol. 13, 2008.

Friedrich V. Kratochwi, *Rules, Norms, and Decisions: On the Conditions of Practical and Legal Reasoning in International Relations and Domestic Affairs*, Cambridge: Cambridge University Press, 1989.

Geoffrey Herrera (2006), *Technology and International Transformation: The Railroad, the Atom Bomb, and the Politics of Technological Change*, Albany, NY: State University of New York Press.

Glenn H. Reynolds and Robert P. Merges, *Outer Space: Problems of Law and Policy*, 2nd ed. , Boulder, CO. : Westview Press, 1997.

"Gulf War 20th: Some Lessons Learned from the Land War," Defense Media Network, http://www. defensemedianetwork. com/stories/gulf-war-20th-some-lessons-learned-from-the-land-war/.

Guy B. Roberts, *This Arms Control Dog Won't Hunt: The Proposed Fissile Material Cut-off Treaty at the Conference of Disarmament*, Colorado Spring, Colo. : USAF Institute for National Security Studies, 2001.

Gwendolyn M. Hall, John T. Capello, Stephen R. Lambert, "A Post-Cold War Nuclear Strategy Model," USAF Institute for National Security Studies, Colorado, July, 1998.

Harold W. Bashor, Jr. , *The Moon Treaty Paradox*, Philadelphia, PA. : Xlibris Corporation, 2004.

Helen Caldicott and Craig Eisendrath (2007), *War in Heaven: The Arms Race in Outer Space*, New Press.

Henry Kissinger, *Does America Need a Foreign Policy?*, New York: Simon & Schuster, 2001.

Hugo L. E. Meijer, "Reflections on Politics, Strategy and Norms in Outer Space," *Defense & Security Analysis*, Vol. 25, No. 1, March 2009.

Hui Zhang, "Action/Reaction: U. S. Space Weaponization and China," *Arms Control Today*, December 2005, http://www. armscontrol. org/act/2005_ 12/Dec-cvr. asp.

Hui Zhang, "FMCT and PAROS: A Chinese Perspective," *International Network of Engineers and Scientists against Proliferation Bulletin*, No. 20, http://www. inesap. org/bulletin20/bul20art06. htm.

Jack Levy, "The Causes of War and the Conditions of Peace," *Annual Review of Political Science*, Vol. 1, 1998.

Jack S. Levy, "The Offensive Defensive Balance of Military Technology: A Theoretical Analysis," *International Studies Quarterly*, Vol. 38, No. 2, June 1984.

James Andrew Lewis, "Galileo and GPS: From Competition to Cooperation," Center for Strategic and International Studies, June 2004.

James Andrew Lewis, "Space Exploration in a Changing International Environment," Center of Strategic and International Studies, July 2014.

James Clay Moltz (2012), *Asia's Space Race: National Motivations, Regional Rivalries, and International Risks*, New York: Columbia University Press.

James Clay Moltz, *The Politics of Space Security*, Stanford University Press, Stanford, California, 2008.

James S. Ormrod, "Beyond World Risk Society? A Critique of Ulrich Beck's World Risk Society Thesis as a Framework for Understanding Risk Associated with Human Activity in Outer Space," *Society and Space*, Vol. 31, 2013.

Jana Honkova, "The Russian Federation's Approach to Military Space and Its Military Space Capabilities," George C. Marshall Institute, November 2013.

Janice Mattern, "Power in Realist Constructivism Research," *International Studies Review*, Vol. 6, No. 2, 2004.

Jean du Preez, A Ban on Fissile Material as an Objective of the NPT, http：//
cns. miis. edu/search97cgi/s97＿cgi？action＝View&VdkVgwKey＝..%
2F..%2Fcnsweb%2Fhtdocs%2Fpubs%2Fionp%2Ffissban. htm&queryzip
＝FMCT&Collection＝CNS＋Web＋Site.

Jeffrey Legro and Andrew Moravcsik, "Is Anybody a Realist?" *International
Security*, Vol. 24, No. 2, Fall 1999.

Jeffrey T. Checkel (1998), "The Constructivist Turn in International Rela-
tions Theory," *World Politics*, Vol. 50, No. 2.

Jeremy Singer, "Space-Based Missile Interceptors Could Pose Debris
Threat," *Space News*, 13 September 2004.

Jing-dong Yuan, "Culture Matters：Chinese Approaches to Arms Control
and Disarmament," in Keith R. Krause ed. , *Culture and Security*：*Multi-
lateralism*, *Arms Control and Security Building*, London：Frank
Cass, 1999.

John Mohanco, Russia Concerned about Space Weapons Deployment -Putin,
Moscow News, November 9, 2006. http：//www. mosnews. com/news/
2006/11/09/spacewar. shtml＞.

J. Samuel Barkin, "Realist Constructivism," *International Studies Review*,
No. 5, 2003.

Keith Payne, Thomas Scheber, Mark Schneider, David Trachtenberg,
Kurt Guthe, *Conventional Prompt Global Strike*：*A Fresh Perspective*,
National Institute Press, June 2012.

Kevin Whitelaw, "The Problem of Space Debris," (4 December 2007),
U. S. News and World Report, online：http：//www. usnews. com/arti-
cles/news/2007/12/04/the-problem-of-space-debris. html.

Luncedo Ngcofe and Keith Gottschalk, "The Growth of Space Science in
African Countries for Earth Observation in the 21st Century," *South Afri-
can Journal of Science*, Vol. 109, No. 1/2, January/February 2013.

Marcia S. Smith, "Military and Civilian Satellites in Support of Allied Forces in the Persian Gulf War," Congressional Research Service Report for Congress, February 27, 1991.

Matthew J. Von Bencke, *The Politics of Space: A History of U. S. – Soviet/ Russian Competition and Cooperation in Space*, Colorado: Westview Press, 1997.

Michael Barnett and Raymond Duvall, "Power in International Politics," *International Organization*, Vol. 59, No. 1, 2005.

Michael Krepon, *Space Assurance or Space Dominance: The Case against Weaponizing Space*, Henry L. Stimson Center, 2003.

Min-Hua Huang, "Constructive Realism: An Integrated IR Theory of Idea, Strategy, and Structure, " paper prepared for presentation at the Annual Conference of the Midwest Political Science Association, Chicago, April, 2003.

M. J. Peterson, *International Regimes for the Final Frontier*, New York: State University of New York, 2005.

National Research on Space Debris, Safety of Space Objects with Nuclear Power Sources on Board and Problems Relating to Their Collision with Space Debris, Committee on the Peaceful Uses of Outer Space, November 30, 2001, A/AC. 105/770.

National Security Space Strategy Unclassified Summary, U. S. Department of Defense and Office of the Director of National Intelligence, 2011.

Oran R. Young and Marc A. Levy, " The Effectiveness of International Environmental Regimes," in Oran Young (ed.), *The Effectiveness of International Environmental Regimes: Causal Connections and Behavioral Mechanisms*, 1999.

Oran R. Young, "Regime Dynamics: The Rise and Fall of International Regimes," in Stephen Krasner (ed.), *International Regimes*, Ithaca: Cornell University Press, 1983.

"Outer Space Militarization, Weaponization, and the Prevention of an Arms

Race," Reaching Critical Will, http: //www. reachingcriticalwill. org/
legal/paros/parosindex. html.

Paul. D. Brown, *U. S. Nuclear Deterrence Policy: Do We Have It Right?*
U. S. Army War College, March 15, 2008.

Paul Mann, "Bush Team Rethinks Strategic Doctrine," *Aviation Weekly &
Space Technology*, Vol. 154, No. 4, January 22, 2001.

Peter Dickens, *The Humanization of the Cosmos—To What End?*, *Monthly
Review*, November 2012.

Raymond Duvall and Jonathan Havercroft, *Taking Sovereignty out of This
World: Space Weapons and Empire of the Future*, *Review of International
Studies*, Vol. 34, No. 04, October 2008.

Rhianna Tyson, "Advancing a Cooperative Security Regime in Outer
Space," *Policy Brief*, May 2007, http: //www. gsinstitute. org/gsi/
pubs/05 – 07-space-brief.

Robert Gilpin, *War and Change in World Politics*, New York: Cambridge
University Press, 1981.

Robert G. Joseph, *Remarks on the President's National Space Policy—Assur-
ing America's Vital Interests*, *Remarks to Center for Space and Defense Fo-
rum*, Jan. 11, 2007, URL.

Robert Jervis, "Cooperation under the Security Dilemma," *World Politics*,
Vol. 30, No. 2, January 1978.

Robert P. Merges, Glenn H. Reynolds, "Rules of the Road for Space?:
Satellite Collisions and the Inadequacy of Current Space Law," *The Envi-
ronmental Law Reporter (ELR) News & Analysis*, Volume 40. Issue 1,
2010. 01.

Roger Handberg and Zhen Li, *Chinese Space Policy: A Study in Domestic
and International Politics*, Routledge, New York, 2007.

Roger Zane George, "The Economics of Arms Control," *International Secu-
rity*, (Winter), 1978, (3).

Rosita Dellios, *China and Outer Space*, in Emilian Kavalski (ed.), *Ashgate Research Companion on Chinese Foreign Policy*, London, 2012.

Rudra Sil and Peter Katzenstein (2010), *Beyond Paradigms: Analytic Eclecticism in the Study of World Politics*, Palgrave Macmillan.

Scott J. Shackelford, "Governing the Final Frontier: A Polycentric Approach to Managing Space Weaponization and Debris," *American Business Law Journal*, Summer, 2014.

Shannon K. Orr, "An International Regime Analysis of Outer Space," *International Journal of Politics and Ethics*, chapter 10. 16 pgs.

Sheng-Chih Wang, "The Making of New ' Space ' : Cases of Transatlantic Astropolitics," *Geopolitics*, Vol. 14, 2009.

Slava Gerovitch, " ' Why Are We Telling Lies? ' The Creation of Soviet Space History Myths," *The Russian Review*, No. 70, July 2011.

Space and Missile Systems Center, *Space Based Space Surveillance: Revolutionizing Space Awareness*, Space and Missile Systems Center. 2010.

Space Based Space Surveillance Makes Headway [SBSS], Defense Industry Daily. http: //www. defenseindustrydaily. com/preventing-a-space-pearl-harbor-sbss-program-to-monitor-the-heavens-06106/.

Statement by Theresa Hitchens, before the Subcommittee on National Security and Foreign Affairs, Committee on Oversight and Government Reform, U. S. House of Representatives, May 23, 2007, URL.

Stephen D. Krasner, "Global Communications and National Power: Life on the Pareto Frontier," *World Politics*, Vol. 43, 1991.

Stephen D. Krasner, "Structural Causes and Regime Consequences: Regimes as Intervening Variables," in Stephen Krasner (ed.), *International Regimes*, Ithaca: Cornell University Press, 1983.

The Airforce Association, Gulf War II-Air and Space Power Led the Way. http//: www. saf. org/media/reports/gulfwar. pdf. 2004/02/10.

The International Wideband Global SATCOM (WGS) Program, https: //

www. defenseindustrydaily. com/americas-wideband-gapfiller-satellite-pro-gram-02733/.

The Physics of Space Security (2005), Union of Connected Scientists. ht-tp：//www. ucsusa. org/nuclear_ weapons_ and_ global_ security/so-lutions/space-weapons/the-physics-of-space-security. html.

The White House, "The National Security Strategy of the United States," September 20, 2002, http：//www. whitehouse. gov/nsc/.

Thomas Graham, Jr. and Damien J. LaVera, *Cornerstones of Security*：*Arms Control Treaties in the Nuclear Era*, Seattle：University of Washington Press, 2003.

"Treaty on Principles Governing the Activities of States in the Exploration and Use of Outer Space, includingthe Moon and Other Celestial Bodies," United Nations, Office for Outer Space Affairs, http：//www. unoosa. org/oosa/en/SpaceLaw/outerspt. html.

UNIDIR, Space Security 2009：Moving towards a Safer Space Environment-Conference Report, 15 – 16 June, New York：United Nations, 2009.

"United Nations Office for Outer Space Affairs, United Nations Committee on the Peaceful Uses of Outer Space：Member," United Nations, Office for Outer Space Affairs, http：//www. unoosa. org/oosa/COPUOS/mem-bers. html.

United Nations, Official Documents System of the United Nations, http：// daccessdds. un. org/doc/UNDOC/GEN/N00/231/83/PDF/N0023183. pdf? OpenElement.

United States Department of Defense, "Secretary Rumsfeld Announces Ma-jor National Security Space Management and Organizational Initiative," News Release, No. 201 – 01, May 8, 2001, http：//www. defenselink. mil/news/May2001/b05082001_ bt201 – 01. html.

U. S. President George W. Bush, "The Assurance of Freedom," *New York Time*, September 12, 2002.

Vishnu Anantatmula (2013), "U. S. Initiative to Place Weapons in Space: The Catalyst for a Space-Based Arms Race with China and Russia," *Astropolitics: The International Journal of Space Politics & Policy*, Vol. 11, No. 3.

Walter A. McDougall, *The Heavens and the Earth: A Political History of the Space Age*, Baltimore: Johns Hopkins University Press, 1985, 1997.

Waltz, *Theory of International Politics*, Reading, Mass.: Addison-Wesley, 1979.

Wendy Frieman, *China, Arms Control, and Nonproliferation*, London: Routledge, 2004.

W. Henry Lambright, *Space Policy in the Twenty-First Century*, Baltimore: Johns Hopkins University Press, 2002.

William J. Lynn, III, "A Military Strategy for the New Space Environment," *The Washington Quarterly*, Summer 2011, 34: 3.

William S. W. Chang, "China and the Comprehensive Test Ban Treaty Negotiations," *Stanford Journal of East Asian Affairs*, Vol. 1 (Spring 2001), http://www. stanford. edu/group/sjeaa/journal1/china3. pdf.

Wingfield, Thomas C., "Legal Aspects of Offensive Information Operations in Space," *Journal of Legal Studies* (*USAFA*), 1998/1999, (9).

Zou Yunhua, "China and the CTBT Negotiations," Center for International Security Cooperation, Stanford University, December 1998, http://www. ciaonet. org/wps/yuzol/index. html.

后　记

性定心自远，执着问苍穹。登堂入室于政治学的宏伟宫殿，醉心探究人们在对美好生活的向往中，如何由公共理性抑制体系暴力，为"善"的政治生活创造必要的秩序前提。基于此学术信仰，我紧扣"政治权力如何控制体系暴力"这一研究主题，将视野从国内扩展到国际，乃至全球政治层面，铺搭起毕生攀登的"学术天梯"。抬头仰望，愈感艰辛！天缘政治学（Astropolitics）作为政治学最前沿的领域之一，其学理探讨既需极目远视的开阔胸襟，又需焚膏继晷的兀兀穷年。

本书是《空间政治学——政治文明新高地的复合建构之道》① 的修订版，这次大篇幅地替代、更新和发展其内容，也是我对这一领域不懈探索成果的再完善。思量之，更易书名为《天缘政治学》加以修订出版，主要基于以下几点考虑：

一是对"Astropolitics"译为"天缘政治学"② 的廓清和厘定。

---

① 徐能武：《空间政治学——政治文明新高地的复合建构之道》，中国社会科学出版社 2015 年版。

② 不过，从现有翻译领域的情况来看，还有一点，也需要有意识地加以区别。这就是俄罗斯学者安·彼·杰维亚托夫撰写的俄文名为"Небополитика"一书，盛世良、唐修哲两位译者从其对应于俄文中的"геополитика"（地缘政治学）考量，将其翻译为"天缘政治学"，2011 年由社会科学文献出版社出版发行，对学界产生了一定的影响。但从该书的内容来看，则与"天缘政治学"（Astropolitics）有着非常大的差别。安·彼·杰维亚托夫这本号称写给有决策权的人看的书，认为"天缘政治学"是一种全新概念的军事政治学说，其视野是俯瞰地域的；这是洞悉一切的、具有神灵不可战胜之力的学说，它是不受任何地理限制的；这是仍活跃在空间的历史时光的学说；这是让人相信地球上还存在着另外一种公正秩序的学说；它达到了地缘政治学无法企及的境界，即精神明显是可以战胜理智、意志、恐惧和推测的。作为一种学说、方法论和技艺，安·彼·杰维亚托夫撰写的天缘（转下页）

"Astropolitics"（天缘政治学）一词最早出现在美国学界，这与美国航天技术较早发展，并对政治、安全和社会等产生广泛影响有关。当"Astropolitics"一词传入我国，在翻译上至今仍未获得统一的译名，除翻译成"天缘政治学"外，还有"空缘政治学""空天政治学""空间政治学""外空政治学""太空政治学"和"航天政治学"等。但"空缘政治学"容易误解为与空气空间的航空活动相关的政治学领域，"空天政治学"则容易把大气层空间和外层空间混为一谈，"空间政治学"或许更容易引起对一般自然或社会空间与权力关系探讨的学问的混淆，过去将"天缘政治学"（Astropolitics）生硬地翻译为"空间政治学"并不恰当，"空间政治学"在英文翻译上，也有对应的"Space Politics"一词。"外空政治学""太空政治学"和"航天政治学"虽然比较明确地表明这一研究领域是在探讨航天技术发展基础上围绕太空活动出现的政治问题，但这些译名均没有反映出"Astropolitics"所研究的人类进入太空以后出现的这一新生政治成分，与发生在地球表面及其附近的"地缘政治学"（Geopolitics），有着实质不同的一面，"Astropolitics"与"Geopolitics"两个概念间相对应的意涵没有反映出来。由此可见，"Astropolitics"翻译成中文"天缘政治学"应该是比较恰当的。同时，因其重大的战略意义，"天缘政治学"（Astropolitics）也是我们需要大力加强研究和发展的学科领域。

二是对天缘政治学这一前沿领域研究和探索的不断深化。当人类活动范围延伸到地球大气层外的太空时，政治学也必然会发展到涵盖太空权力互动的"天缘政治学"（Astropolitics）。"天缘政治学作为一

（接上页）政治学试图以超脱相互对立和斗争的三维和谐成果的原则和方式来指导未来的管理活动。该书在国内翻译出版后，既有国内某知名学者推荐其为"俄罗斯战略家反对共济会世界战略的著作"，也有人认为其充斥着诸如"白色真理王国""新天新地""省悟教""明君真理王国"等唯心主义、神秘主义的色彩。当然，限于探讨主旨的不同，在此暂且不去详细评议安·彼·杰维亚托夫这本书。只是从"Astropolitics"的实际研究内涵和外延来讲，对应中文译名为"天缘政治学"是最为适宜的，也是与安·彼·杰维亚托夫那本书迥然有别的。

门政治学的分支科学，它应该符合政治学的学术发展方向（或该领域）的要求。"① "Astropolitics" 一词所涵括的内容自一开始就主要是研究 "航天在国际社会发展历史中的作用和地位，组织开展航天活动及将航天活动用于国际关系的方式方法，各国为了达到政治、军事、经济、科技、信息、生态及其他目的而在国家内政外交中对航天活动的利用方法"②，即对以现代科学技术最前沿的航天技术为基础，人类在太空实践活动中所形成的内嵌于国际体系内的新生政治成分，进行研究所形成的理论知识体系。由此可将天缘政治学界定为一门研究在太空开发、利用过程中，各社会主体（特别是国家）围绕权力而展开的社会活动、形式和关系及其发展规律的新兴交叉学科。这一界定大大拓宽了天缘政治学的内涵和外延，而不是狭义地通过利用太空力量作为一种新的权力进行太空控制的太空制权理论（Theory of Space Power）。太空的无疆域性、高远位置和作为信息流太空段的特征，以及航天技术典型的军民两用性和军备逆序效应，使得人类太空活动具有和平、融合、发展的本质特征。因此，这一社会活动中权力运行并不必然导致冲突和斗争，这就与 "地缘政治学" （Geopolitics）③ 研究的对象有很大的差别，也不是其研究领域简单地向太空延伸的内容。与之相对应，将这一前沿领域的研究界定为 "天缘政治学" 是十分必要而恰当的。从现有航天技术及其应用出发，构建恰当的天缘政治学理论分析框架，既是全球融合的现实命题，也是人类社会向何处拓展的未来需要。

三是对天缘政治学研究范式思考和把握的逐步校准。过去在认识

---

① E. N. 茹克：《21世纪的天缘政治学和航天发展预测》，［俄］E. 切尔托克：《21世纪航天——2101年的发展预测》，张玉梅、杨敬荣主译，国防工业出版社2014年版，第21—22页。

② 同上。

③ "地缘政治学" 一词最早由瑞典政治地理学家（Political Geographer）契伦（1864—1922）在其所著的《论国家》（1917）一书中提出。他将地缘政治学定义为 "把国家作为地理的有机体或一个空间现象来认识的科学"，着重从地理与政治关系的视角研究政治活动中国家形成、发展和衰亡的规律。

到天缘政治中"施动者—结构—过程"复合建构的活动特征的同时，并没有认识到其实践建构的实质。因此，从马克思主义国际关系理论的宽广视野来看，天缘政治是各国发展航天技术并在此基础上进行交往互动的社会实践。作为当代先进生产力集中代表之一的航天技术以及支撑这种技术的社会经济因素，是天缘政治演变中的根本性变量。"技术—权力—观念"的辩证互动蕴涵着天缘政治演化的内在机理，预示着天缘政治持续进化到包容、普惠、和谐状态的前景。在一定利益关系基础上展开的太空主体交往互动实践中普遍存在着冲突与合作的关系状态。天缘政治中进化冲突抑或进化合作是历史的、具体的和多样的，主要取决于由航天技术决定的体系暴力控制、政治认同增强和规范机制的内化与遵循等关键性社会条件。为此，基于"和平发展"理念既具中国特色又有世界意义的天缘政治学研究，应跳出西方国际关系理论"权力政治"思维的窠臼，努力建构蕴含马克思主义内在逻辑与价值取向的研究体系，从而为推动中国特色军民融合式航天事业的发展与太空国际合作进程提供一定的理论指导。

四是对天缘政治多重逻辑理解和领悟得愈加清晰。天缘政治并不是单方面对国际体系施加影响的体系外变量，天缘政治实践的社会过程内嵌在国际体系的宏观社会进程里，构成了国际体系内演化出的"新生成分"。天缘政治学所研究的这一新生成分与任何层面的政治一样，这种社会活动、形式和关系是围绕那种利用太空力量作为一种新的权力，以及国家间的权力而进行的一种新生政治成分。围绕天缘政治中的权力展开研究，不难发现，天缘政治中权力扩张的帝国逻辑与航天技术民主融合的实际功效之间的悖论，从而认识到天缘政治进化合作是建设包容、普惠、和谐天缘政治文明的必经之途。各国在天缘政治实践中所表现出的新特点和复杂性，向传统的国际关系理论的适用性提出了新的挑战，特别是围绕天缘政治的影响和意义展开的学术争论与分歧仍在进一步扩大。天缘政治实践逻辑的多重表现，必须从国际体系的社会过程中加以理解。为此，就应构建一个国际体系与天缘政治互动发展的理论框架，来阐释天缘政治由环境特征、权力机制到实践逻辑的社会过程。天缘政治学研究应指出，在这一过程中，天缘政治与国际体系发生着持续的互动，它在受到体系结构影响的同时也对国际体系的构成要素产生了新的反馈作用，从而为维护新战略空间安全和国际体系的和平稳定提供新的视角和理论支撑。

五是对天缘政治核心问题分析和认识得越发深透。诚然，天缘政治是比太空安全更广的范畴，太空安全作为高阶天缘政治，是天缘政治学研究的主要命题。"正本清源"后的天缘政治学研究，应把握天缘政治多样权力和共同观念实践建构的特征和规律。这就要求重点分析作为天缘政治核心问题的太空安全问题。具体来说，太空安全问题缘起于国际体系内复杂的矛盾运动。国际体系内"权力—利益"博弈的矛盾加深了太空武器化和军备竞赛，而太空特定资源开发、利用中的利益争夺引起国际体系内矛盾加剧，与此同时，国际体系内围绕太空利益争夺的负外部性导致太空环境安全问题。处于特定社会过程中的国际体系内诸因素的复杂作用影响着太空安全进化合作抑或进化冲突。冷战时期，国际体系内两极抗衡的格局造就了弱纳什均衡的太空安全治理的总体框架。冷战后，国际体系内的权力失衡与观念错位不但使太空安全治理停滞，而且突显了利益争夺中原有太空安全机制的漏洞。在后金融危机时代，国际体系加速分化、重组孕育着平等化基础上太空安全再治理的契机。审时度势，积极推进全球化再平衡中太空安全治理，亟须锲而不舍地推进防止太空武器化和军备竞赛这一主体工程，同时循序渐进地推进太空特定资源开发、利用制度的完善，以及并行不悖地推进太空活动行为准则的制定。

在21世纪的今天，作为第一生产力的科学技术是擘画未来世界蓝图的如椽巨笔，作为现代科学技术集大成之一的航天技术发展，正推动着人类社会实践的拓展和社会关系的演化，对由此产生的天缘政治问题进行理论研究，是一项难度很大且颇具挑战性的工作。本著试图论及的天缘政治学确实是立意前沿而又宏大的问题领域，因此，笔者是以一批阶段性成果为基础，经长年累月的苦心探索而集结成著的，每单独一节，确为"孺子牛"式的真心书写，但至今仍感系统性不够而略显粗糙。不过，总体框架和粗线条的逻辑主线正逐渐明朗。学无止境，研无穷期，天缘政治学的研究或许会伴随我的整个学术人生。不忘初心，继续前进，深知个人能力有限，挪移寸步，均离不开组织和同事一直以来的关怀和鼓励。在此，谨向国防科技大学文理学院各位领导、同仁对我的学习、研究所提供的诸多支持和帮助，表示诚挚谢意！同时，我的任何成果都凝聚了我们政治学和国际关系团队的友情和智慧，对团队成员提供的融洽氛围和乐趣分享，深感荣幸与自豪！

　　按照有关要求，本书稿经中国国防科技信息中心研究员、著名军备控制专家翟玉成全面细致的审读，并提供评审推荐意见。谨此，深致谢意！

　　基于文责自负的原则，书中所有观点概由作者本人负责。在书稿写作和修改过程中，借鉴了大量国内外同行的相关研究成果，并参考了诸多文献，特表示感谢。如有疏漏而未列出之处，敬请谅解。

徐能武

2018 年 12 月定稿于长沙科大佳园